普通高等教育"十一五"国家级规划教材

（高职高专教育）

SQL Server 数据库及应用

庞英智　郭伟业　主编

高等教育出版社

内容提要

本书是普通高等教育"十一五"国家级规划教材。

全书从应用 SQL Server 2005 设计一个完整的数据库系统的角度出发,围绕创建一个"商品销售管理系统"数据库案例,循序渐进地介绍 SQL Server 数据库。本书不仅注重学生对 SQL Server 数据库基本知识的掌握,还提供了一个学习用案例"学生成绩管理系统",使学生能利用所学知识并参照书中案例进行实际的数据库设计。全书共 11 章,内容包括 SQL Server 2005 简介、数据库管理、表的设计、数据查询、Transact-SQL 编程及应用、视图、存储过程、触发器及游标、事务处理、SQL Server 2005 的安全管理、数据库的备份与还原及数据的导入与导出、商务智能开发工具等。

本书可作为应用性、技能型人才培养的各类教育相关专业的教学用书,也可供各类培训、计算机从业人员和爱好者参考使用。

图书在版编目(CIP)数据

SQL Server 数据库及应用/庞英智,郭伟业主编.—北京:高等教育出版社,2007.12(2010 重印)
ISBN 978-7-04-022847-2

Ⅰ.S… Ⅱ.①庞…②郭… Ⅲ.关系数据库-数据库管理系统,SQL Server-高等学校-教材 Ⅳ.TP311.138

中国版本图书馆 CIP 数据核字(2007)第 162261 号

策划编辑	冯 英	责任编辑	郭福生	封面设计	张志奇	责任绘图	黄建英
版式设计	陆瑞红	责任校对	殷 然	责任印制	尤 静		

出版发行	高等教育出版社	购书热线	010-58581118
社 址	北京市西城区德外大街 4 号	免费咨询	800-810-0598
邮政编码	100120	网 址	http://www.hep.edu.cn
			http://www.hep.com.cn
经 销	蓝色畅想图书发行有限公司	网上订购	http://www.landraco.com
			http://www.landraco.com.cn
印 刷	北京四季青印刷厂	畅想教育	http://www.widedu.com
开 本	787×1092 1/16	版 次	2007 年 12 月第 1 版
印 张	17.5	印 次	2010 年 11 月第 3 次印刷
字 数	420 000	定 价	23.80 元

本书如有缺页、倒页、脱页等质量问题,请到所购图书销售部门联系调换。
版权所有 侵权必究
物料号 22847-00

前 言

Microsoft SQL Server 是目前国内外应用较为广泛的数据库管理软件之一,其功能强大、内容丰富,不仅提供了数据存储、数据库设计、性能分析等联机交易处理功能,还提供了商务智能分析等功能。SQL Server 2005 是 Microsoft 公司用了 5 年的时间在 SQL Server 2000 的基础上开发出来的。它将企业管理器、查询分析器、数据转换服务和报表服务等整合为一个简洁的管理平台,扩充了数据库开发的功能,并且可以直接管理在旧版本上建立的数据库。SQL Server 2005 是目前 Windows 操作系统下数据管理和数据分析的首选软件。

本教材具有如下 3 个特点:

第一,全书以 SQL Server 2005 内容为基础,以两个(贯穿全书的)案例为轴线,构成双案例纵向结构体系,融会贯通,使知识与操作相辅相成。第一个案例围绕创建"产品销售管理系统"数据库展开,循序渐进地阐述 SQL Server 2005 数据库的知识点。第二个案例围绕"学生成绩管理系统"数据库设计展开,被分为两部分:一部分作为每章的最后一节,把知识点演变为案例操作,使学生对本章所学有个整体把握;另一部分放到正文后作为实训练习内容。

第二,课后作业部分与正文相呼应,使两部分内容成为不可分割的整体——思考与练习,用于检验学生对知识点的掌握;实训着重培养学生的实践技能。

第三,按照教与学的规律要求设计教材的流程,并使版面生动、活泼、新颖。每章都有知识目标、技能目标、正文、课堂训练和相应的案例分析及实训项目,正文中插入"内容框架图表"、"说明"、"注意"等栏目,具有知识的精练性、拓展性和技能的丰富性,通过新颖活泼的版面较好地展现了所需掌握的内容,强化了学习的目的性,产生了形式上的可接受性(又不破坏内容的规律性),增强了内容的可读性和知识与操作的整合性。

建议本课程采用 72 学时,学时分配表如下。

学时分配表

序号	授课内容	学时分配	
		讲课	实践
1	第 1 章 SQL Server 2005 简介	2	1
2	第 2 章 数据库管理	4	1
3	第 3 章 表的设计	4	4
4	第 4 章 数据查询	6	6
5	第 5 章 Transact-SQL 编程及应用	6	4
6	第 6 章 视图	4	2

续表

序号	授课内容	学时分配	
		讲课	实践
7	第7章 存储过程、触发器及游标	6	4
8	第8章 事务处理	2	2
9	第9章 SQL Server 2005 的安全管理	3	2
10	第10章 数据库的备份与还原及数据的导入与导出	3	2
11	第11章 商务智能开发工具	2	2
	合　计	42	30

本书由庞英智、郭伟业任主编,庞英智编写第5章~第8章、第10章,郭伟业编写第3章和第4章,李丽娜编写第1章和第2章,仇新红编写第9章和第11章。东北师范大学硕士生导师林和平教授及成都电子机械高等专科学校刘甫迎教授审阅了全稿。在此对所参考的资料的作者及审稿人的辛勤工作一并表示感谢。

本书配有电子教案、课后习题答案和源代码等教学资源,凡将本书作为教材的教师可发邮件至 yingzhipang@163.com 索取。

由于水平有限,加之时间仓促,书中难免有不足之处,恳请各位专家、广大读者批评指正并提出宝贵意见,以便使该书不断完善。

编　者
2007 年 7 月于长春

目 录

第1章 SQL Server 2005 简介 ... 1
1.1 关系数据库基础 ... 2
- 1.1.1 关系模型的基本概念 ... 2
- 1.1.2 关系模型的特点 ... 2
- 1.1.3 关系数据库的设计范式 ... 3

1.2 SQL Server 2005 配置与安装 ... 5
- 1.2.1 SQL Server 2005 的配置要求 ... 5
- 1.2.2 SQL Server 2005 的版本简介 ... 6
- 1.2.3 安装 SQL Server 2005 ... 7

1.3 SQL Server 2005 工具及实用程序 ... 15
- 1.3.1 SQL Server Management Studio ... 15
- 1.3.2 Business Intelligence Development Studio ... 16
- 1.3.3 SQL Server Profiler ... 17
- 1.3.4 SQL Server 数据库引擎优化顾问 ... 18
- 1.3.5 Analysis Services ... 18
- 1.3.6 SQL Server 配置管理器 ... 18
- 1.3.7 文档和教程 ... 18

1.4 SQL Server 2005 系统数据库和示例数据库 ... 20
本章小结 ... 20
思考与练习 ... 21
实训 SQL Server 2005 的安装与启动 ... 21

第2章 数据库管理 ... 22
2.1 数据库的存储结构 ... 23
- 2.1.1 数据库文件 ... 23
- 2.1.2 数据库文件组 ... 23

2.2 创建数据库 ... 23
- 2.2.1 使用 SQL Server Management Studio 创建数据库 ... 24
- 2.2.2 使用 CREATE DATABASE 语句创建数据库 ... 26

2.3 修改数据库 ... 31
- 2.3.1 重命名数据库 ... 31
- 2.3.2 收缩数据库 ... 32
- 2.3.3 添加及删除数据文件及事务日志文件 ... 35
- 2.3.4 分离及附加数据库 ... 37

2.4 删除数据库 ... 41
- 2.4.1 使用 SQL Server Management Studio 删除数据库 ... 41
- 2.4.2 使用 DROP DATABASE 语句删除数据库 ... 42

2.5 案例:学生成绩管理数据库的创建 ... 43
- 2.5.1 提出问题 ... 43
- 2.5.2 分析问题 ... 43
- 2.5.3 解决问题 ... 43

本章小结 ... 44
思考与练习 ... 44
实训 学生成绩管理数据库的修改 ... 45

第3章 表的设计 ... 46
3.1 表的基础知识 ... 47
3.2 表的关系 ... 47
3.3 数据类型 ... 47

3.3.1	系统数据类型	47
3.3.2	用户定义数据类型	50
3.4	创建表	52
3.4.1	使用 SQL Server Management Studio 创建表	53
3.4.2	使用 CREATE TABLE 语句创建表	54
3.5	修改表	55
3.5.1	使用 SQL Server Management Studio 修改表	55
3.5.2	使用 ALTER TABLE 语句修改表	57
3.5.3	使用 SQLCMD 工具修改表	58
3.6	删除表	59
3.6.1	使用 SQL Server Management Studio 删除表	59
3.6.2	使用 DROP TABLE 语句删除表	60
3.7	查看表	60
3.7.1	查看表的定义	61
3.7.2	查看表中存储的数据	62
3.7.3	查看表与其他数据库对象的依赖关系	63
3.8	索引	64
3.8.1	索引概述	64
3.8.2	创建索引	65
3.8.3	删除索引	67
3.9	数据完整性	68
3.9.1	数据完整性概述	68
3.9.2	约束	69
3.9.3	规则	75
3.9.4	默认值	78
3.10	添加、修改与删除记录	81
3.10.1	添加记录	81
3.10.2	修改记录	84
3.10.3	删除记录	85
3.11	案例:学生成绩管理表的创建	87
3.11.1	提出问题	87
3.11.2	分析问题	87
3.11.3	解决问题	87
本章小结		91
思考与练习		91
实训 1	学生成绩管理系统中表的设计与管理	93
实训 2	学生成绩管理系统中数据的插入、修改及删除	95
实训 3	学生成绩管理系统中数据完整性的应用	96

第 4 章 数据查询 97

4.1	关于 SELECT 语句	98
4.2	单表的数据检索	98
4.2.1	检索指定的列	98
4.2.2	检索指定的行	99
4.3	格式化、计算与处理查询结果	103
4.3.1	格式化结果	103
4.3.2	计算结果	107
4.3.3	处理查询结果	110
4.4	对表中数据进行总计	112
4.4.1	计算某一列的总计值	112
4.4.2	计算某一列中分组总计值	112
4.5	从多张表中检索数据	116
4.5.1	内部联接	116
4.5.2	外部联接	117
4.5.3	交叉联接	118
4.6	子查询	119
4.6.1	子查询概述	119
4.6.2	使用 IN 的子查询	119
4.6.3	使用比较运算符的子查询	120
4.6.4	用 ANY 或 ALL 修饰的比较运算符子查询	121
4.6.5	使用 EXISTS 或 NOT EXISTS 的子查询	122
4.7	案例:学生成绩管理数据查询	123
4.7.1	提出问题	123
4.7.2	分析问题	124
4.7.3	解决问题	124

本章小结 ·· 124
思考与练习 ··· 125
实训　学生成绩管理系统中的数据
　　　查询 ·· 126

第5章　Transact-SQL 编程及应用 ························· 128

5.1　Transact-SQL 概述 ····················· 129
5.2　批处理及注释 ································ 129
5.2.1　批处理 ···································· 129
5.2.2　注释 ······································ 130
5.3　变量 ·· 131
5.3.1　变量的定义 ······················· 131
5.3.2　变量的赋值 ······················· 131
5.4　运算符及运算符的优先级 ········· 133
5.4.1　运算符 ································ 133
5.4.2　运算符的优先级 ··············· 134
5.5　函数 ·· 135
5.5.1　系统提供的函数 ··············· 135
5.5.2　用户自定义函数 ··············· 141
5.6　流程控制语句 ··························· 146
5.6.1　BEGIN…END 语句块 ····· 146
5.6.2　IF…ELSE 语句 ················· 147
5.6.3　WHILE 语句 ···················· 148
5.6.4　CASE 语句 ························ 149
5.6.5　GOTO 语句 ······················ 151
5.6.6　WAITFOR 语句 ················ 152
5.6.7　RETURN 语句 ·················· 153
5.7　案例：学生成绩管理系统中的
　　　Transact-SQL 程序设计 ·············· 153
5.7.1　提出问题 ···························· 153
5.7.2　分析问题 ···························· 154
5.7.3　解决问题 ···························· 154
本章小结 ·· 155
思考与练习 ··· 155
实训　学生成绩管理系统中的
　　　Transact-SQL 程序设计 ················ 156

第6章　视图 ··· 158

6.1　视图基础 ································ 159
6.1.1　视图概述 ·························· 159
6.1.2　视图的优点 ······················· 159
6.1.3　视图的分类 ······················· 160
6.2　创建视图 ·································· 160
6.2.1　使用 SQL Server Management Studio
　　　　创建视图 ·························· 160
6.2.2　使用 CREATE VIEW 语句创建
　　　　视图 ·································· 162
6.3　修改视图 ·································· 163
6.3.1　使用 SQL Server Management Studio
　　　　修改视图 ·························· 163
6.3.2　使用 ALTER VIEW 语句修改
　　　　视图 ·································· 165
6.4　删除视图 ·································· 166
6.4.1　使用 SQL Server Management Studio
　　　　删除视图 ·························· 166
6.4.2　使用 DROP VIEW 语句删除
　　　　视图 ·································· 166
6.5　视图的重命名及查看视图
　　　信息 ·· 167
6.5.1　视图的重命名 ··················· 167
6.5.2　查看视图信息 ··················· 168
6.6　案例：学生成绩管理数据库视图
　　　的应用 ······································ 169
6.6.1　提出问题 ···························· 169
6.6.2　分析问题 ···························· 169
6.6.3　解决问题 ···························· 170
本章小结 ·· 172
思考与练习 ··· 172
实训　学生成绩管理数据库视图的
　　　应用 ·· 173

第7章　存储过程、触发器及游标 ················ 174

7.1　存储过程 ·································· 175

	7.1.1	存储过程概述 ……………………	175
	7.1.2	使用 CREATE PROCEDURE 语句创建存储过程 …………………	176
	7.1.3	执行存储过程 ……………………	178
	7.1.4	使用 ALTER PROCEDURE 语句修改存储过程 ………………………	179
	7.1.5	删除存储过程 ……………………	180
7.2	触发器 …………………………………	181
	7.2.1	DML 触发器 …………………	181
	7.2.2	DDL 触发器 …………………	185
	7.2.3	查看触发器 ………………………	186
7.3	游标 ……………………………………	187
	7.3.1	游标概述 …………………………	187
	7.3.2	在存储过程或触发器中使用 Transact-SQL 游标 ……………………	188
	7.3.3	关于@@FETCH_STATUS ……	193
7.4	案例:存储过程、触发器及游标在学生成绩管理数据库中的应用 …	194
	7.4.1	提出问题 …………………………	194
	7.4.2	分析问题 …………………………	194
	7.4.3	解决问题 …………………………	194
本章小结 ……………………………………	195
思考与练习 …………………………………	196
实训 存储过程、触发器及游标在学生成绩管理系统中的应用 ………	197

第 8 章 事务处理 ……………… 198

8.1	事务概述 …………………………	199
8.2	显式事务的处理 …………………	199
	8.2.1 BEGIN TRANSACTION 语句 …	200
	8.2.2 COMMIT TRANSACTION 语句 …	200
	8.2.3 ROLLBACK TRANSACTION 语句	200
8.3	自动提交事务 …………………	201
8.4	隐式事务 ………………………	202
8.5	案例:事务在学生成绩管理数据库中的应用 ………………	203
	8.5.1 提出问题 ……………………	203
	8.5.2 分析问题 ……………………	203
	8.5.3 解决问题 ……………………	203
本章小结 …………………………………	204
思考与练习 ………………………………	204
实训 学生成绩管理系统数据库中事务的应用 ……………………	205

第 9 章 SQL Server 2005 的安全管理 ……………… 206

9.1	创建与管理登录名 ……………	207
	9.1.1 登录名的创建 …………………	207
	9.1.2 维护登录名 …………………	212
9.2	角色和用户的创建与管理 ……	213
	9.2.1 角色类型 ……………………	213
	9.2.2 角色的创建与管理 …………	214
	9.2.3 数据库用户的管理 …………	216
9.3	数据控制语言对数据库权限的控制 ………………………………	219
	9.3.1 授予权限 ……………………	219
	9.3.2 撤销或拒绝权限 ……………	220
9.4	案例:学生成绩管理系统数据库的权限与角色管理 …………	220
	9.4.1 提出问题 ……………………	220
	9.4.2 分析问题 ……………………	221
	9.4.3 解决问题 ……………………	221
本章小结 …………………………………	222
思考与练习 ………………………………	222
实训 学生成绩管理系统数据库的安全管理 ……………………………	223

第 10 章 数据库的备份与还原及数据的导入与导出 … 224

10.1	数据库的备份 …………………	225
	10.1.1 备份的方式 ………………	225
	10.1.2 备份设备 …………………	225
	10.1.3 备份的执行 ………………	227
10.2	数据库的还原 …………………	231

10.2.1 使用 SQL Server Management Studio
还原数据库 …………… 231
10.2.2 使用 Transact-SQL 语句还原数据库 …………… 233
10.3 数据的导入与导出 …………… 235
 10.3.1 数据的导出 …………… 235
 10.3.2 数据的导入 …………… 240
 10.3.3 实用工具 bcp …………… 243
10.4 案例：学生成绩管理系统数据库的备份与还原 …………… 245
 10.4.1 提出问题 …………… 245
 10.4.2 分析问题 …………… 246
 10.4.3 解决问题 …………… 246
本章小结 …………… 247
思考与练习 …………… 247

实训 学生成绩管理系统数据库的备份恢复与导入导出 …………… 247

第 11 章 商务智能开发工具 …… 249

11.1 SQL Server Business Intelligence Development Studio 简介 …… 250
11.2 报表服务 …………… 250
 11.2.1 创建报表 …………… 251
 11.2.2 输出报表文件 …………… 261
11.3 数据集成服务 …………… 262
本章小结 …………… 267
思考与练习 …………… 267
实训 SQL Server 报表服务在学生成绩管理数据库中的应用 ……… 268

第 1 章

SQL Server 2005 简介

知识目标
- 了解关系数据库的基础知识。
- 掌握 SQL Server 2005 的安装。
- 了解 SQL Server 2005 工具及应用程序。

技能目标
- 熟练安装 SQL Server 2005。
- 能够使用 SQL Server 2005 工具及实用程序。

内容框架

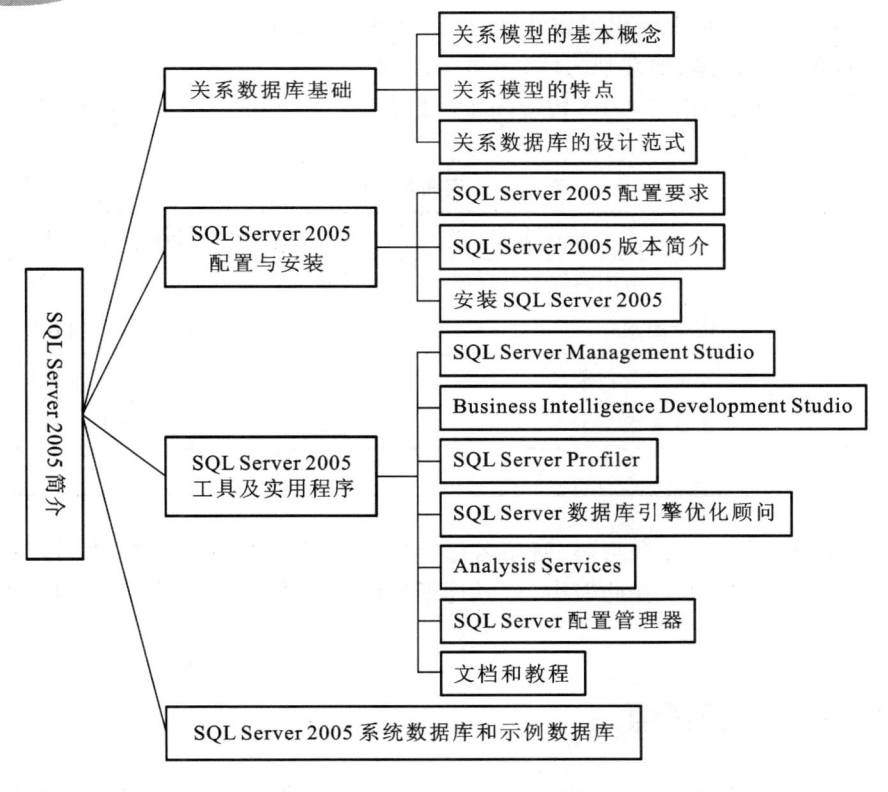

1.1 关系数据库基础

数据库技术产生于 20 世纪 60 年代,是计算机科学发展的重要分支之一。随着数据库技术的发展,数据模型先后出现了层次模型、网状模型及关系模型。这 3 种数据模型的区别在于数据结构不同,即数据之间联系的表示方式不同。目前应用最广泛的数据库是基于关系模型的关系数据库,Access、SQL Server、Oracle、Informix、Sybase 和 DB2 等都是关系数据库管理系统。

1.1.1 关系模型的基本概念

关系模型是关系数据库的基础,它利用关系来描述现实世界。以用户的观点来看,一个关系就是一张二维表。下面是关系模型中的一些主要术语。
- 关系:一个关系对应一张二维表,在 SQL Server 中,关系就是表。
- 元组:表中的一行(或称为一条记录)。
- 属性:表中的一列(相当于记录中的一个字段)。
- 关键字:能够唯一标识元组的属性集,也称为主键或主码。
- 域:属性的取值范围,如性别的域是"男"和"女"。

【例 1-1】 模拟商品销售业务,构造一个"商品"关系,记录的是商品的信息,这个关系即为表 1-1 所示的二维表。

表 1-1 商品基本信息

条形码	商品名称	包装单位代码	生产厂家代码
9787040156980	电子商务网站规划与管理	003	010001
6907657033310	碳素墨水	006	120121
9787040201154	物流服务营销	003	010001
6909156040325	罗红霉素	009	230025
...			

表 1-1 共有 4 个属性(即条形码、商品名称、包装单位代码和生产厂家代码),4 个元组,每一个元组对应一个商品信息。在此表中,可以选择"条形码"属性作为关键字,唯一标识一条商品信息。

1.1.2 关系模型的特点

关系模型看起来比较简单,与日常手工管理的二维表等传统的数据文件非常相似,但它们之间又有一定的区别。通常,关系是一种规范的二维表中行的集合,为了使相应的数据操作简化,在关系模型中,对关系做了一定的要求,关系的特点如下:

- 关系中不能出现相同的元组。
- 关系中元组的顺序无关紧要。
- 关系中属性的次序无关紧要。
- 同一关系中不能出现相同的属性名。
- 关系中的每个属性必须是不可分割的数据项。

1.1.3 关系数据库的设计范式

随着关系数据库的广泛应用,规范关系数据库设计的规则也日趋完善,数据库的使用者只有遵循这些规则才能设计出简洁、有效的数据库模型。目前有 6 个范式级别,分别为第一范式(简称 1NF)、第二范式(2NF)、第三范式(3NF)、BC 范式(BCNF)、第四范式(4NF)和第五范式(5NF)。满足最低要求的关系模式叫第一范式。范式的级别越高,应满足的约束集条件也越严格。在实际数据库设计过程中,将数据库规范到第三范式即可,其他范式可以在积累足够的数据库设计经验后再去研究,下面对前 3 种范式分别加以介绍。

1. 第一范式(1NF)

若一个关系模型的所有属性都是不可再分的基本数据项,则称为第一范式。在任何一个关系数据库系统中,所有的关系模型必须是第一范式的。不满足第一范式要求的数据库模型就不能称之为关系数据库模型。

第一范式是关系模型的最低要求,规则如下:
- 两个含义重复的属性不能同时存在于一个表中。
- 一个表中的一列不能是其他列的计算结果。
- 一个表中某一列的取值不能有多个含义。

例如,表 1-2 不是关系模型,不符合第一范式,因为大类还可以再细分为大类编号和大类名称,而表 1-3 是符合第一范式的。

表 1-2 不是关系模型的商品信息表

商品名称	大类		零售价
	编号	名称	
天然皂粉	10	日用产品	5.40
天然皂粉	10	日用产品	2.80

表 1-3 符合第一范式的商品信息表

商品名称	大类编号	大类名称	零售价
天然皂粉	10	日用产品	5.40
天然皂粉	10	日用产品	2.80

【注意】只满足第一范式的关系模型不一定是一个好的关系模型,如表1-3介绍的关系模型商品信息(商品名称,大类编号,大类名称,零售价)就是第一范式的,但它对应的关系却存在数据冗余、删除异常和插入异常等问题。

2. 第二范式(2NF)

第二范式是在第一范式的基础上建立起来的,即满足第二范式必须先满足第一范式。第二范式要求数据库表中的每个实例或行必须可以被唯一地区分。为实现区分,通常需要为表加上一列,以存储各个实例的唯一标识。例如,为表1-3中的商品加上"条形码"列,因为每个商品的条形码是唯一的,因此每个商品可以被唯一区分。这个唯一属性列被称为主关键字或主键、主码,如表1-4所示。

表1-4 满足第二范式的商品信息表

条形码	商品名称	大类编号	大类名称	零售价
6910019005153	天然皂粉	10	日用产品	5.40
6910019005154	天然皂粉	10	日用产品	2.80

第二范式要求实体的属性完全依赖于主关键字。所谓完全依赖,是指不能存在仅依赖主关键字一部分的属性,如果存在,那么这个属性和主关键字的这一部分应该分离出来形成一个新的实体,新实体与原实体之间是一对多的关系。为实现区分通常需要为表加上一列,以存储各个实例的唯一标识。简而言之,第二范式就是非主属性非部分依赖于主关键字。

3. 第三范式(3NF)

满足第三范式必须先满足第二范式。第三范式要求一个数据库表中不包含在其他表中已包含的非主关键字信息。例如,存在一个商品大类表,其中商品大类表中有大类编号、大类名称等信息。那么在商品信息表中列出大类编号后就不能再将大类名称等与商品类别有关的信息再加入商品信息表中。如果不存在商品大类表,则根据第三范式也应该构建,否则就会有大量的数据冗余,如表1-5和表1-6所示。简而言之,第三范式就是属性不依赖于其他非主属性。

表1-5 满足第三范式的商品信息表

条形码	商品名称	大类编号	零售价
6910019005153	天然皂粉	10	5.40
6910019005154	天然皂粉	10	2.80

表1-6 商品大类表

大类编号	大类名称
09	电子产品
10	日用产品

1.2　SQL Server 2005 配置与安装

1.2.1　SQL Server 2005 的配置要求

1. 硬件要求

- 显示器：SQL Server 图形工具需要 VGA 或 SVGA，分辨率至少为 1 024×768 像素。
- 鼠标。
- CD 或 DVD 驱动器。
- 处理器：Pentium Ⅲ 600 MHz 以上。
- 内存：SQL Server 2005 Express Edition 需要的最小内存为 192 MB，其他版本需要的最小内存为 512 MB。
- 硬盘空间：实际硬盘空间要求取决于系统配置和选择安装的应用程序和功能。表 1-7 显示了 SQL Server 2005 各组件对硬盘空间的要求。

表 1-7　SQL Server 2005 对硬盘空间的要求

组　　件	对硬盘的要求
数据库引擎与数据文件、复制以及全文搜索	150 MB
Analysis Services 及数据文件	35 KB
Reporting Services 及报表管理器	40 MB
Notification Services 引擎组件、客户端组件及规则组件	5 MB
Integration Services	9 MB
客户端组件	12 MB
管理工具	70 MB
开发工具	20 MB
SQL Server 联机丛书及 SQL Server Mobile 联机丛书	15 MB
示例和示例数据库	390 MB

2. 软件要求

- 网络软件：64 位版本的 SQL Server 2005 的网络软件要求与 32 位版本的要求相同。Windows Server 2003、Windows XP 和 Windows 2000 都具有内置网络软件。
- 浏览器：所有 SQL Server 2005 的安装都需要 Microsoft Internet Explorer 6.0 SP1 或更高版本，因为 Microsoft 管理控制台（MMC）和 HTML 帮助需要它。

- Internet 信息服务：安装 Microsoft SQL Server 2005 Reporting Services（报表服务）需要 IIS 5.0 以上版本。
- ASP.NET 2.0：Reporting Services 需要 ASP.NET 2.0。安装 Reporting Services 时，若尚未启用 ASP.NET，则 SQL Server 安装程序将启用 ASP.NET。
- SQL Server 安装程序需要 Microsoft Windows .NET Framework 2.0、Microsoft SQL Server 本机客户端及 Microsoft SQL Server 安装程序支持文件等组件。

1.2.2　SQL Server 2005 的版本简介

1. SQL Server 2005 Enterprise Edition（企业版）

该版本达到了支持超大型企业进行联机事务处理（OLTP）、高度复杂的数据分析、数据仓库系统和网站所需的性能水平。该版本是最全面的 SQL Server 版本，是超大型企业的理想选择，能够满足最复杂的要求。该版本还推出了一种适用于 32 位或 64 位平台的 120 天 Evaluation Edition（评估版）。

2. SQL Server 2005 Standard Edition（标准版）

该版本是适合中小型企业使用的数据管理和分析平台，包括电子商务、数据仓库和业务流程解决方案所需的基本功能，其集成商务智能和高可用性功能可以为企业提供支持其运营所需的基本功能。该版本是需要全面的数据管理和分析平台的中小型企业的理想选择。

3. SQL Server 2005 Workgroup Edition（工作组版）

该版本仅适用于 32 位操作系统，是小型企业理想的数据管理解决方案。该版本可以用作前端 Web 服务器，也可以用于部门或分支机构的运营。它包括 SQL Server 产品系列的核心数据库功能，并且可以轻松地升级至标准版或企业版。该版本是理想的入门级数据库，具有可靠、功能强大且易于管理的特点。

4. SQL Server 2005 Developer Edition（开发版）

该版本使开发人员可以在 SQL Server 上生成任何类型的应用程序。它包括企业版的全部功能，但有许可限制，只能用于开发和测试系统，而不能用作生产服务器。该版本是独立软件供应商、咨询人员、系统集成商、解决方案供应商以及创建和测试应用程序的企业开发人员的理想选择。该版本可以根据生产需要升级至企业版。

5. SQL Server 2005 Express Edition（简易版）

该版本是一个免费、易用且便于管理的数据库管理系统，仅适用于 32 位操作系统。它与 Microsoft Visual Studio 2005 集成在一起，能够轻松开发功能丰富、存储安全、可快速部署的数据驱动应用程序。该版本可以再分发（受协议约束），还可以起到客户端数据库及基本服务器数据库的作用。该版本是低端软件供应商、低端服务器用户、创建 Web 应用程序的非专业开发人员以及创建客户端应用程序的编程爱好者的理想选择。

1.2.3 安装 SQL Server 2005

【例 1-2】 安装 SQL Server 2005 Enterprise Server。

① 插入安装光盘,安装程序自动运行,在安装初始界面中选择"安装"项下的"服务器组件、工具、联机丛书和示例",如图 1-1 所示。

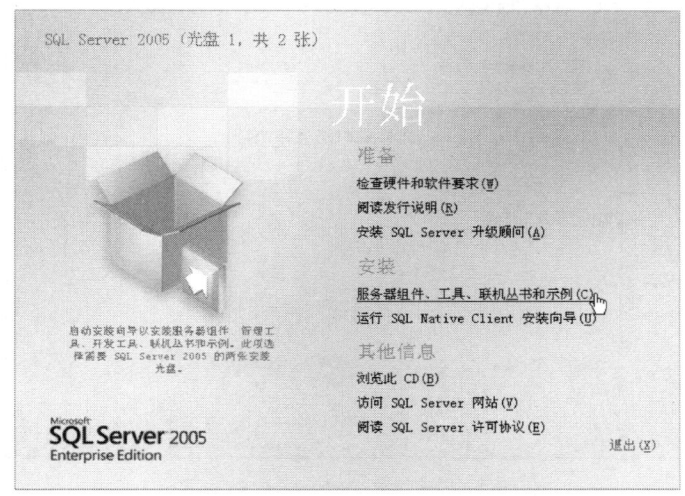

图 1-1　SQL Server 2005 初始安装

② 单击"服务器组件、工具、联机丛书和示例"链接后,在弹出的对话框中选中"我接受许可条款和条件"复选框,并单击"下一步"按钮,如图 1-2 所示。

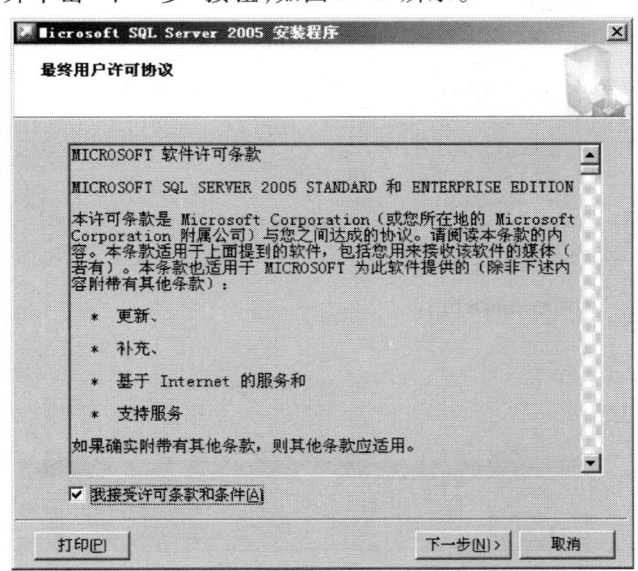

图 1-2　最终用户许可协议

③ 在"安装必备组件"对话框中,如图1-3所示,单击"安装"按钮,弹出如图1-4所示的对话框。

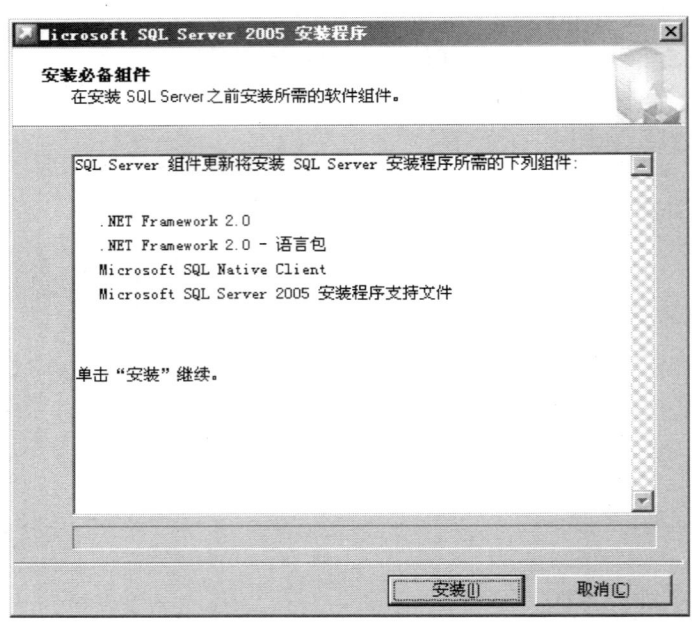

图1-3 安装必备组件

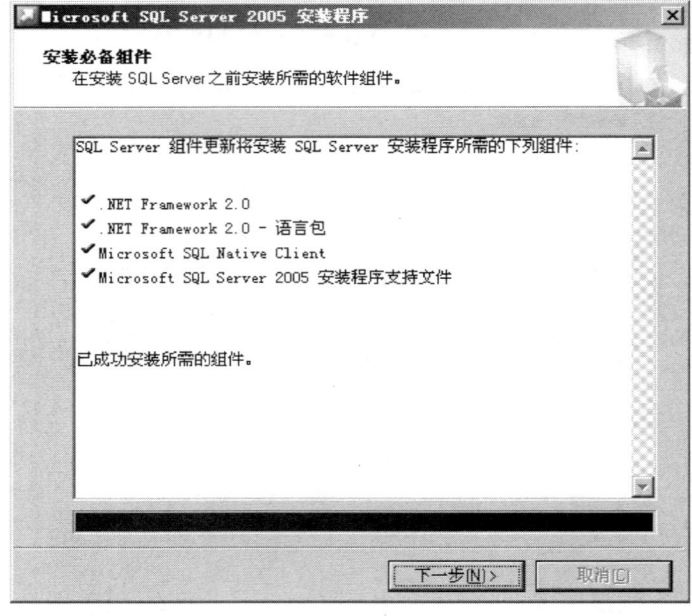

图1-4 成功安装所需的组件

④ 单击"下一步"按钮后,弹出"欢迎使用 Microsoft SQL Server 安装向导"对话框,单击"下一步"按钮,如图 1-5 所示。

图 1-5 欢迎界面

⑤ 弹出"系统配置检查"对话框,系统将检查是否存在安装问题,如图 1-6 所示。

图 1-6 系统配置检查

⑥ 单击图 1-6 所示对话框中的"下一步"按钮,输入姓名及产品密钥后,出现"要安装的组件"对话框,选择要安装或升级的组件,单击"下一步"按钮,如图 1-7 所示。

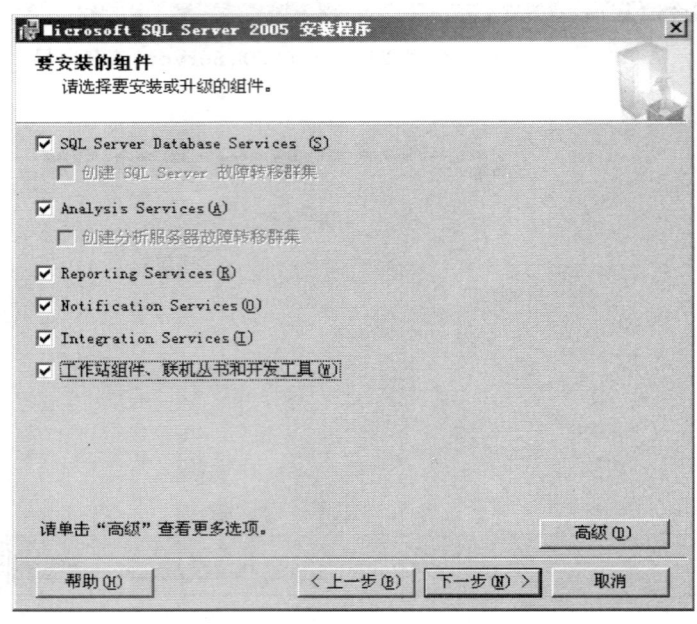

图 1-7 要安装的组件

⑦ 在弹出的"实例名"对话框中选择"默认实例"单选按钮,单击"下一步"按钮,如图 1-8 所示。

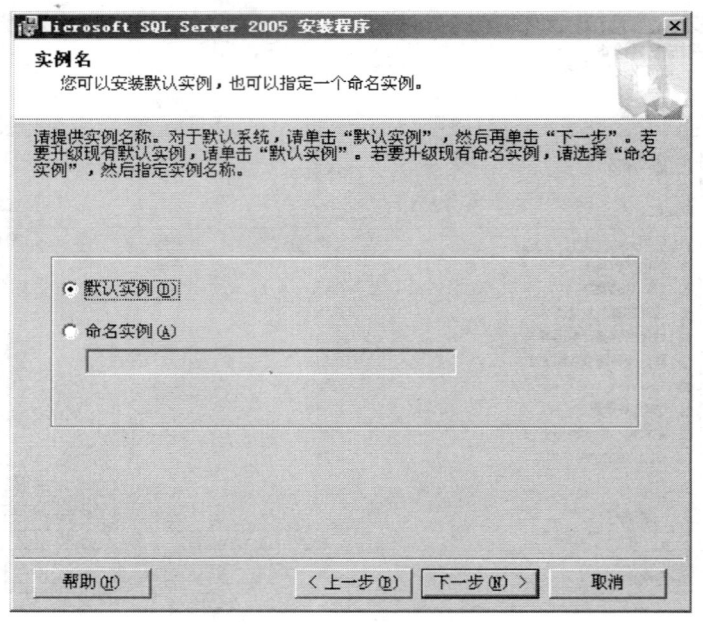

图 1-8 实例名

⑧ 在弹出的"服务帐户"对话框中为服务账户定义登录时使用的账户(本例选择"使用内置系统帐户"),单击"下一步"按钮,如图 1-9 所示。

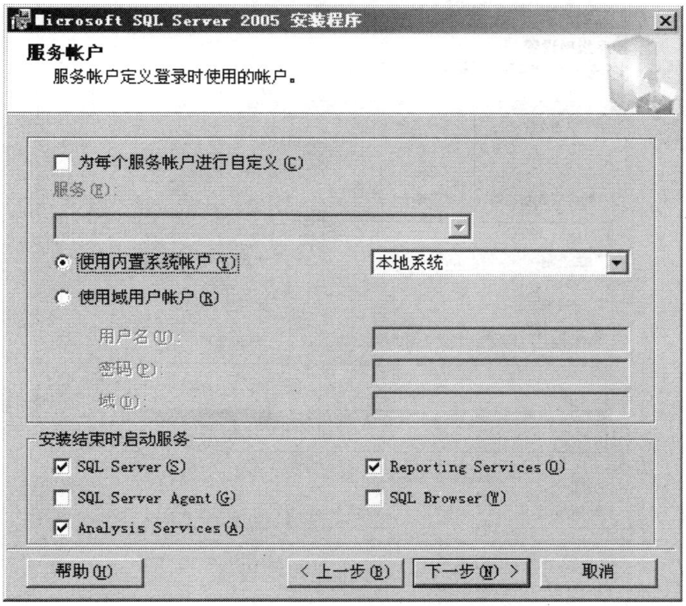

图 1-9 "服务帐户"对话框

⑨ 在弹出的"身份验证模式"对话框中选择"混合模式"。在"输入密码"文本框中输入密码,在"确认密码"文本框中再次输入密码,两次输入的密码必须一致,然后单击"下一步"按钮,如图 1-10 所示。

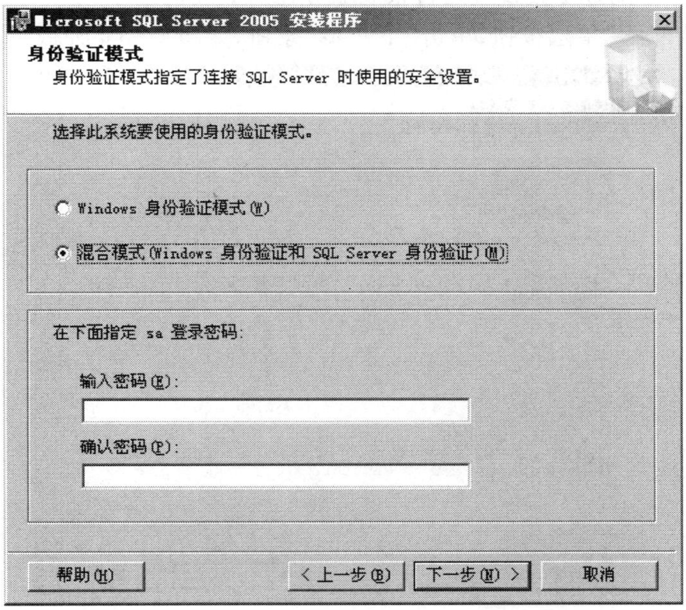

图 1-10 身份验证模式

⑩ 在弹出的"排序规则设置"对话框中定义服务器的排序方式,单击"下一步"按钮,如图1-11所示。

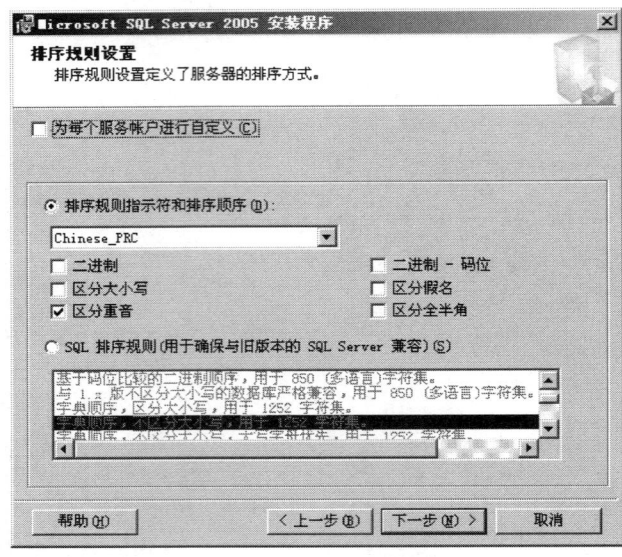

图1-11 排序规则设置

⑪ 在弹出的"报表服务器安装选项"对话框中指定如何安装报表服务器实例,有两个单选按钮。

• "安装默认配置":安装程序将安装报表服务器并将其配置为使用默认值。安装程序完成后即可使用报表服务器。

• "安装但不配置服务器":安装程序将安装但不配置报表服务器软件。安装完成后,需要使用 Reporting Services 配置工具设置运行报表服务器所必需的选项。

在此选择"安装默认配置"单选按钮,单击"下一步"按钮,如图1-12所示。

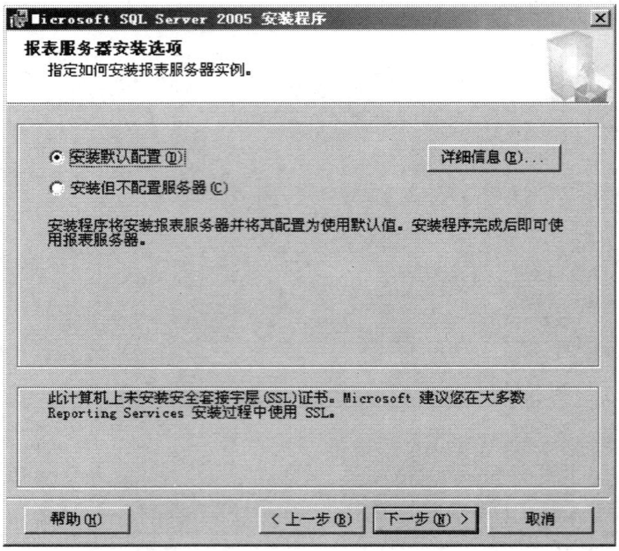

图1-12 报表服务器安装选项

⑫ 在弹出的"错误和使用情况报告设置"对话框中,能够帮助 Microsoft 公司改进 SQL Server 2005 的某些组件和服务,用户可根据自身的情况选择或不选择,然后单击"下一步"按钮,如图 1-13 所示。

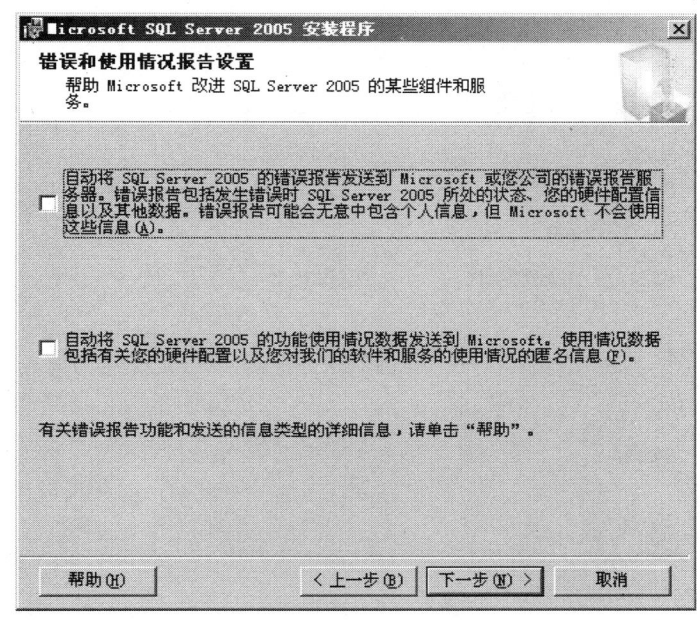

图 1-13　错误和使用情况报告设置

⑬ 此时安装程序已就绪,可以开始安装,单击"安装"按钮,如图 1-14 所示。

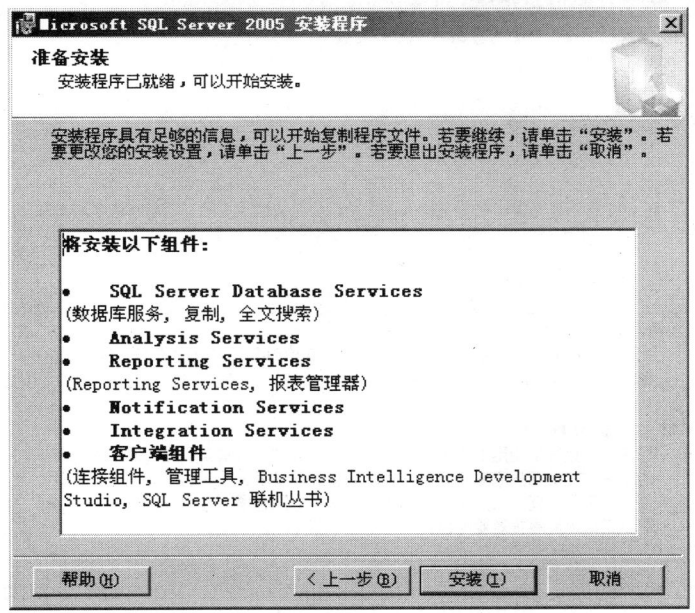

图 1-14　准备安装

⑭ 在弹出的"安装进度"对话框中,系统开始配置所选组件,如图 1-15 所示。

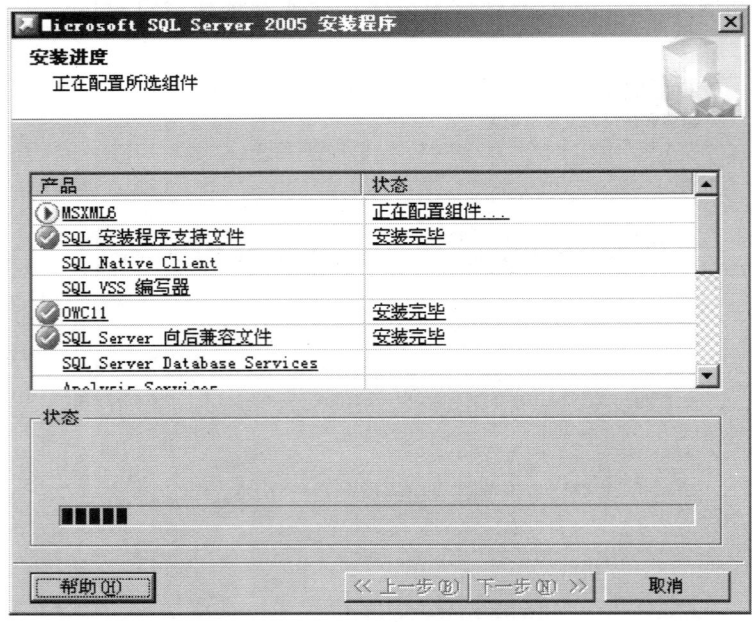

图 1-15 安装进度

⑮ 安装完毕后,弹出如图 1-16 所示对话框单击"完成"按钮即可。

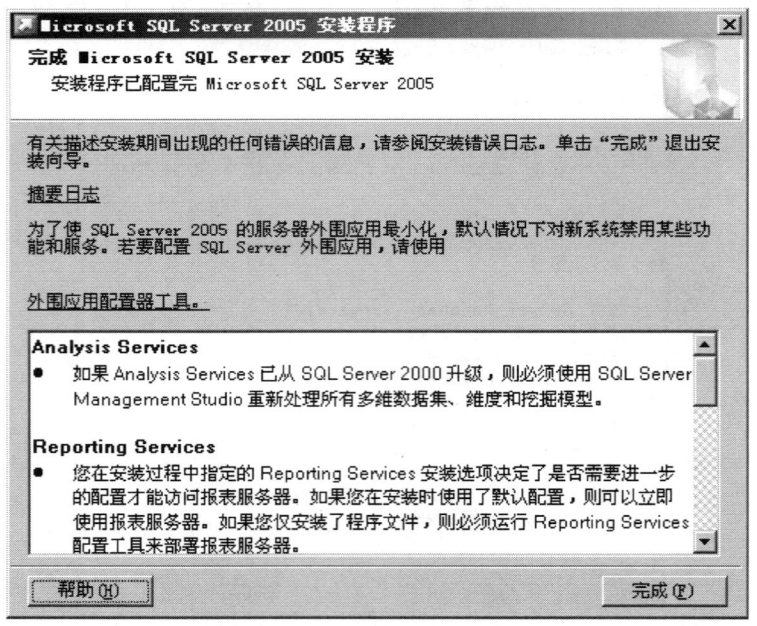

图 1-16 完成 Microsoft SQL Server 2005 安装

1.3　SQL Server 2005 工具及实用程序

1.3.1　SQL Server Management Studio

　　SQL Server Management Studio 是 SQL Server 2005 管理与应用中使用最频繁的工具,许多操作都集成在该工具中,其中"对象资源管理器"、"解决方案资源管理器"和"SQL Query"是经常使用的。后面章节介绍的有关数据库、表、索引、视图、存储过程、触发器、备份、恢复等操作都是在 SQL Server Management Studio 中完成的。

　　【例 1 – 3】　打开 SQL Server Management Studio。

　　① 选择"开始"→"所有程序"→"Microsoft SQL Server 2005"→"SQL Server Management Studio"命令。

　　② 弹出"连接到服务器"对话框,在"服务器名称"下拉列表框中显示的是上一次连接的名称,若是首次使用,则显示的是本地计算机名,表示本地默认实例。单击"连接"按钮,如图 1 – 17 所示。

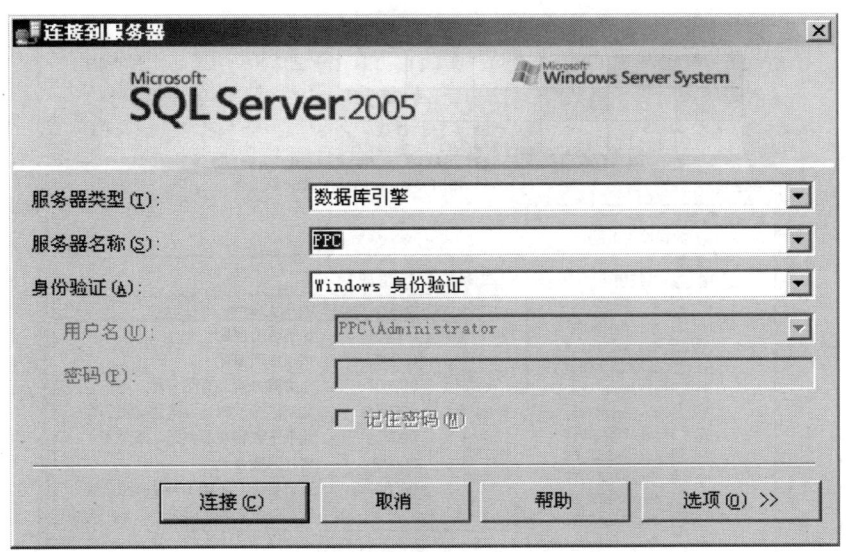

图 1 – 17　连接到服务器

　　③ 启动后,将显示"Microsoft SQL Server Management Studio"窗口,如图 1 – 18 所示。

　　【例 1 – 4】　在"Microsoft SQL Server Management Studio"窗口中查询数据。

　　在 Management Studio 中,单击工具栏左侧的"新建查询"按钮,即可打开查询分析器,输入 SQL 语句后,单击工具栏中的"执行"按钮,执行此 SQL 语句,并将查询后的结果显示在结果窗口中,如图 1 – 19 所示。

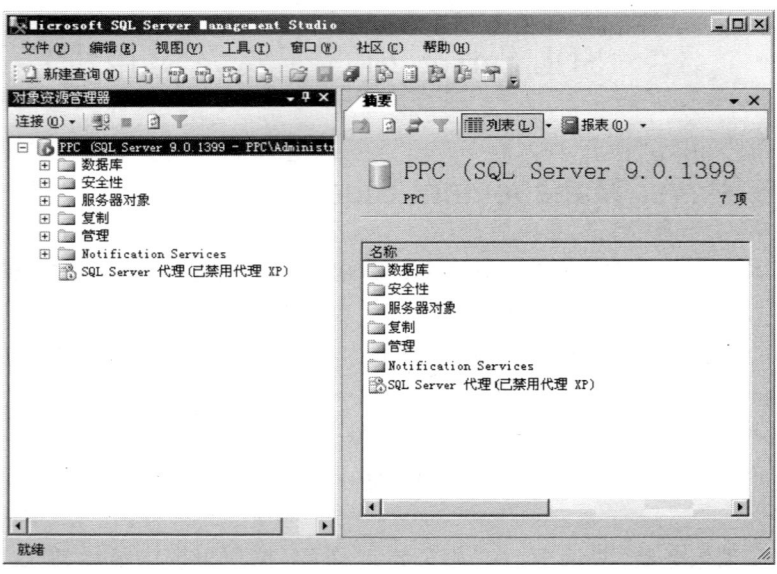

图 1-18　"SQL Server Management Studio"窗口

图 1-19　在 SQL Server 2005 中执行查询并显示结果

1.3.2　Business Intelligence Development Studio

　　Business Intelligence Development Studio 是一个集成的商务智能开发平台,该工具不属于数据库管理范畴,而属于基于数据库的商务智能软件开发范畴,如图 1-20 所示。

1.3 SQL Server 2005 工具及实用程序

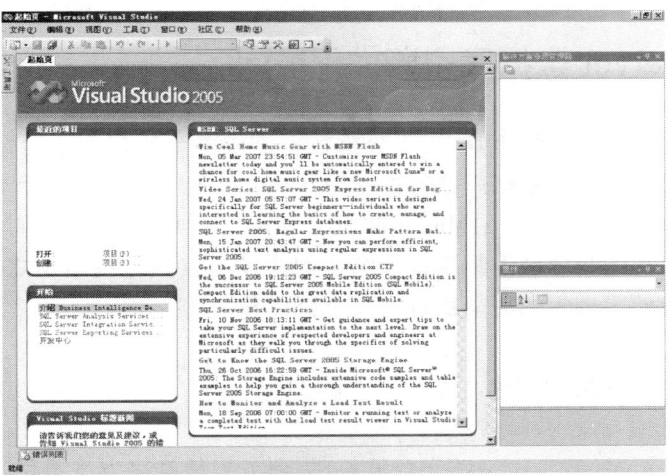

图 1-20 Business Intelligence Development Studio 的启动界面

在创建新的解决方案时，Business Intelligence Development Studio 将在解决方案资源管理器中添加一个解决方案文件夹，并创建扩展名为 .sln 和 .suo 的文件。其中，*.sln 文件包含有关解决方案配置的信息，并列出解决方案中的项目。*.suo 文件包含有关使用解决方案的首选项的信息。

1.3.3 SQL Server Profiler

SQL Server Profiler(分析器)是一个图形化的管理工具，用于监督、记录和检查 SQL Server 数据库的使用情况，用户捕获的事件保存在一个跟踪文件中供以后分析，也可以在试图诊断某个问题时，用其重播某一系列的步骤，如图 1-21 所示。

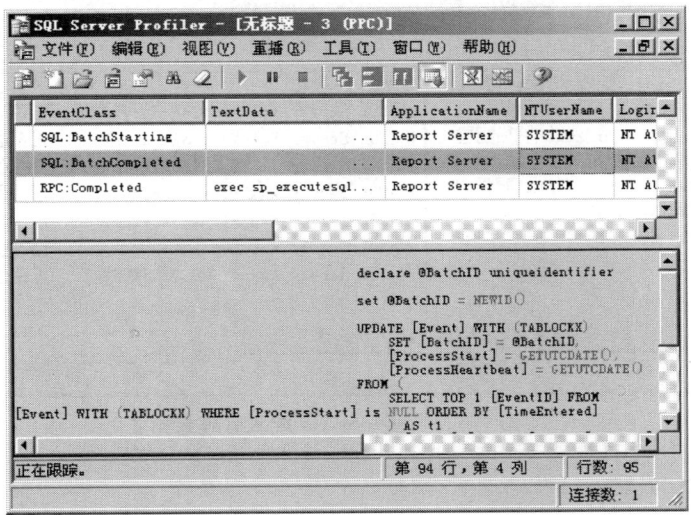

图 1-21 "SQL Server Profiler"窗口

1.3.4 SQL Server 数据库引擎优化顾问

　　数据库引擎优化顾问是一种工具,用于分析在一个或多个数据库中运行的工作负荷的性能效果。工作负荷是对要优化的数据库执行的一组 Transact-SQL 语句。分析数据库的工作负荷效果后,数据库引擎优化顾问会提供在 Microsoft SQL Server 数据库中添加、删除或修改包括聚集索引、非聚集索引、索引视图和分区等物理设计结构的建议。实现这些结构之后,数据库引擎优化顾问使查询处理器能够用最短的时间执行工作负荷任务。

1.3.5 Analysis Services

　　SQL Server 2005 Analysis Services(分析服务)为商务智能解决方案提供了联机分析处理及数据挖掘功能。在联机分析方面,Analysis Services 允许设计、创建及管理多维结构的数据,并可以从其他数据源获取数据,实现跨系统的联机分析。在数据挖掘方面,Analysis Services 允许使用多种行业标准的数据挖掘算法来设计和创建数据挖掘模型。

1.3.6 SQL Server 配置管理器

　　SQL Server 配置管理器(SQL Server Configuration Manager,如图 1-22 所示)是基于管理控制台的一种管理工具,用于管理与 SQL Server 相关联的服务、配置 SQL Server 使用的网络协议以及从 SQL Server 客户端计算机管理网络连接配置。SQL Server 2005 配置管理器集成了服务器网络实用工具、客户端网络实用工具及服务管理器等 3 个管理工具。

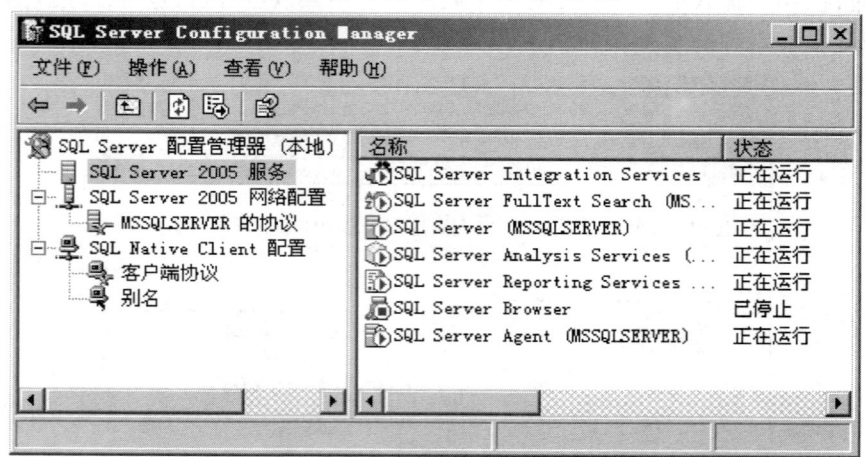

图 1-22　SQL Server 配置管理器

1.3.7 文档和教程

　　SQL Server 2005 提供了丰富的联机帮助文档,如图 1-23 所示。使用时,可以用下列 3 种方法中的任意一种来查询有关主题的信息：

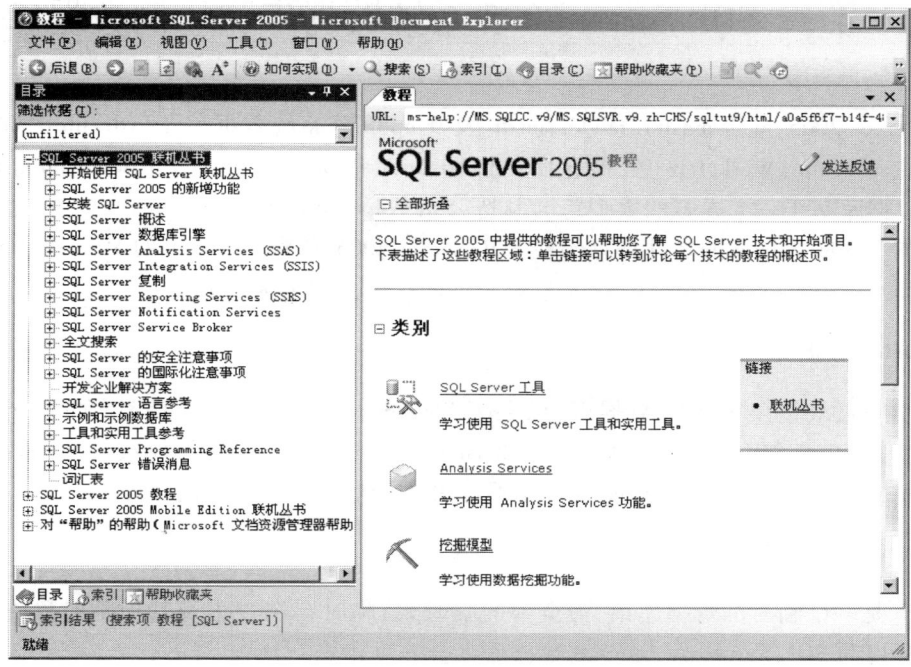

图 1-23 "教程"窗口

- 使用"目录"窗格。
- 在"索引"选项卡中输入关键字。
- 在"搜索"选项卡中输入要查询的单词、文字或短语，并执行搜索，如图 1-24 所示。

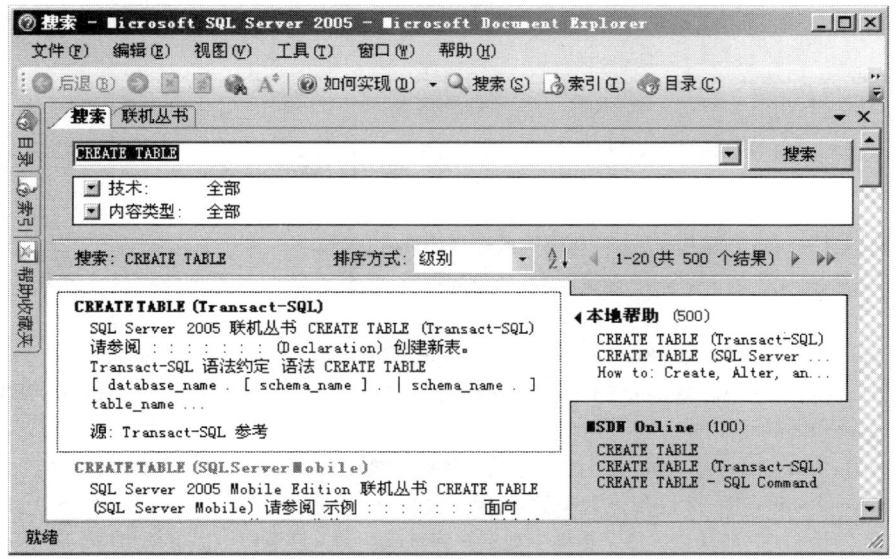

图 1-24 搜索功能

1.4 SQL Server 2005 系统数据库和示例数据库

SQL Server 2005 包括 master、model、msdb 及 tempdb 等系统数据库及 AdventureWorks（联机分析处理）、AdventureWorksDW（数据仓库）和 AdventureWorksAS（数据分析服务）等示例数据库。示例数据库基于一个虚拟的大型跨国制造公司 Adventure Works Cycles，它生产金属和复合材料自行车。这些数据库的文件均存储在 SQL Server 2005 安装文件夹下的 MSSQL\Data 文件夹内，数据库的主数据文件扩展名为.mdf，日志文件的扩展文件名为.ldf。

1. master 数据库

该数据库是最重要的系统数据库，保存了 SQL Server 系统的全部信息，如登录信息、SQL Server 的初始化信息和系统的配置信息等。master 数据库还记录所有其他数据库是否存在以及这些数据库文件的位置，如果 master 数据库不可用，则 SQL Server 无法启动。

2. tempdb 数据库

tempdb 是一个临时的数据库，它为全部的临时表、临时存储过程及其他临时操作提供存储空间。每次启动 SQL Server 时，tempdb 数据库都会被重建。

3. model 数据库

model 是一个模板数据库。当创建一个新数据库时，系统将复制该数据库的内容到用户数据库中。

4. msdb 数据库

msdb 数据库由 SQL Server Agent 管理警报和作业。

本章小结

- 关系模型是关系数据库的基础，它利用关系来描述现实世界。
- 关系模型规范化的目的是消除存储异常，减少数据冗余，保证数据的完整性和存储效率，一般规范为第三范式即可。
- SQL Server 2005 的版本有：SQL Server 2005 Enterprise Edition（企业版）、SQL Server 2005 Standard Edition（标准版）、SQL Server 2005 Workgroup Edition（工作组版）、SQL Server 2005 Developer Edition（开发版）及 SQL Server 2005 Express Edition（简易版）。
- SQL Server Management Studio 用于访问、配置、控制、管理和开发 SQL Server 的全部组件。
- SQL Server Profiler 是一个图形化管理工具，用于监视 SQL Server Database Engine 或 SQL Server Analysis Services 的实例。用户能够捕获有关每个事件的数据并将其保存到文件或表中供以后分析。
- 借助 SQL Server 数据库引擎优化顾问，用户在并不精通数据库结构或 SQL Server 的精髓时，也能够选择和创建索引、索引视图及分区的最佳集合。

- SQL Server 2005 Analysis Services 为商务智能解决方案提供了联机分析处理（OLAP）及数据挖掘功能。
- SQL Server 配置管理器是基于管理控制台的一种管理工具，用于管理与 SQL Server 相关联的服务、配置 SQL Server 使用的网络协议以及从 SQL Server 客户端计算机管理网络连接配置。
- SQL Server 2005 提供了丰富的联机帮助文档。
- SQL Server 2005 包括 master、model、msdb 及 tempdb 等系统数据库。

思考与练习

1．SQL Server 2005 有哪些版本？
2．如何在 SQL Server Management Studio 中查询数据？
3．简述 SQL Server 2005 的配置要求。

实训　SQL Server 2005 的安装与启动

【目标】
- 掌握安装 SQL Server 2005 所必备的软件及硬件要求。
- 掌握 SQL Server 2005 的安装方法。
- 理解安装过程中需要配置的参数。

【预估时间】
60 分钟

【步骤】
1．准备计算机以安装 SQL Server 2005。
2．安装 SQL Server 2005。
3．配置 SQL Server 2005。

第 2 章

数据库管理

知识目标
- 了解数据库的相关知识。
- 掌握 SQL Server 2005 数据库的创建、修改及删除操作。
- 理解 SQL Server 2005 数据库的构成。

技能目标
- 能够熟练创建 SQL Server 2005 数据库。
- 能够对数据库进行有效的管理。

内容框架

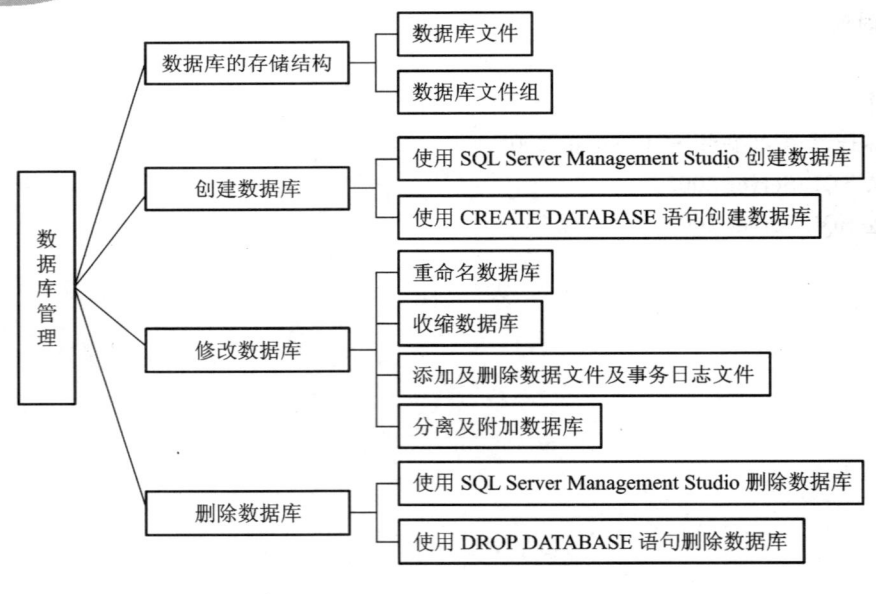

2.1 数据库的存储结构

2.1.1 数据库文件

SQL Server 2005 数据库具有 3 种类型的文件：主要数据文件、次要数据文件和事务日志文件。

1. 主要数据文件

主要数据文件包含应用数据及数据库的启动信息，主要数据文件是必需的，一个数据库只有一个主要数据文件，其扩展文件名为.mdf。

2. 次要数据文件

次要数据文件是可选的，由用户定义并存储用户数据。一个数据库可以没有次要数据文件，也可以同时拥有多个次要数据文件，其扩展文件名为.ndf。另外，使用次要数据文件可以将数据存储到不同的磁盘上，能够提高数据处理的效率。

3. 事务日志文件

事务日志文件保存用于恢复数据库的日志信息。每个数据库至少有一个事务日志文件，其扩展文件名为.ldf。

2.1.2 数据库文件组

为了方便管理及提高系统性能，SQL Server 允许将多个文件归纳为一组，并赋予一个名称，这就是文件组。例如，可以分别在 3 个硬盘驱动器上创建 3 个数据文件，并将这 3 个数据文件指派到一个文件组中，然后可以在该文件组上创建表，对表中数据的查询将分散到 3 个磁盘上，因而性能得以提高。

SQL Server 中的数据库文件组分为主文件组和用户自定义文件组。主文件组是包含主要文件的文件组，所有系统表都被分配到主文件组中。用户自定义文件组是在创建数据库(CREATE DATABASE)或修改数据库(ALTER DATABASE)的语句中，使用 FILEGROUP 关键字指定用户自定义文件组。

2.2 创建数据库

创建数据库的过程就是为数据库确定名称、大小、存放位置、文件名和所在文件组的过程。数据库的名称(逻辑名)必须满足 SQL Server 标识符命名规则，最好使用有意义的名称命名数据库。在一台 SQL Server 服务器上,各数据库名称是唯一的。每个数据库至少有两个文件(一个主要数据文件和一个事务日志文件)和一个文件组,可以为每个数据库指定最多 32 767 个文件和 32 767 个文件组。

2.2.1　使用 SQL Server Management Studio 创建数据库

【例 2-1】　使用 SQL Server Management Studio 创建数据库 SALES。

① 启动 SQL Server Management Studio,连接到服务器后,展开其树状目录,右击"数据库"文件夹,在弹出的快捷菜单中,选择"新建数据库"命令,如图 2-1 所示。

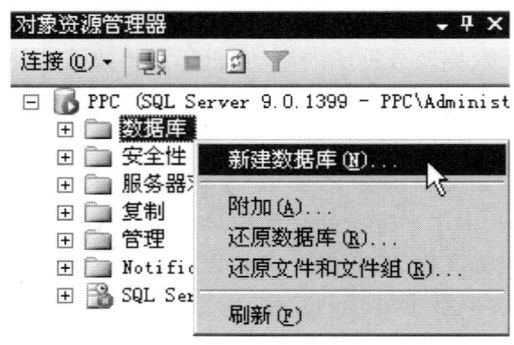

图 2-1　选择"新建数据库"命令

② 在"新建数据库"对话框的"常规"页上的"数据库名称"文本框中,输入新建数据库的名称"SALES"。在该页中还能够修改所有者名称、启用数据库的全文索引及更改数据库文件的默认设置等,如图 2-2 所示。

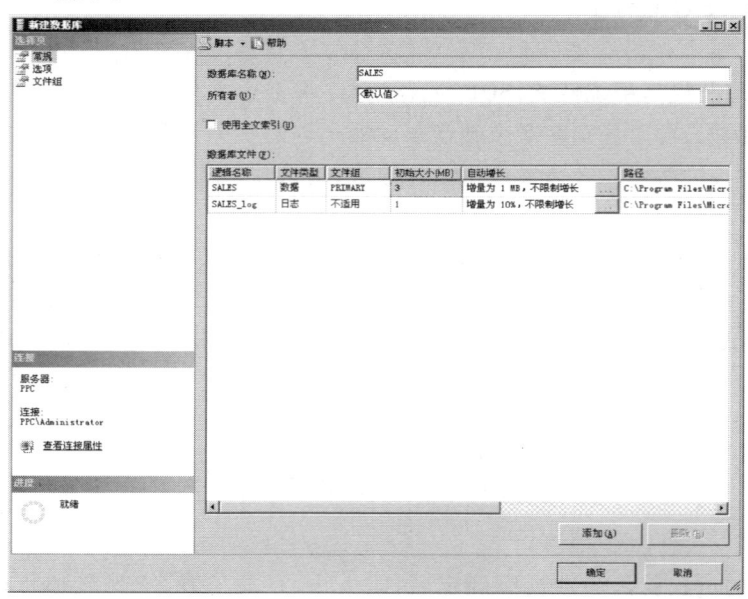

图 2-2　"新建数据库"对话框

③ 如果进行更多选项的设置,则选择"选择页"列表框中的"选项"选项,如图 2-3 所示。在此页中,能够设置数据库的排序规则、恢复模式、兼容级别及其他选项。

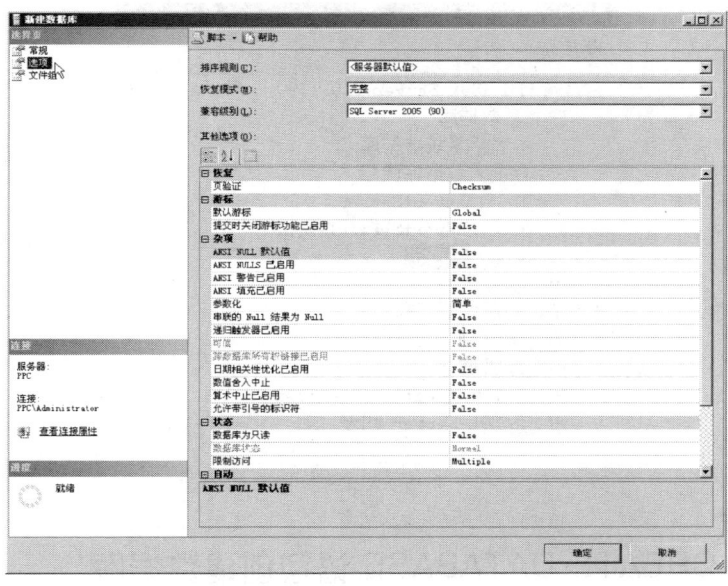

图 2-3 "选项"选项页

④ 设置文件组。在"文件组"页中,能够设置添加文件组或删除用户所添加的文件组,如图 2-4 所示。

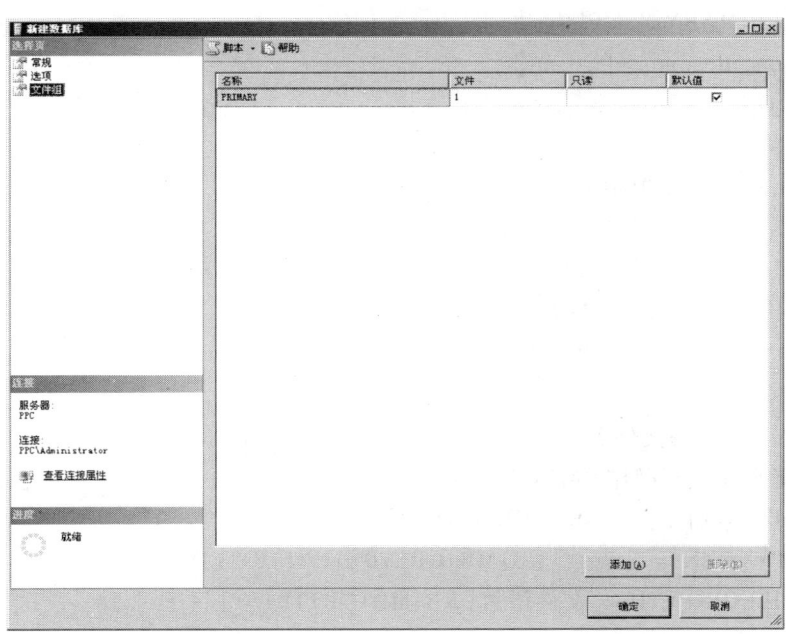

图 2-4 设置文件组

⑤ 单击"确定"按钮,完成数据库的创建。创建完成后,在"对象资源管理器"中增加了一个新建的数据库 SALES,如图 2-5 所示。

图 2-5　完成 SALES 数据库的创建

2.2.2　使用 CREATE DATABASE 语句创建数据库

语法格式如下:
CREATE DATABASE 数据库名称
　　[ON
　　　　[PRIMARY][<filespec> [,…n]
　　　　[, <filegroup> [,…n]]
　　[LOG ON{ <filespec> [,…n]}]
　　]
　　[COLLATE 排序规则名称]
]
其中:
- <filespec> ∷=
　{
　(
　　　NAME = 逻辑文件名 ,
　　　FILENAME = '操作系统文件名'
　　　[,SIZE = 初始大小[KB|MB|GB|TB]]
　　　[,MAXSIZE = {最大[KB|MB|GB|TB]|UNLIMITED}]
　　　[,FILEGROWTH = 文件增量[KB|MB|GB|TB|%]]
　) [,…n]
　}

- < filegroup > ∷ =
  {
  FILEGROUP 文件组名 [DEFAULT]
    < filespec > [,…n]
  }

参数说明:
- 数据库名称:新数据库的名称。数据库名称在 SQL Server 的实例中必须唯一,并且符合标识符的规定。
- LOG ON:指定数据库的事务日志文件的磁盘文件清单。该选项省略时,SQL Server 自动为数据库建立一个事务日志文件,文件名由系统生成,大小为数据库所有数据文件长度和的 25% 或 512 KB,取其中的较大者。
- PRIMARY:指定数据库的主要数据文件。在主文件组的 < filespec > 项中指定的第一个文件将成为主要数据文件,一个数据库只能有一个主要数据文件。

1. 创建未指定文件的数据库

【例 2 – 2】 创建名为"TestDatabase"的数据库,并创建相应的主文件和事务日志文件。
操作步骤如下:
① 输入以下代码并运行,运行结果如图 2 – 6 所示。
CREATE DATABASE TestDatabase

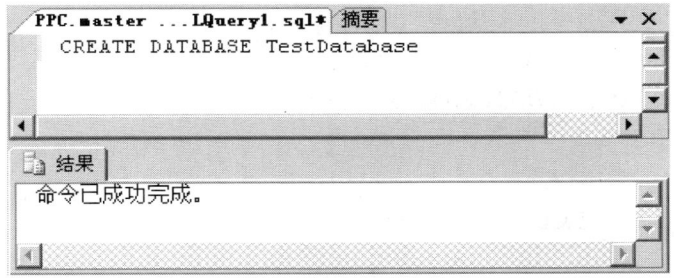

图 2 – 6 创建数据库 TestDatabase

② 验证数据库文件及大小,如图 2 – 7 所示。

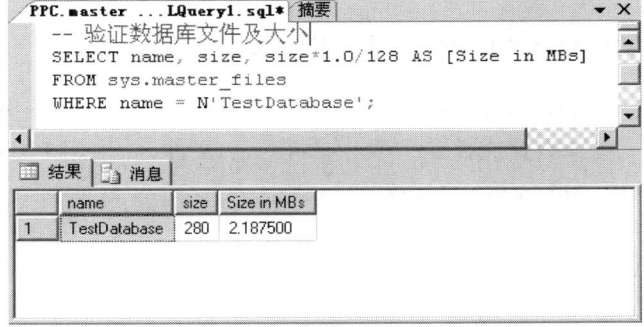

图 2 – 7 验证数据库文件及大小

【说明】 因为语句中没有 <filespec> 项,所以主要数据文件的大小为 model 数据库主要数据文件的大小。事务日志文件将设置为下列值中的较大者:512 KB 或主要数据文件大小的 25%。因为没有指定 MAXSIZE,文件可以增大到填满所有可用的磁盘空间为止。

2. 创建指定数据和事务日志文件的数据库

【例 2-3】 创建数据库"TestDatabase1",该数据库有一个初始大小为 10 MB、最大为 50 MB、文件增量为 5 MB 的主要数据文件"TestDatabase1_data.mdf"和一个初始大小为 5 MB、最大为 25 MB、文件增量为 5 MB 的事务日志文件"TestDatabase1_log.ldf"。

程序代码如下:
```
CREATE DATABASE TestDatabase1
ON
(
NAME = Sales_dat,
    FILENAME = 'D:\TEST\TestDatabase1_data.mdf',
    SIZE = 10 MB,
    MAXSIZE = 50 MB,
    FILEGROWTH = 5 MB
)
LOG ON
(
NAME = Sales_log,
    FILENAME = 'D:\TEST\TestDatabase1_log.ldf',
    SIZE = 5MB,
    MAXSIZE = 25MB,
    FILEGROWTH = 5MB
)
```

【说明】 "TestDatabase1_data.mdf"为主要数据文件,在"TestDatabase1_data"文件的 SIZE 参数中没有指定"MB"或"KB",将按 MB 分配。"TestDatabase1_log"文件以 MB 为单位进行分配,因为 SIZE 参数中显式声明了 MB。

3. 通过指定多个数据和事务日志文件创建数据库

【例 2-4】 创建数据库"TestDatabase2",该数据库具有 3 个 100 MB 数据文件和两个 100 MB 事务日志文件。主要数据文件是列表中的第一个文件,并使用 PRIMARY 关键字显式指定。事务日志文件在 LOG ON 关键字后指定。

程序代码如下:
```
CREATE DATABASE TestDatabase2
ON
PRIMARY
```

```
    ( NAME = Test1,
      FILENAME = 'D:\TEST\Testdat1.mdf',
      SIZE = 100 MB,
      MAXSIZE = 200 MB,
      FILEGROWTH = 20 MB),
    ( NAME = Test2,
      FILENAME = 'D:\TEST\Testdat2.ndf',
      SIZE = 100 MB,
      MAXSIZE = 200 MB,
      FILEGROWTH = 20 MB),
    ( NAME = Test3,
      FILENAME = 'D:\TEST\Testdat3.ndf',
      SIZE = 100 MB,
      MAXSIZE = 200 MB,
      FILEGROWTH = 20 MB)
LOG ON
    ( NAME = Testlog1,
      FILENAME = 'D:\TEST\Testlog1.ldf',
      SIZE = 100 MB,
      MAXSIZE = 200 MB,
      FILEGROWTH = 20 MB),
    ( NAME = Testlog2,
      FILENAME = 'D:\TEST\Testlog2.ldf',
      SIZE = 100 MB,
      MAXSIZE = 200 MB,
      FILEGROWTH = 20 MB)
```

【注意】 用于 FILENAME 选项中各文件的扩展名:.mdf 用于主要数据文件,.ndf 用于次要数据文件,.ldf 用于事务日志文件。

4. 创建具有文件组的数据库

【例 2-5】 创建数据库"TestDatabase3",该数据库具有以下文件组：
- 包含文件"Sjk1dat.mdf"和"Sjk2dat.ndf"的主文件组,将 FILEGROWTH 指定为 15%。
- 名为"TestGroup1"的文件组,其中包含文件"TG1F1_dat"和"TG1F2_dat"。
- 名为"TestGroup2"的文件组,其中包含文件"TG2F1_dat"和"TG2F2_dat"。

程序代码如下：
```
CREATE DATABASE TestDatabase3
ON PRIMARY
    ( NAME = SPri1_dat,
```

```
        FILENAME = 'D:\TEST\Sjk1dat.mdf',
        SIZE = 10 MB,
        MAXSIZE = 50 MB,
        FILEGROWTH = 15%),
    (NAME = SPri2_dat,
        FILENAME = 'D:\TEST\Sjk2dat.ndf',
        SIZE = 10 MB,
        MAXSIZE = 50 MB,
        FILEGROWTH = 15%),
FILEGROUP TestGroup1
    (NAME = TG1F1_dat,
        FILENAME = 'D:\TEST\TG1F1.ndf',
        SIZE = 10 MB,
        MAXSIZE = 50 MB,
        FILEGROWTH = 5 MB),
    (NAME = TG1F2_dat,
        FILENAME = 'D:\TEST\TG1F2.ndf',
        SIZE = 10 MB,
        MAXSIZE = 50 MB,
        FILEGROWTH = 5 MB),
FILEGROUP TestGroup2
    (NAME = TG2F1_dat,
        FILENAME = 'D:\TEST\TG2F1.ndf',
        SIZE = 10 MB,
        MAXSIZE = 50 MB,
        FILEGROWTH = 5 MB),
    (NAME = TG2F2_dat,
        FILENAME = 'D:\TEST\TG2F2.ndf',
        SIZE = 10 MB,
        MAXSIZE = 50 MB,
        FILEGROWTH = 5 MB)
LOG ON
    (NAME = TestDatabase3_log,
        FILENAME = 'D:\TEST\TestDatabase3_log.ldf',
        SIZE = 5 MB,
        MAXSIZE = 25 MB,
        FILEGROWTH = 5 MB)
```

【练一练】 使用 CREATE DATABASE 语句创建数据库"LXDB1",该数据库有一个初始大小为 15 MB、最大为 200 MB、文件增量为 10% 的主要数据文件"LXDB1_data.mdf"和一个初始大小为 5 MB、最大为 20 MB、文件增量为 10% 的事务日志文件"LXDB1_log.ldf",均存放在 D:\LX 文件夹下,并且假设该文件夹已经存在。

2.3 修改数据库

2.3.1 重命名数据库

实际应用中,有时需要修改数据库的名称。但在重命名前,应将数据库设置为单用户模式,并且新的名称应符合命名规则。

1. 使用 SQL Server Management Studio 重命名数据库

【例 2-6】 使用 SQL Server Management Studio 将数据库"SALES"重命名为"PosSales"。

① 启动 SQL Server Management Studio,连接服务器后,展开其树状目录,右击数据库"SALES",在弹出的快捷菜单中选择"重命名"命令,如图 2-8 所示。

图 2-8 选择"重命名"命令

② 将数据库 SALES 的名字直接修改为"PosSales",如图 2-9 所示。

2. 使用系统存储过程 sp_renamedb 重命名数据库

语法格式如下:
sp_renamedb [@dbname =] 'old_name' , [@newname =] 'new_name'

图 2-9 数据库重命名为"PosSales"

参数说明：
- [@dbname =]'old_name'表示数据库的当前名称。
- [@newname =]'new_name'表示数据库的新名称。

【例 2-7】 使用系统存储过程"sp_renamedb"将数据库"PosSales"重命名为"ProductsSALES",运行结果如图 2-10 所示。

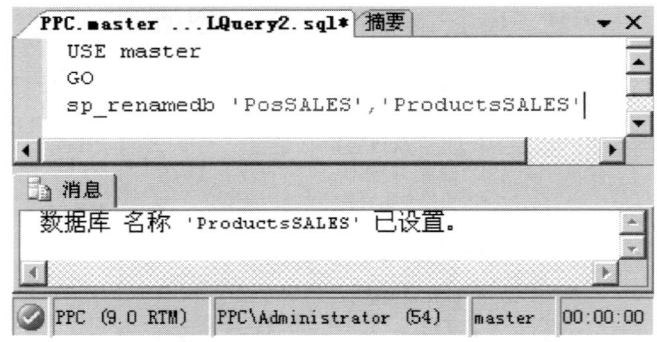

图 2-10 使用系统存储过程"sp_renamedb"重命名数据库

【练一练】 使用系统存储过程"sp_renamedb"将数据库"LXDB1"重新命名为"Rename_LXDB1"。

2.3.2 收缩数据库

SQL Server 2005 允许用户通过收缩数据库把未使用的空间释放出来,数据文件及事务日志文件都能够缩小,可以手动收缩或自动收缩数据库。数据库的收缩是有一定限制的,数据库不会收缩到小于初始创建时的数据库大小,可以使用 SQL Server Mangement Studio 进行可视化操作,也可以应用 Transact-SQL 语言进行收缩。

【例 2-8】 收缩数据库 ProductsSALES。

① 启动 SQL Server Management Studio,连接服务器后,展开其树状目录,右击数据库"ProductsSALES"。

② 若要将整个数据库进行收缩,在弹出的快捷菜单中,选择"任务"→"收缩"→"数据库"命令,如图 2-11 所示。在弹出的对话框中,可以选中"在释放未使用的空间前重新组织文件。选中此选项可能会影响性能。"复选框,并指定"收缩后文件中的最大可用空间",如图 2-12 所示。

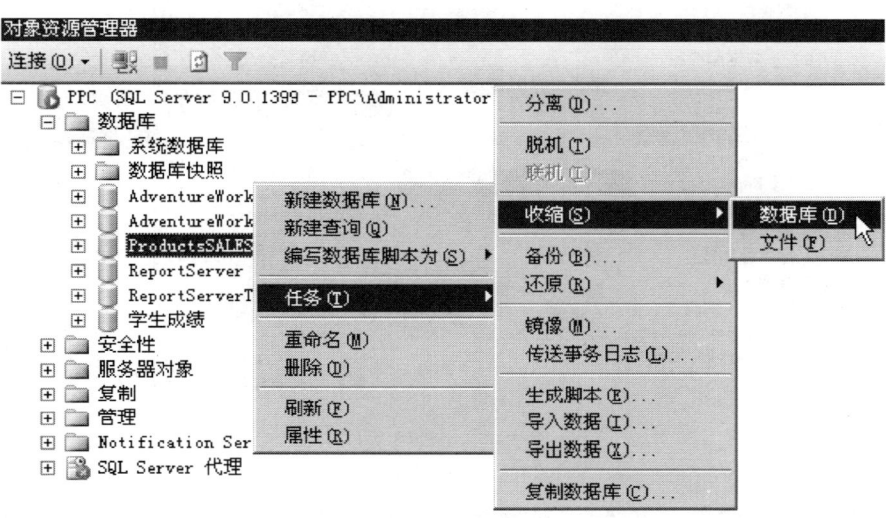

图 2-11 收缩数据库

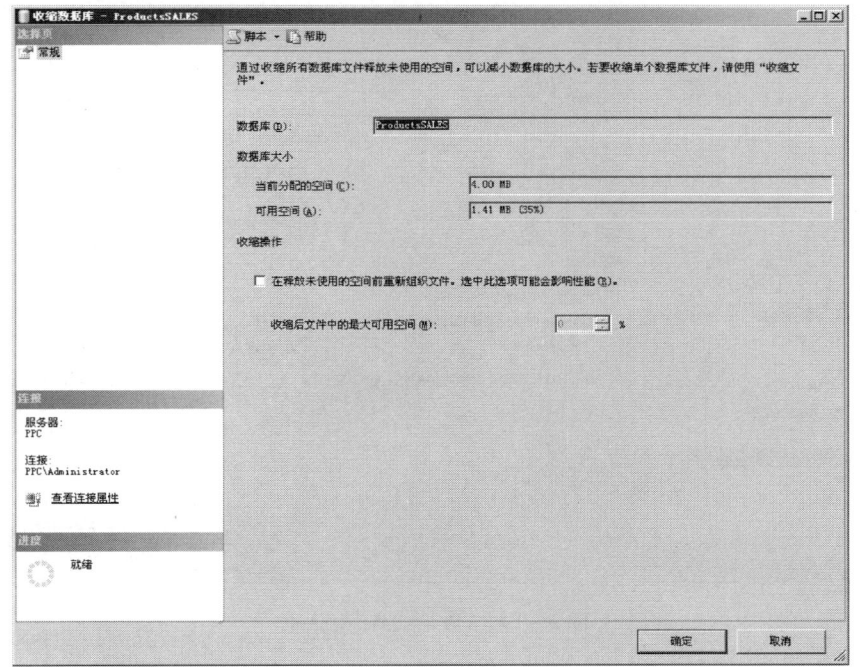

图 2-12 "收缩数据库"对话框

③ 若收缩文件的空间,则在弹出的快捷菜单中选择"任务"→"收缩"→"文件"命令,如图 2-13 所示。在"收缩文件"对话框中,能够选择要收缩的文件,选择并设置相应的"收缩操作",单击"确定"按钮,完成文件的收缩操作,如图 2-14 所示。

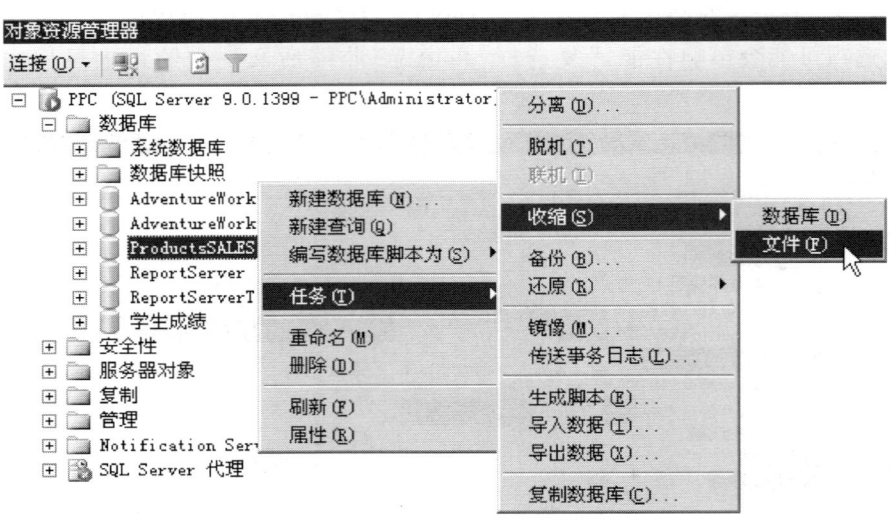

图 2-13 收缩文件

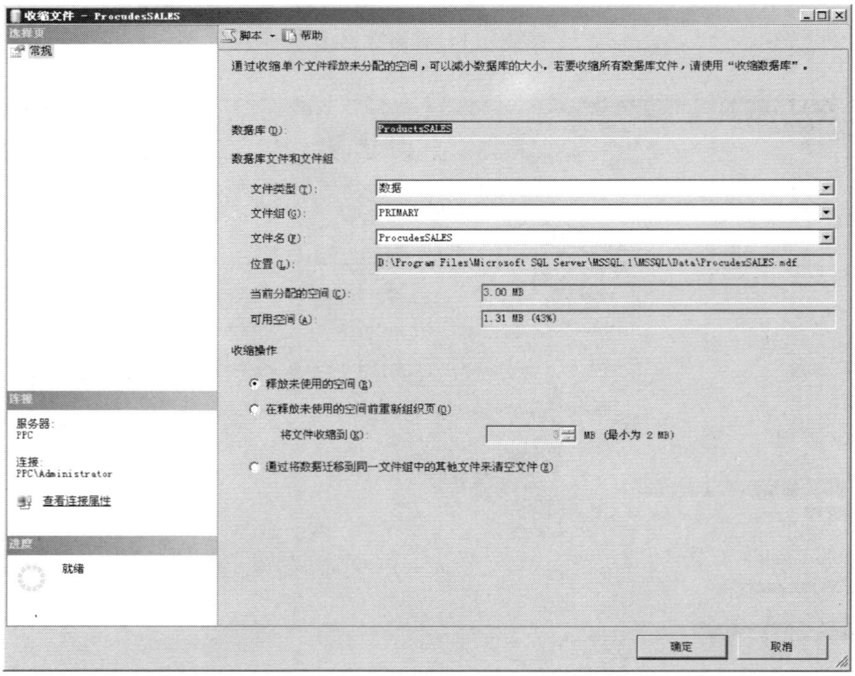

图 2-14 "收缩文件"对话框

2.3.3 添加及删除数据文件及事务日志文件

数据库创建完成后,能够通过 SQL Server Management Studio 对数据库的属性设置进行修改,也可以使用 ALTER DATABASE 语句来修改数据库。

1. 使用 SQL Server Management Studio 添加和删除数据文件及事务日志文件

【例 2-9】 使用 SQL Server Management Studio 添加和删除"ProductsSALES"数据库的数据文件及事务日志文件。

(1) 启动 SQL Server Management Studio,连接服务器后,展开其树状目录,右击 "ProductsSALES"数据库,在弹出的快捷菜单中选择"属性"命令。

(2) 打开"数据库属性"对话框,单击"选择页"列表框的"文件"选项,如图 2-15 所示。

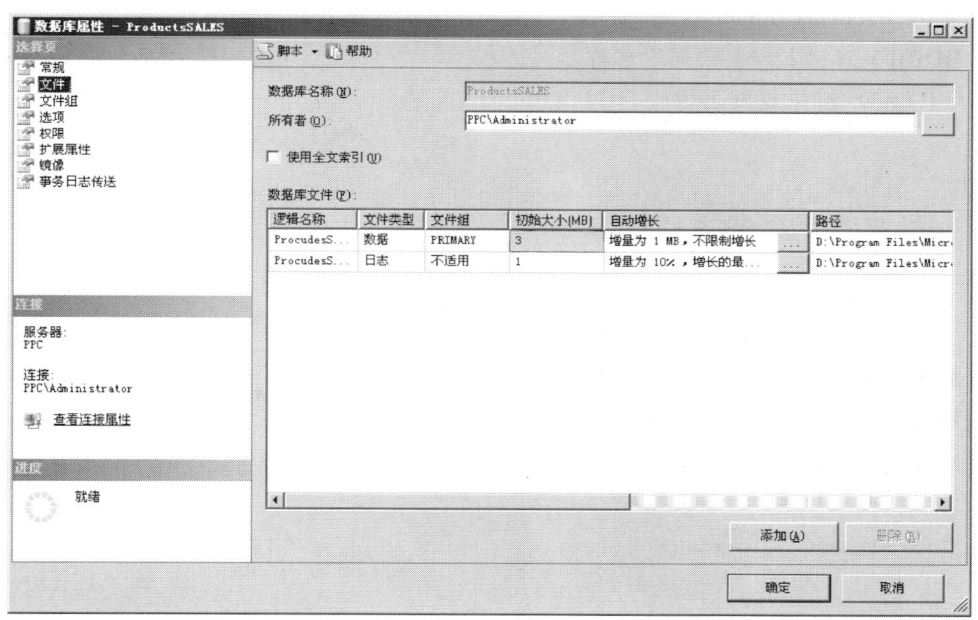

图 2-15 "数据库属性"对话框的"文件"页

(3) 添加数据或事务日志文件。

① 若要添加数据或事务日志文件,单击图 2-15 中的"添加"按钮。

② 在"数据库文件"框中,输入文件的逻辑名称,该名称在数据库中应是唯一的。

③ 选择文件类型为"数据"或"日志"。

④ 对于数据文件,从列表中选择文件应属于的文件组,或选择"<新文件组>"以创建新的文件组。事务日志不能放在文件组中。

⑤ 设置文件的初始大小。

⑥ 若要指定文件的增长方式,则在"自动增长"列中单击省略号(…)按钮,对选项进行选择。

⑦ 指定文件路径。
⑧ 单击"确定"按钮。
(4) 删除数据文件及日志文件。
① 在"数据库文件"框中,选择要删除的文件,再单击"删除"按钮。
② 单击"确定"按钮。

2. 使用 ALTER DATABASE 添加和删除数据文件及事务日志文件

语法格式如下:
ALTER DATABASE 数据库名称
{
    < add_or_modify_files >
  | < add_or_modify_filegroups >
  | < set_database_options >
  |MODIFY NAME = 新数据库名称
  |COLLATE 排序规则名称
}
其中:
- < add_or_modify_files > ∷=
{
    ADD FILE < filespec > [,…n]
        [TO FILEGROUP {文件组名|DEFAULT}]
  |ADD LOG FILE < filespec >[,…n]
  |REMOVE FILE 逻辑文件名
  |MODIFY FILE < filespec >
}
- < add_or_modify_filegroups > ∷=
{
  |ADD FILEGROUP 文件组名
  |REMOVE FILEGROUP 文件组名
  |MODIFY FILEGROUP 文件组名
    { < filegroup_updatability_option >
    |DEFAULT
    |NAME = 新文件组名
    }
}
- < filegroup_updatability_option > ∷=
{
    {READONLY | READWRITE}

| { READ_ONLY | READ_WRITE }
}

【例 2-10】 将一个数据文件及一个事务日志文件添加到"TestDatabase3"数据库中。

程序代码如下:

```
USE master
GO
ALTER DATABASE TestDatabase3
ADD FILE
( NAME = Test1,
    FILENAME = 'D:\TEST\test1.ndf',
    SIZE = 10 MB,
    MAXSIZE = 50 MB,
    FILEGROWTH = 5 MB)
GO
ALTER DATABASE TestDatabase3
ADD LOG FILE
( NAME = Test1_log,
    FILENAME = 'D:\TEST\Test1_log.ldf',
    SIZE = 5 MB,
    MAXSIZE = 150 MB,
    FILEGROWTH = 5 MB)
GO
```

【例 2-11】 将数据文件"test1"从"TestDatabase3"数据库中删除。

程序代码如下:

```
USE master
GO
ALTER DATABASE TestDatabase3
REMOVE FILE test1
GO
```

2.3.4 分离及附加数据库

分离数据库是指将数据库从 SQL Server 实例中删除,但不会删除数据文件和事务日志文件。用户可以使用这些文件将数据库附加到任何 SQL Server 实例,包括分离该数据库的服务器。附加数据库将创建一个新的数据库,并使用已有的数据文件和事务日志文件中的数据。

【例 2-12】 分离"TestDatabase3"数据库。

① 在 SQL Server Management Studio 对象资源管理器中,展开"数据库",右击"TestDatabase3"数据库,选择"任务"→"分离"命令,如图 2-16 所示。

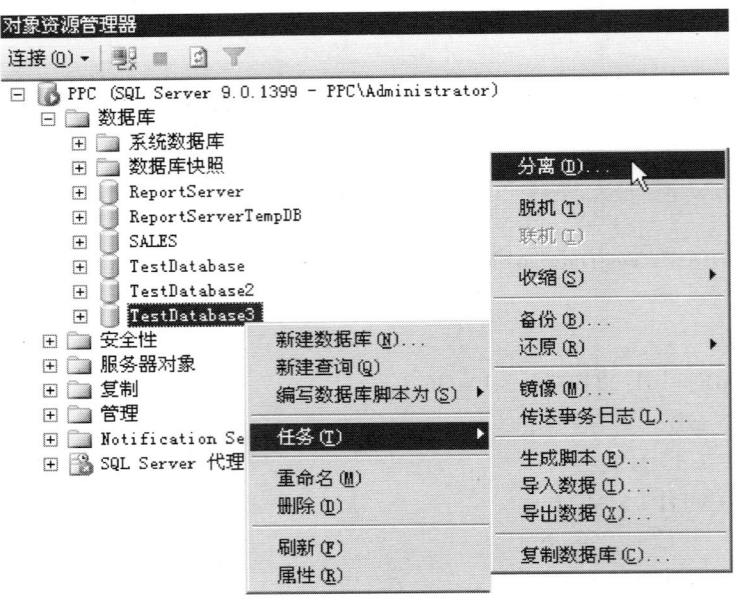

图 2-16 选择"分离"命令

② 在打开的"分离数据库"对话框中单击"确定"按钮,把数据库分离出去,如图 2-17 所示。

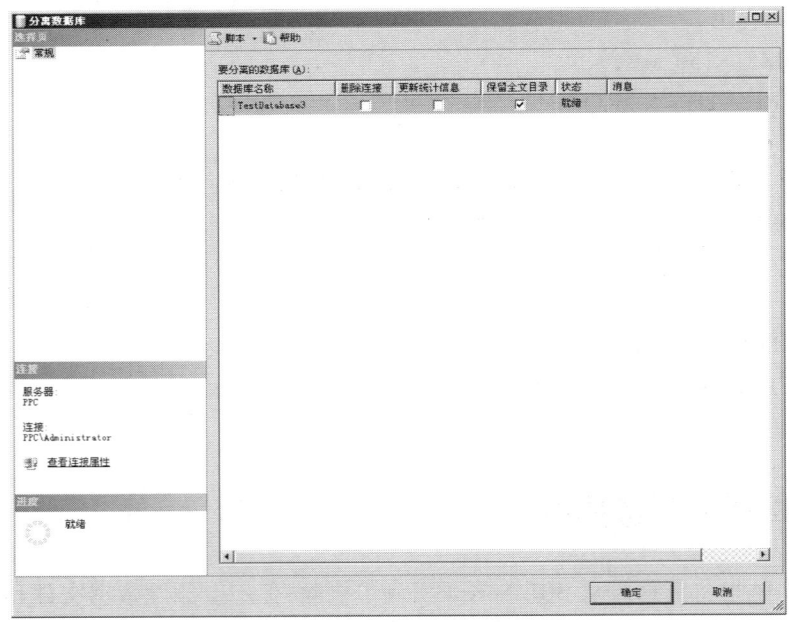

图 2-17 "分离数据库"对话框

【看一看】

默认情况下,分离操作将在分离数据库时保留过期的优化统计信息。若要更新现有的优化统计信息,选中"更新统计信息"列的复选框。

默认情况下,分离操作保留所有与数据库关联的全文目录。若要删除全文目录,则取消选中"保留全文目录"列的复选框。

"状态"列将显示当前数据库状态("就绪"或者"未就绪")。

【例 2-13】 附加例 2-12 所分离的"TestDatabase3"数据库,其主要数据文件为"D:\TEST\Sjk1dat.mdf"。

① 在 SQL Server Management Studio 对象资源管理器中,展开"数据库",右击"数据库",选择"附加"命令,如图 2-18 所示。

图 2-18 选择"附加"命令

② 在"附加数据库"对话框中单击"添加"按钮,如图 2-19 所示。

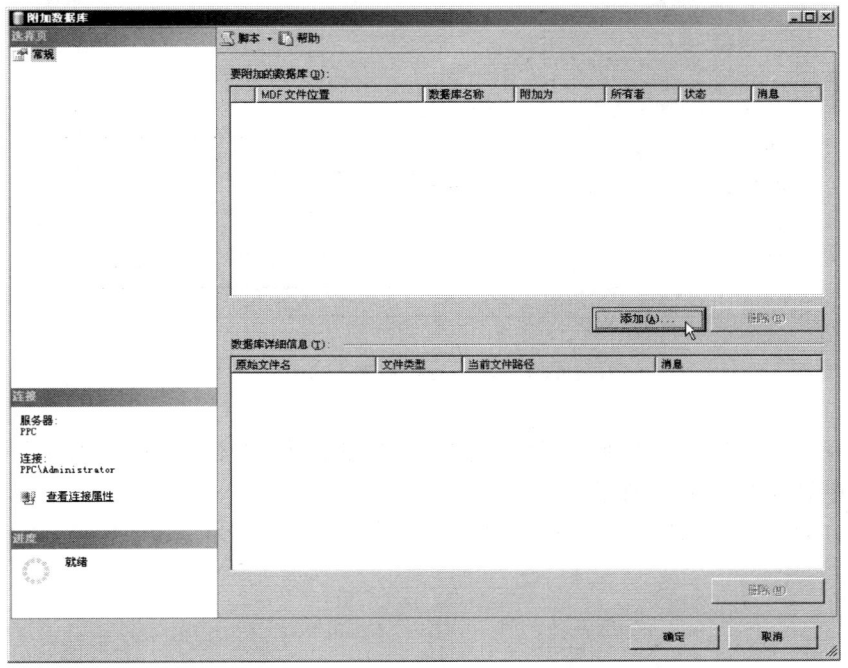

图 2-19 "附加数据库"对话框

③ 在弹出的"定位数据库文件"对话框中选择该数据库所在的磁盘驱动器,展开目录树以查找和选择该数据库的.mdf 文件,如"D:\TEST\Sjk1dat.mdf",然后单击"确定"按钮即可,如图 2-20所示。

图 2-20 定位数据库文件

④ 若要指定以其他名称附加数据库,则在"附加数据库"对话框的"附加为"列中输入要附加的数据库名称,如图 2-21 所示。

⑤ 准备好附加数据库后,单击"确定"按钮。

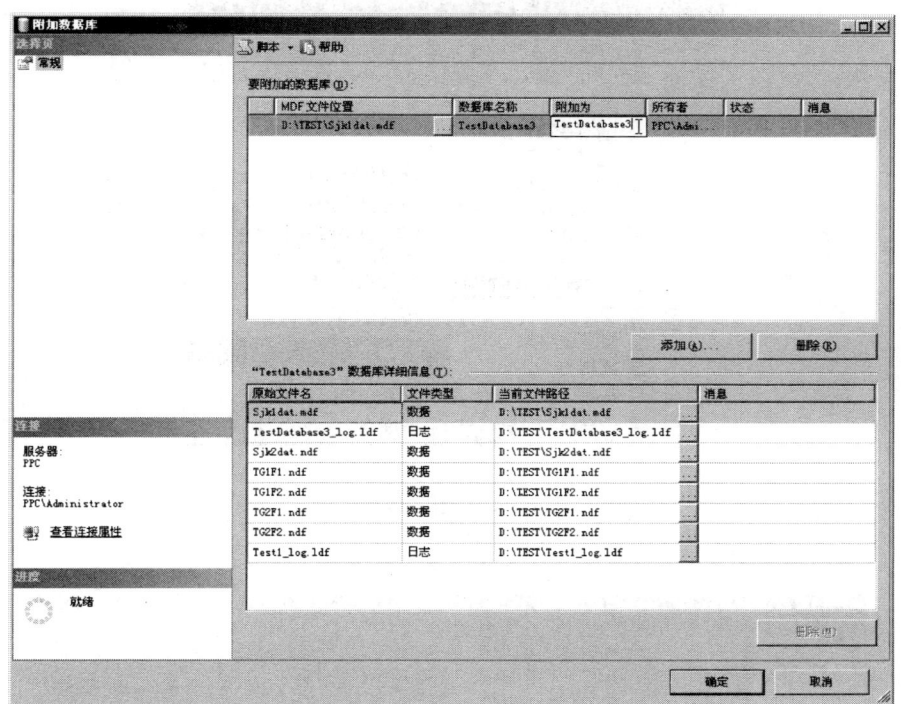

图 2-21 指定以其他名称附加数据库

2.4 删除数据库

对于不再需要的数据库,可以将其删除,以释放所占用的磁盘空间。数据库删除之后,文件及其数据都从服务器上的磁盘中删除,数据库被永久删除。

2.4.1 使用 SQL Server Management Studio 删除数据库

【例 2-14】 使用 SQL Server Management Studio 删除 TestDatabase2 数据库。

① 启动 SQL Server Management Studio 后,展开"数据库"树,在要删除的数据库位置右击,从弹出的快捷菜单中选择"删除"命令,如图 2-22 所示。

② 在"删除对象"对话框中,要求用户确认是否删除该数据库,单击"确定"按钮,该数据库将被删除,如图 2-23 所示。

图 2-22 删除数据库

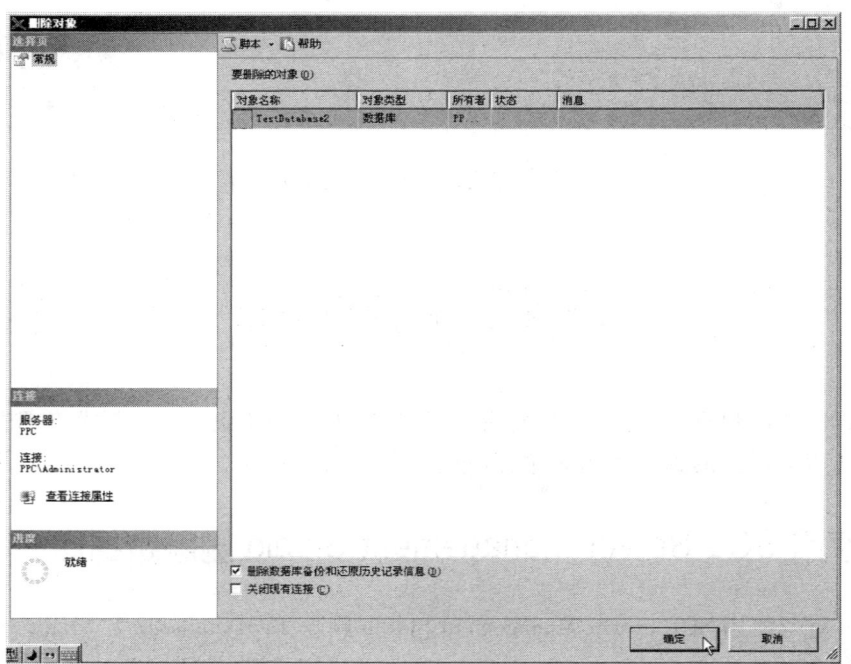

图 2-23 删除数据库对象

2.4.2 使用 DROP DATABASE 语句删除数据库

语法格式如下：

DROP DATABASE 数据库名称 [, …n]
参数说明:
数据库名称:指定要删除的数据库,且一次可以删除多个数据库,数据库名称之间用逗号隔开。
【注意】不要将系统数据库删除,否则会造成 SQL Server 系统崩溃。
【例 2 – 15】 删除数据库"TestDatabase2"。
程序代码如下:
DROP DATABASE TestDatabase2
【练一练】 使用 DROP DATABASE 语句删除数据库"Rename_LXDB1"。

2.5 案例:学生成绩管理数据库的创建

2.5.1 提出问题

创建学生成绩管理数据库。

2.5.2 分析问题

创建数据库一般应遵循以下步骤:
① 为数据库命名。
② 确定数据库的位置。
③ 确定数据库文件的大小及增长方式。
④ 使用 SQL Server Management Studio 或 CREATE DATABASE 语句创建数据库。

2.5.3 解决问题

数据库命名为"学生成绩"(在实际工程中请使用英文字母组合)。"学生成绩"数据库有两个文件,一个是主要数据文件,扩展文件名为.mdf,另一个是事务日志文件,扩展文件名为.ldf,均存放在"D:\student"文件夹下。主要数据文件的初始大小为 50 MB,最大为 200 MB,按 10% 增长;事务日志文件的初始大小为 10 MB,最大为 50 MB,以 1 MB 为增量增长。
在此使用 CREATE DATABASE 语句创建数据库。
程序代码如下:
CREATE DATABASE 学生成绩
ON
PRIMARY
    (NAME = 学生成绩主数据文件,

　　　　FILENAME='D:\student\学生成绩.mdf',
　　　　SIZE=50 MB,
　　　　MAXSIZE=200 MB,
　　　　FILEGROWTH=10%)
　LOG ON
　　　(NAME=学生成绩日志文件,
　　　　FILENAME='D:\student\学生成绩.ldf',
　　　　SIZE=10 MB,
　　　　MAXSIZE=50 MB,
　　　　FILEGROWTH=1 MB)

本章小结

- SQL Server2005 数据库具有3种类型的文件：主要数据文件、次要数据文件及事务日志文件。
- 创建数据库的过程就是为数据库确定名称、大小、存放位置、文件名和所在文件组的过程。
- 可以使用 SQL Server Management Studio 或 CREATE DATABASE 语句创建数据库。
- 可以使用 SQL Server Management Studio 或系统存储过程 sp_renamedb 重命名数据库。
- SQL Server 2005 允许用户通过收缩数据库把未使用的空间释放出来，数据文件及事务日志文件都能够缩小，可以手动收缩或自动收缩数据库。
- 可以使用 SQL Server Management Studio 对数据库的属性设置进行修改，也可以使用 ALTER DATABASE 语句来修改数据库。
- 分离数据库是指将数据库从 SQL Server 实例中删除，但不会删除数据文件和事务日志文件。附加数据库将创建一个新的数据库，并使用已有的数据文件和事务日志文件中的数据。
- 可以使用 SQL Server Management Studio 或 DROP DATABASE 语句删除数据库。

思考与练习

1. 创建数据库的命令是(　　)。
   A. CREATE PROCEDURE
   B. ALTER DATABASE
   C. DROP DATABASE
   D. CREATE DATABASE
2. 删除数据库的命令是(　　)。
   A. DROP TABLE
   B. CREATE TABLE
   C. DROP DATABASE
   D. ALTER DATABASE
3. 修改数据库的语句是(　　)。
   A. CREATE TABLE
   B. CREATE DATABASE

C. ALTER DATABASE
   D. DROP TABLE
4. SQL Server 中的数据库文件组分为（　　）。
   A. 主文件组和用户自定义文件组
   B. 主文件组和次文件组
   C. 用户自定义文件组和次文件组
   D. 以上都不是
5. SQL Server2005 数据库有哪三种类型的文件？
6. 简述使用 SQL Server Management Studio 分离及附加数据库的步骤。
7. SQL Server 2005 系统数据库包括哪几个，分别有什么作用？

实训　学生成绩管理数据库的修改

【目标】
能够根据需要对 SQL Server 数据库进行修改。

【预估时间】
40 分钟。

【步骤】
1. 将数据库"成绩管理"重命名为"学生成绩管理"。
2. 分离"学生成绩管理"数据库。
3. 附加步骤2分离的"学生成绩管理"数据库。
4. 收缩"学生成绩管理"数据库。
5. 使用联机丛书，查看 CREATE DATABASE 相关资料。
6. 使用联机丛书，查看 ALTER DATABASE 相关资料。
7. 使用联机丛书，查看 DROP DATABASE 相关资料。

第3章 表的设计

知识目标
- 熟悉表的基础知识及表的关系。
- 掌握 SQL Server 2005 中的数据类型。
- 掌握表的创建、修改及删除。
- 掌握索引的相关操作。
- 掌握数据完整性。

技能目标
- 熟练使用 SQL Server Management Studio 创建、修改及删除表。
- 能够使用 Transact-SQL 语句创建、修改及删除表。
- 熟练维护表数据。
- 能够利用数据完整性对表中的数据进行有效的管理。

内容框架

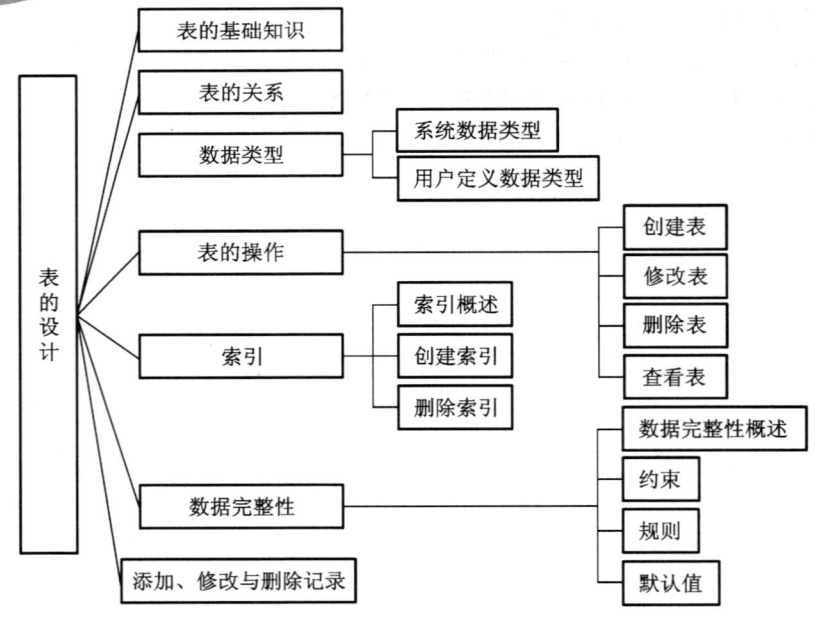

3.1 表的基础知识

表是用来存储和操作数据的一种逻辑结构。数据在表中是按行和列的组织形式存储的,每一行用来保存一条记录,每一列代表记录中的一个字段。在图3-1所示的"生产厂家"表中,每一行代表一个厂家的信息记录,各列表示厂家的各种信息,如厂家编号、厂家名称和国家等。

厂家编号	厂家名称	国家
101010001	青岛海尔	中国
101010002	杭州娃哈哈	中国
101020001	同仁堂制药	中国

图 3-1 "生产厂家"表

3.2 表的关系

表间的关系有3种类型,即一对多关系、多对多关系和一对一关系。

一对多关系是最常用的关系类型。在一对多关系中,A表中的一行在B表中能够有许多与之匹配的行,但B表中的一行在A表中只能有一个匹配的行。

在多对多关系中,A表中的一行在B表中有许多匹配行,反之亦然。需要通过定义第三个表(称为联结表)来创建多对多的关系,该表的主键由来自A表和B表的外键组成。

一对一关系不是很常用。在一对一关系中,A表中的一行只能与B表中的一行匹配,反之亦然。

【相关链接】 表通常包含能唯一标识表中每一行的一列或一组列,这样的一列或一组列称为表的主键(Primary Key),用于强制表的实体完整性。外键(Foreign Key)是用于建立和加强两个表数据之间的链接的一列或多列。

3.3 数据类型

3.3.1 系统数据类型

在创建表时给每个列分配数据类型是十分重要的步骤。数据类型就是定义每个列所能存放的数据值和存储格式。例如,表的某一列存放学号,则定义该列的数据类型为字符型。又如,表的某一列存放出生日期,则定义该列为日期型。

SQL Server 2005中的数据类型归纳为下列类别:精确数字、Unicode 字符串、近似数字、二进制字符串、日期和时间、字符串和其他数据类型。

1. 精确数字

精确数字数据类型包括 bigint、int、smallint、tinyint、decimal、numeric、money、smallmoney 和 bit。其中,整数类型有 bigint、int、smallint 和 tinyint,如表 3-1 所示。

表 3-1 整数类型

数据类型	取值范围	存储空间
bigint	-2^{63}($-9\ 223\ 372\ 036\ 854\ 775\ 808$)~$2^{63}-1$($9\ 223\ 372\ 036\ 854\ 775\ 807$)	8 B
int	-2^{31}($-2\ 147\ 483\ 648$)~$2^{31}-1$($2\ 147\ 483\ 647$)	4 B
smallint	-2^{15}($-32\ 768$)~$2^{15}-1$($32\ 767$)	2 B
tinyint	0~255	1 B

带固定精度和小数位数的数值数据类型有 decimal 和 numeric,如表 3-2 所示。

表 3-2 带固定精度和小数位数的数值数据类型

语法形式	取值范围	精度范围	存储空间
decimal[(p[,s])] 及 numeric[(p[,s])]	使用最大精度时,有效值为 $-10^{38}+1$ ~ $10^{38}-1$。p(精度):最多可以存储的十进制数字的总位数,包括小数点左边和右边的位数。该精度是从 1 到最大精度 38 之间的值。默认精度为 18。 s(小数位数):小数点右边可以存储的十进制数字的最大位数,默认的小数位数为 0;取值为 0<=s<=p。	1~9	5 B
		10~19	9 B
		20~28	13 B
		29~38	17 B

货币或货币值的数据类型为 money 和 smallmoney,如表 3-3 所示。

表 3-3 货币或货币值的数据类型

数据类型	取值范围	存储空间
money	-922 337 203 685 477.580 8 ~ 922 337 203 685 477.580 7	8 B
smallmoney	-214 748.3648 ~ 214 748.3647	4 B

bit 为位数据类型,它是一种表示逻辑关系的数据类型,可以取值为 1、0 或 NULL。

2. Unicode 字符串

Unicode 字符串如表 3-4 所示。

表 3-4 Unicode 字符串

数据类型	取值范围
nchar[(n)]	n 个字符的固定长度的 Unicode 字符数据,1≤n≤4000。存储空间为 2n 字节

续表

数据类型	取值范围
nvarchar[(n|max)]	包含 n 个字符的可变长度 Unicode 字符数据,$1 \leq n \leq 4000$。max 指示最大存储空间为 $2^{31}-1$ 字节。字节的存储空间是所输入字符个数的两倍 +2 个字节。所输入的数据字符长度可以为 0
ntext	可变长度的 Unicode 数据,最大长度为 $2^{30}-1$($1\,073\,741\,823$)个字符。存储空间是所输入字符个数的两倍(以字节为单位)

3. 近似数字

近似数字如表 3-5 所示。

表 3-5 近似数字

数据类型	取值范围	尾数精度	存储空间
float(n)	$-1.79E+308 \sim 1.79E+308$	15	8 B
real	$-3.40E+38 \sim 3.40E+38$	7	4 B

【说明】 float(n) 中的 n 的取值范围为 $0 \sim 53$,当 n 小于等于 24 时,系统将自动将其转换为 real 类型。

4. 二进制字符串

二进制字符串如表 3-6 所示。

表 3-6 二进制字符串

数据类型	取值范围	存储空间
binary[(n)]	长度为 n 字节的固定长度二进制数据,其中 n 是 $1 \sim 8\,000$ 的值	n 个字节
varbinary[(n)]	可变长度二进制数据。n 可以取 $1 \sim 8\,000$ 的值	所输入数据的实际长度 +2 个字节
image	长度可变的二进制数据,$0 \sim 2^{31}-1$($2\,147\,483\,647$) 个字节。	

5. 日期和时间

SQL Server 2005 提供了 datetime 和 smalldatetime 类型,用于表示某天的日期和时间,如表 3-7 所示。

表 3-7 日期和时间型

数据类型	取值范围	精确度
datetime	1753 年 1 月 1 日 $\sim$ 9999 年 12 月 31 日	3.33 ms
smalldatetime	1900 年 1 月 1 日 $\sim$ 2079 年 6 月 6 日	1 min

6. 字符串类型

字符串类型如表 3-8 所示。

表 3-8 字符串类型

数据类型	取值范围
char[(n)]	固定长度,非 Unicode 字符数据,长度为 n 个字节。$1 \leq n \leq 8\,000$。存储大小是 n 个字节
varchar[(n|max)]	可变长度,非 Unicode 字符数据。$1 \leq n \leq 8\,000$。max 指示最大存储大小是 $2^{31}-1$ 个字节。存储大小是输入数据的实际长度加 2 个字节。所输入数据的长度可以为 0 个字符
text	长度可变的非 Unicode 数据,最大长度为 $2^{31}-1$($2\,147\,483\,647$) 个字符

7. 其他数据类型

SQL Server 2005 还包括 cursor、timestamp、sql_variant、uniqueidentifier、table 及 xml 等数据类型。

- cursor:变量或存储过程 OUTPUT 参数的一种数据类型,这些参数包含对游标的引用。注意,对于 CREATE TABLE 语句中的列,不能使用 cursor 数据类型。
- timestamp:公开数据库中自动生成的唯一二进制数字的数据类型。timestamp 通常用作给表行加版本戳的机制。每个数据库都有一个计数器,当对数据库中包含 timestamp 列的表执行插入或更新操作时,该计数器值就会增加。该计数器是数据库时间戳。这可以跟踪数据库内的相对时间,而不是时钟相关联的实际时间。一个表只能有一个 timestamp 列。
- sql_variant:用于存储 SQL Server 2005 支持的各种数据类型(不包括 text、ntext、image、timestamp 和 sql_variant)的值。例如,定义为 sql_variant 的列可以存储 int、binary 和 char 值。
- uniqueidentifier:该数据类型可存储 16 字节的二进制值,其作用与全局唯一标识符(GUID)一样。GUID 是唯一的二进制数,世界上的任何两台计算机都不会生成重复的 GUID 值。GUID 主要用于在拥有多个结点、多台计算机的网络中,分配必须具有唯一性的标识符。
- table:这是一种特殊的数据类型,用于存储结果集以进行后续处理。主要用于临时存储一组行,这些行是作为表值函数的结果集返回的。
- xml:该数据类型使用户能够在 SQL Server 数据库中存储 XML 文档和片段。

3.3.2 用户定义数据类型

用户定义数据类型是在 SQL Server 系统数据类型基础上创建的。创建自定义数据类型时应提供名称、新数据类型所依据的系统数据类型、为空性(数据类型是否允许空值)等参数。

1. 使用 SQL Server Management Studio 创建用户定义数据类型

【例 3-1】 创建一个名为 ProductsPrice(商品价格)的用户定义数据类型,它基于 SQL Server 提供的 decimal 数据类型,精度为 18,小数位数为 2,该列不允许为 NULL。

① 在 SQL Server Management Studio 的"对象资源管理器"中,依次展开"数据库"→"ProductsSALES"→"可编程性"→"类型"→"用户定义数据类型"节点,在"用户定义数据类型"上右击,选择快捷菜单中的"新建用户定义数据类型"命令,如图 3-2 所示。

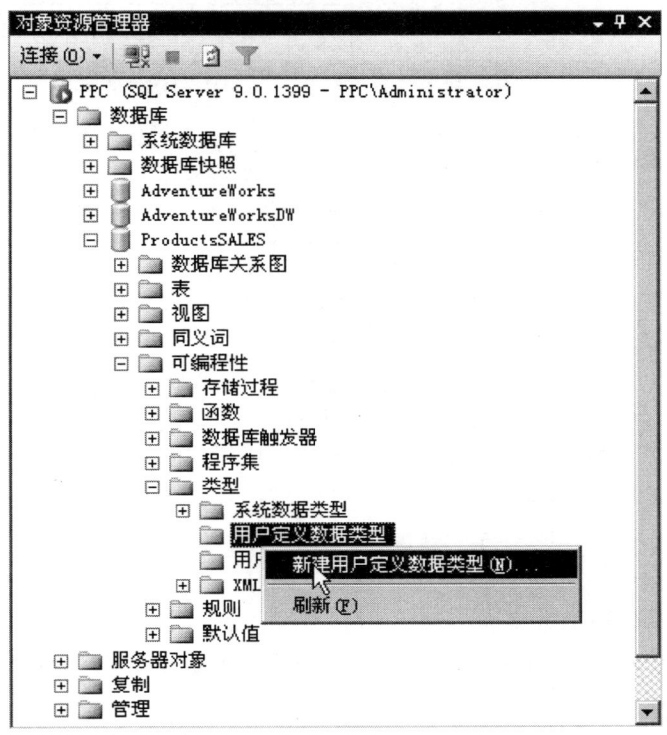

图 3-2 创建用户定义数据类型

② 在"新建用户定义数据类型"对话框中,在"名称"文本框中输入"ProductsPrice",在"数据类型"下拉列表中选择"decimal","精度"设置为"18","小数位数"设置为"2"。单击"确定"按钮,完成用户定义数据类型的创建,如图 3-3 所示。

2. 使用 Transact-SQL 创建用户定义类型

语法格式如下:
CREATE TYPE 用户定义类型名
{
    FROM 系统数据类型
    [(precision [, scale])]
    [NULL | NOT NULL]
}
参数说明:
- precision:对于 decimal 或 numeric,其值为非负整数,表示可保留的十进制数字位数的最

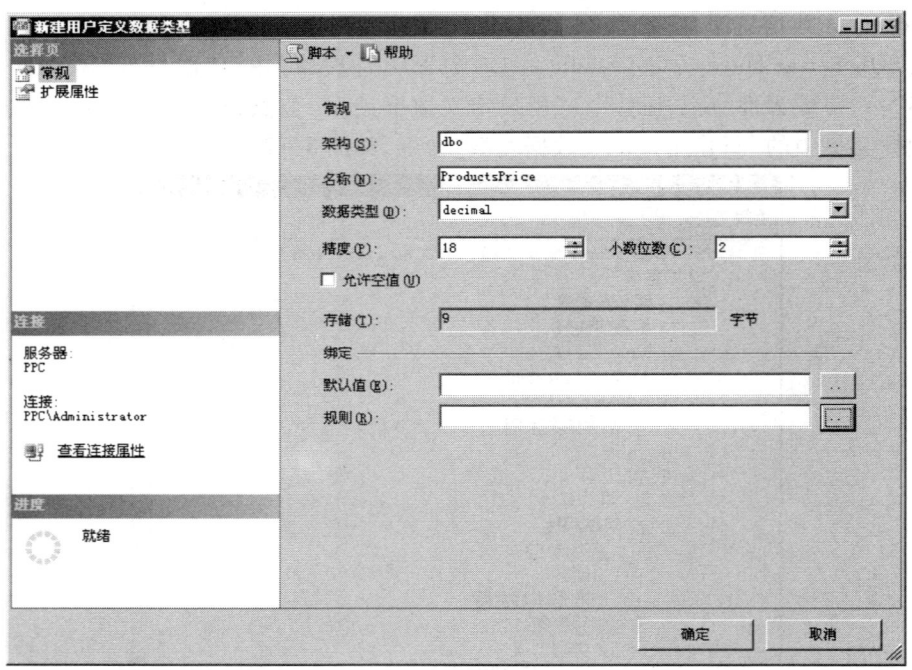

图 3-3 "新建用户定义数据类型"对话框

大值,包括小数点左右两边的数字。

- scale:对于 decimal 或 numeric,其值为非负整数,表示小数点后面保留的位数,应小于或等于精度值。
- NULL | NOT NULL:指定此类型是否允许空值。若未指定,则默认值为 NULL。

【例 3-2】 创建一个名为 factoryname 的自定义数据类型,它基于 SQL Server 提供的 varchar 数据类型,factoryname 数据类型用于保存 50 个字符的生产厂家名称列,该列不允许为空。

程序代码如下:

CREATE TYPE factoryname FROM varchar(50) NOT NULL

还可以使用 sp_addtype 创建用户定义数据类型,该数据类型可在特定数据库的 sys.types 目录视图中出现。

【例 3-3】 创建一个名为 birthday 的用户定义数据类型,它基于 SQL Server 提供的 datetime 数据类型,该用户定义数据类型允许空值。

程序代码如下:

EXEC sp_addtype birthday,datetime,' NULL '

3.4 创建表

数据库设计完成后,就可以在数据库中创建用于存储数据的表。表存储于数据库文件中,任何拥有所需权限的用户都可以对其进行操作,除非已将所要操作的表删除。每个表最多能够定义1 024列,表名及列名应遵守标识符的规定,在一个表中列名必须是唯一的,但同一数据库的不同表中可使用相同的列名。

3.4.1 使用 SQL Server Management Studio 创建表

【例3-4】 使用 SQL Server Management Studio 创建商品大类表。

① 启动 SQL Server Management Studio,在"对象资源管理器"窗口中依次展开节点→"数据库"→"ProcudesSALES"→"表"。在"表"节点上右击,从快捷菜单中选择"新建表"命令,如图3-4所示。

图3-4 选择"新建表"命令

② 定义列的属性,如列名、数据类型、长度、是否允许空等,如图3-5所示。

③ 单击工具栏中的 ![] 按钮,打开"选择名称"对话框,输入表名称"商品大类",单击"确定"按钮,如图3-6所示。

【看一看】

● "允许空"选项:该选项的设置很简单,在表设计器的右侧选中"允许空"复选框,表示该列允许为空值(NULL),否则表示不允许为空值。需要注意的是,空值(NULL)与零(0)或空格并不相同,空值表示未输入内容。主键列及标识列不能为空值。

● 为列指定默认值:未向表中的某列输入数据时将在该列中输入默认值。设置方法为:在表设计器中打开要修改的表,选择要指定默认值的列,在"列属性"选项卡中的"常规"项下的"默认值或绑定"属性中输入默认值。

● "标识规范"选项:当向表中添加新记录并希望某列自动生成存储于列中的序列号时,则应设置该列的标识属性。具有标识属性的列包含系统生成的连续值,它唯一地标识表中的每一行。每个表只能设置一个列的标识属性。

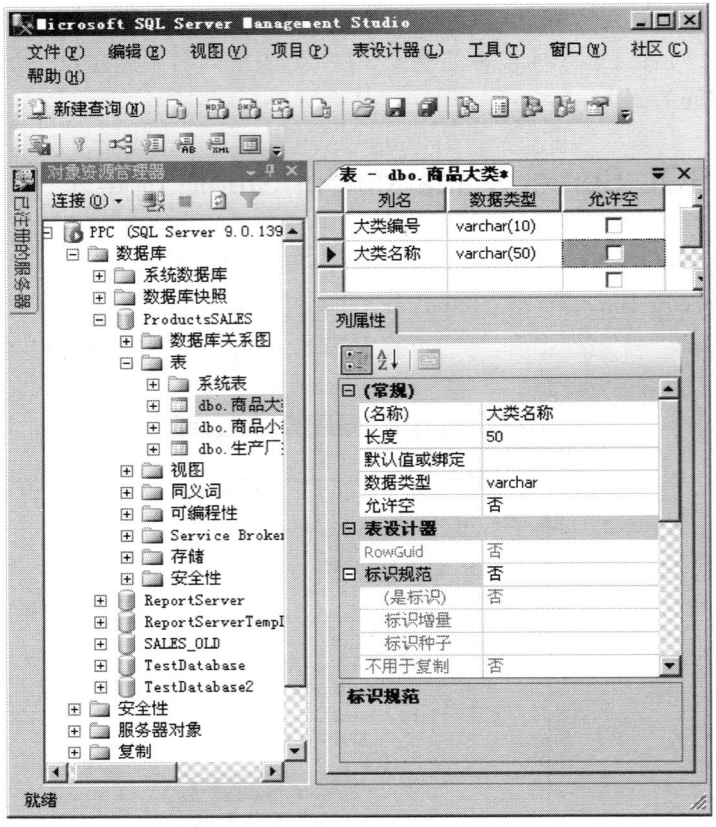

图 3-5 定义列

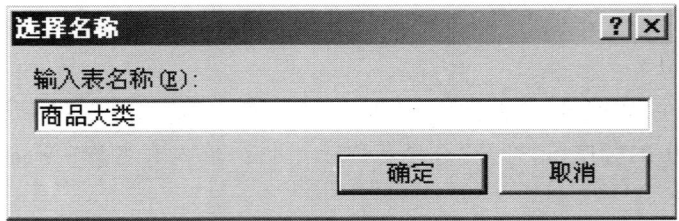

图 3-6 输入表名称

需要注意的是：只能为数据类型为 decimal、numeric、int、smallint、bigint 及 tinyint 的列设置标识属性，并且该列不允许空。

3.4.2 使用 CREATE TABLE 语句创建表

语法格式如下：
    CREATE TABLE 表名
    (

列名 列的属性[,…n]
)

注意:关于 CREATE TABLE 语句,更详尽的格式请参阅 SQL Server 2005 的联机丛书。

【例3-5】 使用 CREATE TABLE 语句创建"商品小类"表及"生产厂家"表。

程序代码如下:

```
USE ProductsSALES
GO
CREATE TABLE 商品小类(
    小类编号 varchar(10) NOT NULL PRIMARY KEY,
    小类名称 varchar(50) NOT NULL,
    大类编号 varchar(10) NOT NULL
)
GO
CREATE TABLE 生产厂家(
    厂家编号 varchar(10) NOT NULL PRIMARY KEY,
    厂家名称 varchar(100) NOT NULL,
    国家 varchar(50) NOT NULL,
)
GO
```

【练一练】 使用 SQL Server Management Studio 创建"销售明细"、"商品信息"表及"调价"表。

- "销售明细"表中的字段包括:流水号、条形码、数量、金额、销售号、销售时间、操作员。
- "商品信息"表中的字段包括:条形码、商品名称、小类编号、大类编号、厂家编号、进货价、零售价。
- "调价"表中的字段包括:流水号、条形码、调整前价格、调整后价格、调价时间、操作员。

3.5 修 改 表

创建表之后,有时需要对表结构进行修改,如增加、修改或删除列,列的名称、长度、数据类型、精度、小数位数以及为空性均可进行修改。可以使用 SQL Server Management Studio 和 ALTER TABLE 语句修改表。

3.5.1 使用 SQL Server Management Studio 修改表

【例3-6】 使用 SQL Server Management Studio 将"生产厂家"表内"国家"字段更改为允许空。

① 启动 SQL Server Management Studio,在"对象资源管理器"窗口中依次展开节点→"数据

库"→"ProcudesSALES"→"表"。在"dob.生产厂家"处右击,选择"修改"命令,如图3-7所示。

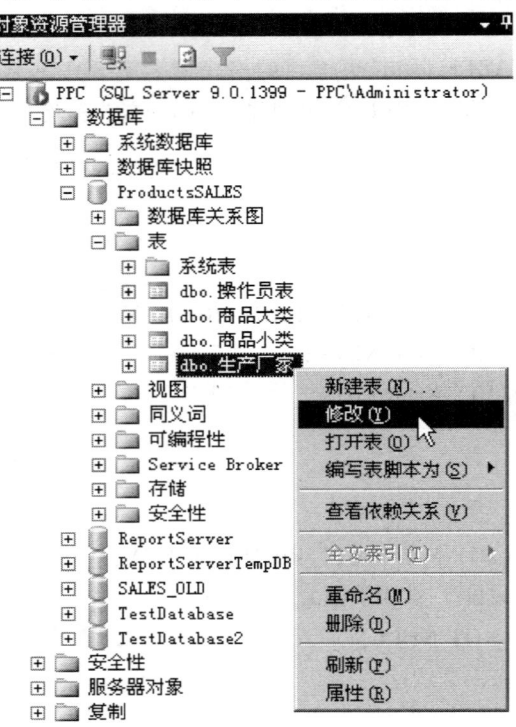

图3-7 选择"修改"

② 设置"生产厂家"表中"国家"列为"允许空",如图3-8所示。

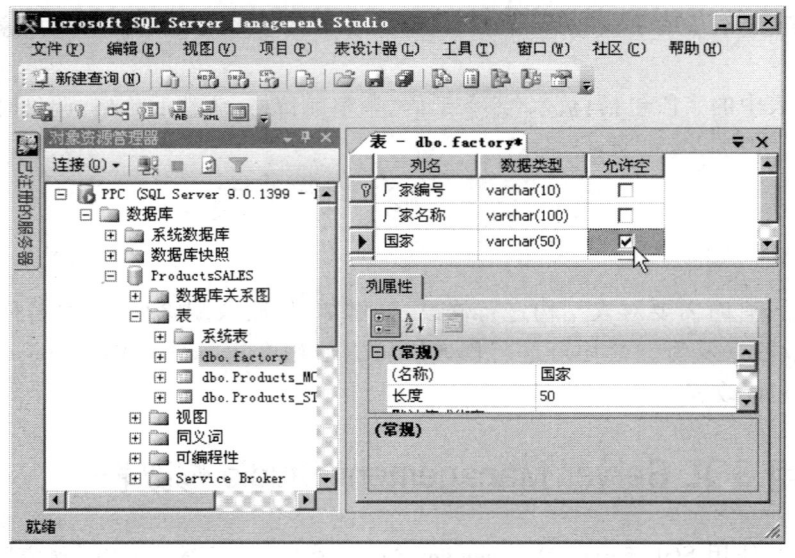

图3-8 修改表

③ 单击图 3-8 中工具栏的■按钮,保存表的修改。

3.5.2 使用 ALTER TABLE 语句修改表

语法格式如下:
ALTER TABLE <表名称>
{[ALTER COLUMN <列名> <新的数据类型>]
|ADD 列名 <数据类型>
|DROP COLUMN <列名>}
参数说明:
- ALTER COLUMN:指定要修改的列。
- ADD:表明要向表中添加一列。
- DROP COLUMN:表示要删除表中的一列。

【例 3-7】 使用 CREATE TABLE 语句在"ProductsSALES"数据库中创建"操作员表"(如表 3-9 所示);使用 ALTER TABLE 语句在表中添加"员工类型"字段,数据类型为"char",长度为"2";删除表中的"薪水"字段;修改"员工类型"字段,将其数据类型改为"varchar",长度为"3"。

表 3-9 "操作员表"(Operate_yg)结构

列名	数据类型	长度	是否主键	允许空值
操作员编号	varchar	5	是	否
姓名	varchar	20	否	否
性别	char	2	否	否
权限	varchar	8	否	是
薪水	money		否	是
密码	varchar	50	否	是

程序代码如下:
```
USE ProductsSALES
GO
CREATE TABLE 操作员表
(
操作员编号 varchar(5) NOT NULL PRIMARY KEY,
姓名 varchar(20) NOT NULL,
权限 varchar(8),
薪水 money,
密码 varchar(50)
)
GO
ALTER TABLE 操作员表 ADD 员工类型 char(2)
```

ALTER TABLE 操作员表 DROP COLUMN 薪水

ALTER TABLE 操作员表 ALTER COLUMN 员工类型 varchar(3)

GO

【说明】 使用 CREATE TABLE 语句在"ProductsSALES"数据库中创建操作员表。使用 ALTER TABLE 修改操作员表,修改表结构时,一次只能完成一项修改。使用 ADD 关键字增加一列 "员工类型",使用 DROP COLUMN 关键字删除"薪水"列,使用 ALTER COLUMN 关键字修改"员 工类型"列,使其类型为 varchar,长度为 3。

3.5.3 使用 SQLCMD 工具修改表

【例 3-8】 使用 SQLCMD 工具为 PPC 服务器中"ProductsSALES"数据库中的"操作员表" 添加一列,列名为"性别",默认为空值,数据类型为 char(2),数据值为"男"或"女"。

① 在 Windows 桌面选择"开始"→"所有程序"→"附件"→"命令提示符"命令;或选择"开 始"→"运行"命令输入"CMD",然后单击"确定"按钮(如图 3-9 所示),打开命令提示符窗口。

图 3-9 输入 CMD

② 输入"sqlcmd -s PPC",并按 Enter 键执行,打开 SQL Server 的命令行工具,并连接到数据 库服务器 PPC,如图 3-10 所示。

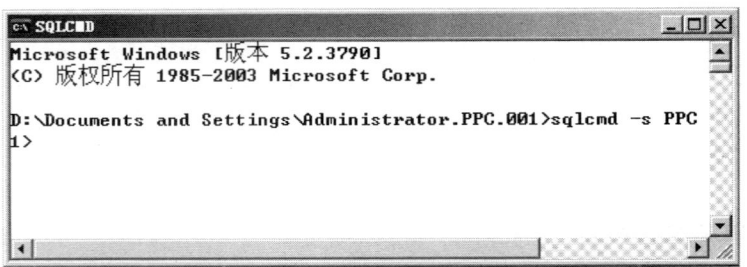

图 3-10 输入 sqlcmd -s PPC 并执行

③ 输入如下的 ALTER TABLE 语句修改表:

ALTER TABLE 操作员表

ADD 性别 varchar(2) NULL

CONSTRAINT sexmr

CHECK (性别 = '男' OR 性别 = '女' OR 性别 = NULL);

GO

执行结果如图 3-11 所示。

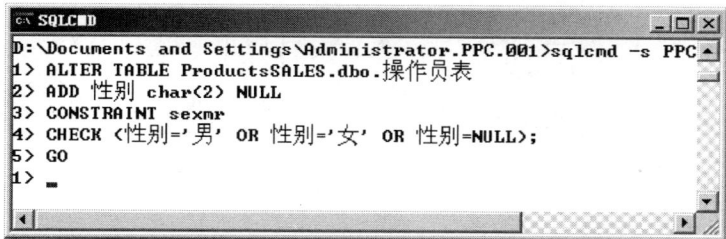

图 3-11 使用 SQLCMD 工具修改表

3.6 删 除 表

当数据库中的某个表失去作用时,可将其删除。在删除表时,该表的结构定义、表中的所有数据以及表的索引、约束等将从数据库中永久删除。

3.6.1 使用 SQL Server Management Studio 删除表

【例 3-9】 使用 SQL Server Management Studio 删除"ProductsSALES"数据库中的"操作员表"。

① 启动 SQL Server Management Studio,在"对象资源管理器"窗口中依次展开节点"数据库"→"ProcudesSALES"→"表"。右击"dbo.操作员表",选择"删除"命令,如图 3-12 所示。

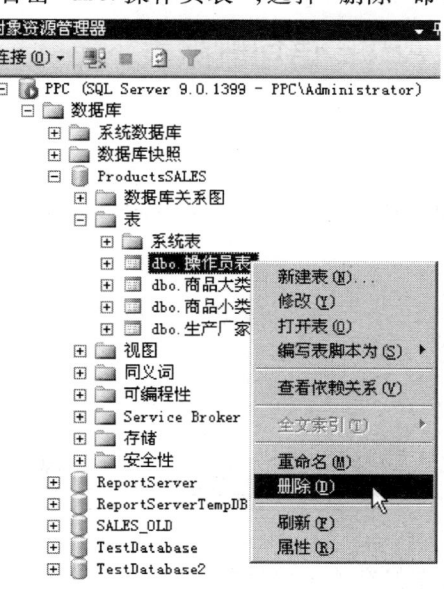

图 3-12 选择"删除表"命令

② 在"删除对象"对话框中，单击"确定"按钮即可将表删除，如图 3 – 13 所示。

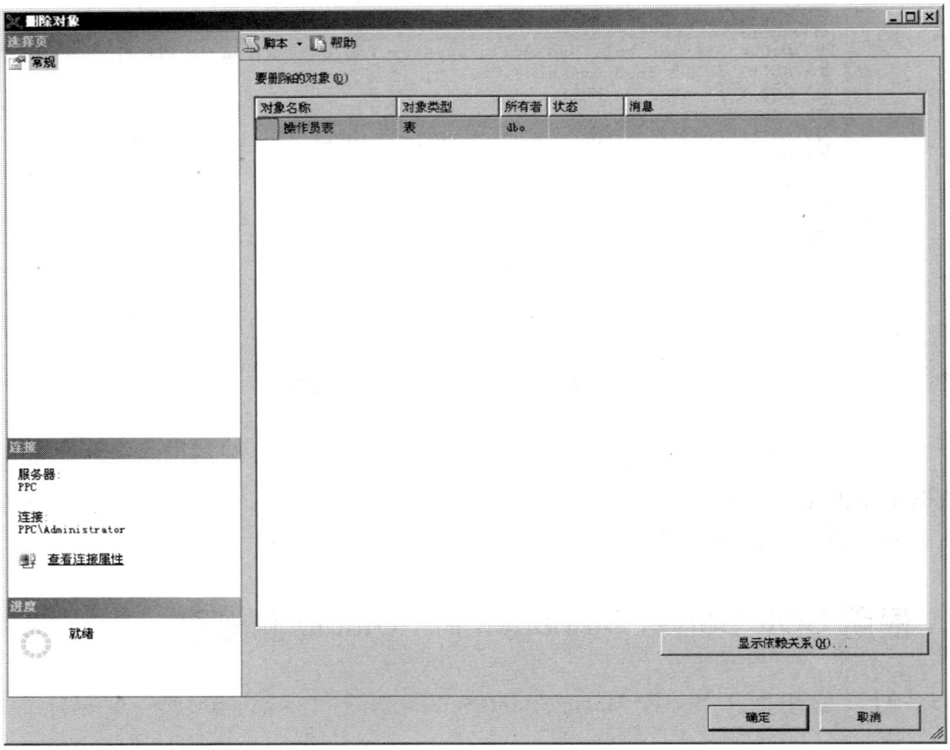

图 3 – 13 删除对象

3.6.2 使用 DROP TABLE 语句删除表

语法格式如下：

DROP TABLE 表名称

【例 3 – 10】 使用 DROP TABLE 语句将"ProductsSALES"数据库中的"操作员表"删除。

程序代码如下：

USE ProductsSALES

GO

DROP TABLE 操作员表

3.7 查 看 表

表创建完成后，可能需要查找有关表属性的信息（如列名、数据类型或其索引的性质），但更多是要查看表中的数据。还需要显示表的依赖关系，来确定哪些对象（如视图、存储过程及触发器）是由表决定的。在更改表时，相关对象或许会受到影响。

3.7.1 查看表的定义

可以使用系统存储过程"sp_help"(Transact-SQL)来查看表的定义,语法格式如下:
sp_help [对象名]

1. 返回有关所有对象的信息

【例 3 - 11】 使用系统存储过程"sp_help"列出有关"ProductsSALES"数据库中每个对象的信息,运行结果如图 3 - 14 所示。

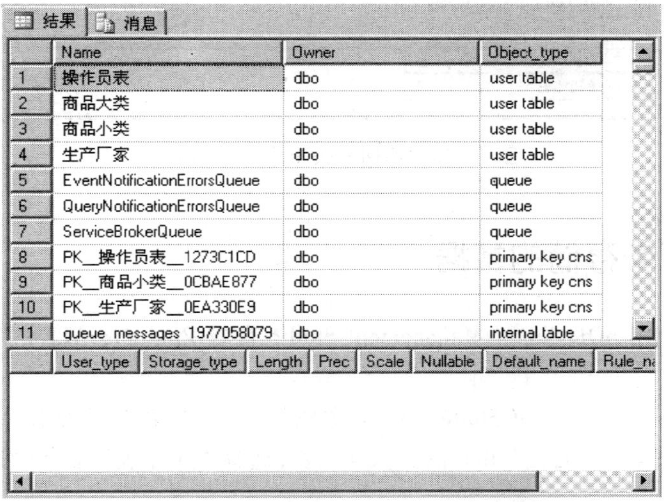

图 3 - 14 返回有关所有对象的信息

程序代码如下:
USE ProductsSALES
GO
EXEC sp_help
GO

2. 返回有关单个对象的信息

【例 3 - 12】 使用系统存储过程"sp_help"列出有关"ProductsSALES"数据库中"商品大类"表的信息,运行结果如图 3 - 15 所示。
程序代码如下:
USE ProductsSALES
GO
EXEC sp_help '商品大类'
GO

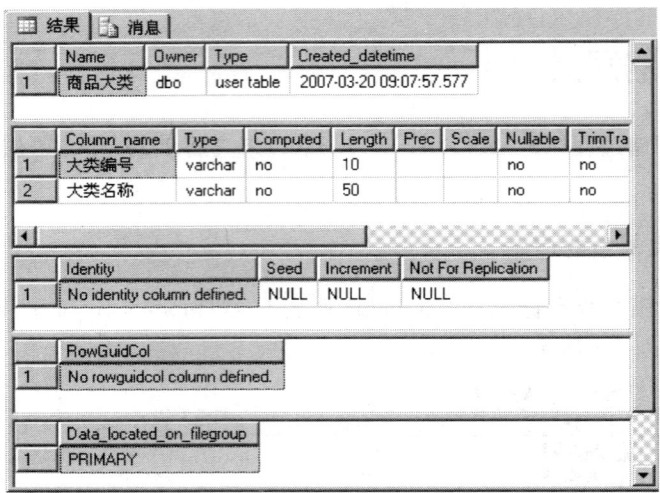

图 3 – 15　返回有关单个对象的信息

3.7.2　查看表中存储的数据

【例 3 – 13】　使用 SQL Server Management Studio 查看 ProductsSALES 数据库中"商品大类"表中存储的数据。

启动 SQL Server Management Studio，在"对象资源管理器"窗口中依次展开节点"数据库"→"ProcudesSALES"→"表"。右击"dbo. 商品大类"表，选择"打开表"命令（如图 3 – 16 所示）后，结果如图 3 – 17 所示。

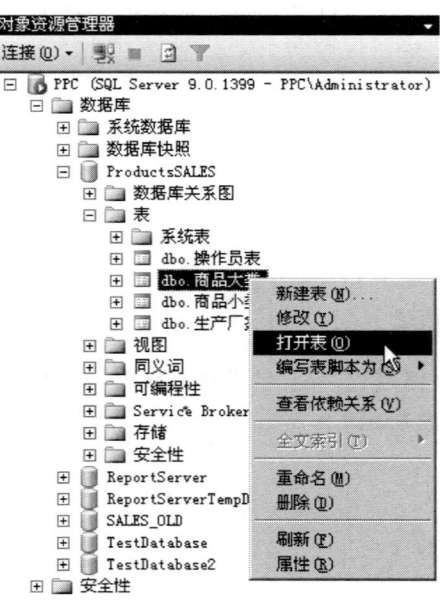

图 3 – 16　选择"打开表"命令

3.7 查看表

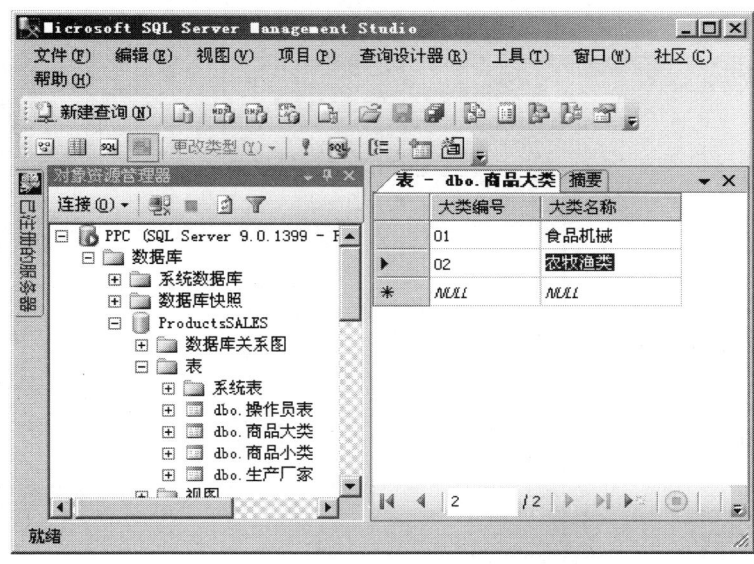

图 3-17 打开"商品大类"表

3.7.3 查看表与其他数据库对象的依赖关系

启动 SQL Server Management Studio,在"对象资源管理器"窗口中依次展开节点"数据库"→"ProcudesSALES"→"表"。右击所要查看的表(如"dbo.商品大类"),选择"查看依赖关系"命令(如图 3-18 所示)后,则显示对象的依赖关系,如图 3-19 所示。

图 3-18 查看依赖关系

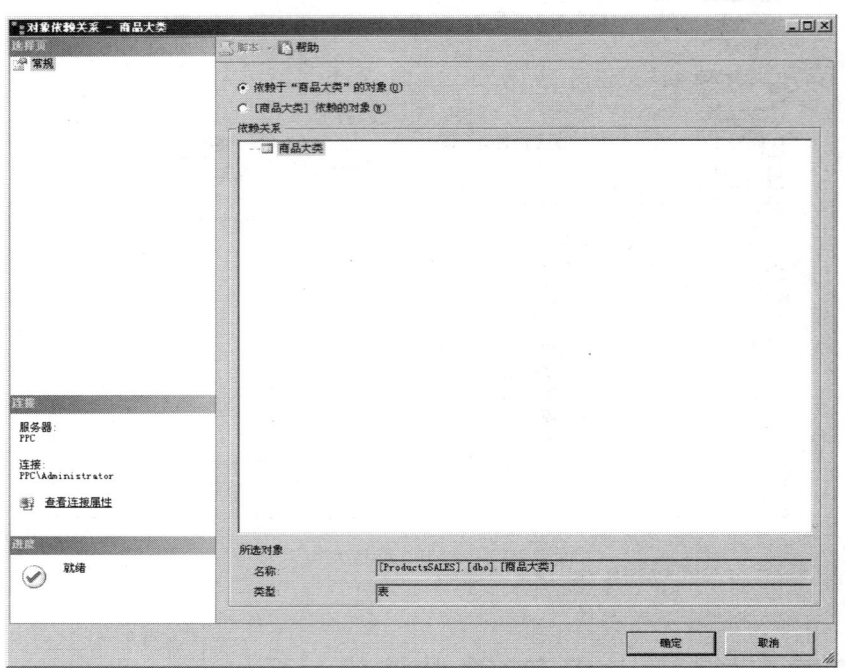

图 3-19　显示对象依赖关系

3.8　索引

3.8.1　索引概述

　　索引包含由表或视图中的一列或多列生成的键,使 SQL Server 可以快速有效地查找与键值相关联的行。若想获得一个高性能的数据库系统,恰当地使用索引能够大大提高系统的性能,具体表现在:加快数据检索速度;通过创建唯一索引,可以保证数据记录的唯一性;实现表与表之间的参照完整性;在使用 ORDER BY、GROUP BY 子句进行数据检索时,利用索引可以减少排序和分组的时间。

　　索引很有用,但并不是所有的列都应带有索引。没必要的索引会降低系统的性能,具体表现在:数据库内容的修改会导致索引的修改;任意一个索引都需要附加的磁盘空间等。

　　SQL Server 2005 中可用的索引类型有以下几种。

　　● 聚集索引:聚集索引能够对表中数据行进行物理排序,数据记录按聚集索引键的次序存储,因此聚集索引对查找记录很有效,非常适合范围搜索。当建立主键约束时,如果表中没有聚集索引,SQL Server 会用主键列作为聚集索引键。一个表只能有一个聚集索引。

　　● 非聚集索引:非聚集索引不会改变表中数据行的物理顺序,数据与索引分开存储,通过索引带有的指针与表中的数据发生联系。非聚集索引只是记录指向表中行的位置的指针,这些指针本身有序,通过这些指针可以在表中快速地定位数据。
- 唯一索引:唯一索引确保索引键不包含重复的值,因此,表或视图中的每一行在某种程度上是唯一的。聚集索引和非聚集索引都可以是唯一索引。
- 包含性列索引:这是一种非聚集索引,它扩展后不仅包含键列,还包含非键列。
- 索引视图:视图的索引将具体化(执行)视图,并将结果集永久存储在唯一的聚集索引中,而且其存储方法与带聚集索引的表的存储方法相同。创建聚集索引后,可以为视图添加非聚集索引。
- 全文索引:这是一种特殊类型的基于标记的功能性索引,由 Microsoft SQL Server 全文引擎服务创建和维护,用于在字符串数据中搜索复杂的词。

表或视图可以包含聚集索引与非聚集索引。聚集索引和非聚集索引都可以是唯一的。这表示任何两行都不能有相同的索引键值。另外,索引也可以不是唯一的,即多行可以共享同一键值。

3.8.2 创建索引

1. 利用 SQL Server Management Studio 创建索引

【例 3-14】 使用 SQL Server Management Studio 为"ProductsSALES"数据库中的"商品大类"表创建一个简单唯一非聚集索引。

① 启动 SQL Server Management Studio,在"对象资源管理器"窗口中依次展开节点"数据库"→"ProcudesSALES"→"表"→"dbo.商品大类"。在"索引"节点上右击,选择"新建索引"命令,如图 3-20 所示。

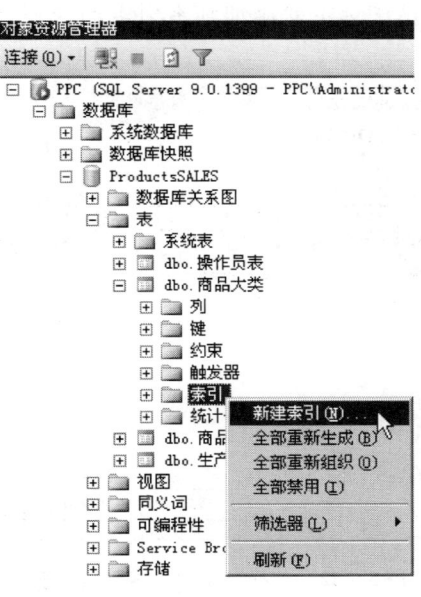

图 3-20 新建索引

② 在弹出的"新建索引"对话框"索引名称"文本框内输入索引名,选中"唯一"复选框,单击"添加"按钮,如图 3-21 所示。

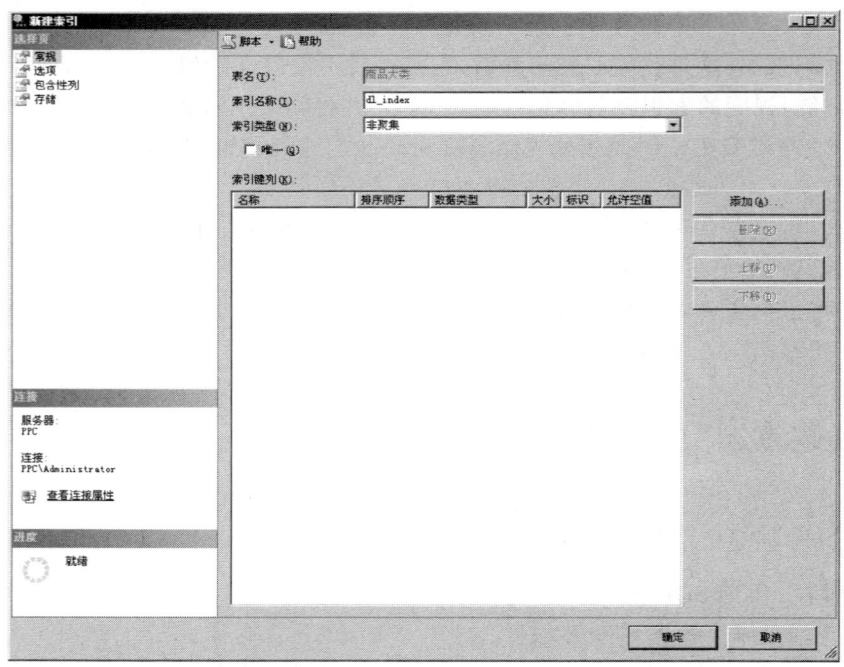

图 3-21 新建索引"常规"页

③ 弹出选择列的对话框,从中选定要添加到索引键的表列"大类编号",单击"确定"按钮,如图 3-22 所示。

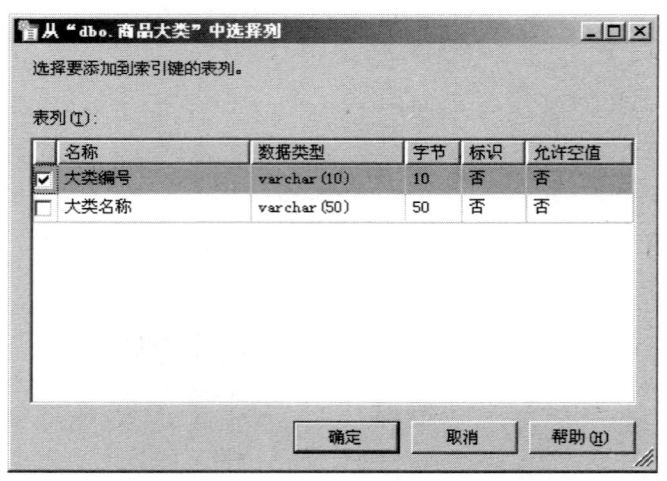

图 3-22 选择要添加到索引键的表列

④ 单击图 3-21 中的"确定"按钮,完成索引的创建。

2. 使用 CREATE INDEX 语句创建索引

语法格式如下：
CREATE INDEX 索引名
ON 表名(列名,列名,…)

【例3-15】 使用 CREATE INDEX 语句在"ProductsSALES"数据库的"销售明细"表上创建一个非聚集组合索引"Index_sales_1"。

程序代码如下：
USE ProductsSALES
GO
CREATE NONCLUSTERED INDEX
Index_sales_1
ON 销售明细(序号,销售号)
GO

【看一看】 创建索引前要考虑是对空表还是对包含数据的表创建索引。若对空表创建索引，在创建索引时不会对性能产生任何影响；而向表中添加数据时，会对性能产生影响。对大型表创建索引时，首先应仔细计划，这样才不会影响数据库性能。对大型表创建索引的首选方法是先创建聚集索引，然后创建任何非聚集索引。

3.8.3 删除索引

当某个索引不再需要时，可以将其从数据库中删除，以回收磁盘空间。必须先删除 PRIMARY KEY 或 UNIQUE 约束，才能删除约束使用的索引。

1. 利用 SQL Server Management Studio 删除索引

【例3-16】 使用 SQL Server Management Studio 删除"ProductsSALES"数据库中的"商品大类"表的索引。

① 启动 SQL Server Management Studio，在"对象资源管理器"窗口中依次展开节点"数据库"→"ProcudesSALES"→"表"→"dbo.商品大类"→"索引"。在相应索引名上右击，选择"删除"命令，如图3-23所示。

② 在"删除对象"对话框中单击"确定"按钮，完成索引的删除。

2. 使用 DROP INDEX 语句删除索引

语法格式如下：
DROP INDEX 索引名

【例3-17】 使用 DROP INDEX 语句删除"ProductsSALES"数据库的"销售明细"表上名为"Index_sales_1"的索引。

程序代码如下：

```
USE ProductsSALES
GO
DROP INDEX Index_sales_1
ON 销售明细
GO
```

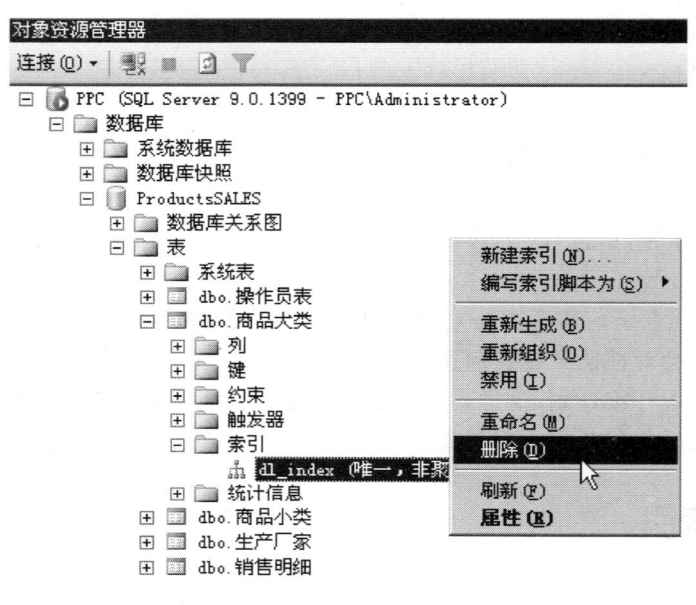

图 3-23　删除索引

3.9　数据完整性

3.9.1　数据完整性概述

　　强制数据完整性能够保证数据库中数据的质量。例如,若向"操作员表"的"操作员编号"列输入了值为"01001"的信息,则不应允许其他操作员使用具有相同值的"操作员编号"。如果表有一个存储商品小类编号的"小类编号"列,则数据库应只允许接受有效的"小类编号"的值。
　　数据完整性分为实体完整性、域完整性、引用完整性和用户定义完整性等四类。

1. 实体完整性

实体完整性将行定义为特定表的唯一实体。实体完整性通过索引、UNIQUE 约束、PRIMARY KEY 约束或 IDENTITY 属性强制表的标识符列或主键的完整性。

2. 域完整性

域完整性是指数据库表中的列必须满足某种特定的数据类型及约束。例如,"商品信息"表中的零售价必须是大于等于 0 的数值,不能出现类似于"50 元"的描述信息。域完整性可以通过使用数据类型、使用 CHECK 约束和规则限制格式或通过使用 FOREIGN KEY 约束、CHECK 约束、DEFAULT 定义、NOT NULL 定义和规则限制可能值的范围来实现。

3. 引用完整性

在输入或删除记录时,引用完整性保持表之间已定义的关系。在 SQL Server 2005 中,引用完整性通过 FOREIGN KEY 约束和 CHECK 约束,以外键与主键之间或外键与唯一键之间的关系为基础,引用完整性确保键值在所有表中一致。这类一致性要求不引用不存在的值,如果一个键值发生更改,则整个数据库中,对该键值的所有引用都要进行一致的更改。

4. 用户定义完整性

用户定义完整性使用户可以定义不属于其他任何完整性类别的特定业务规则。所有完整性类别都支持用户定义完整性。这包括 CREATE TABLE 中所有列级约束、表级约束、存储过程及触发器。

3.9.2 约束

通过约束能够定义 SQL Server 2005 数据库引擎自动强制实施数据库完整性的方式。约束定义关于列中允许值的规则,是强制实施完整性的标准机制。

约束分为列约束及表约束。列约束指定为列定义的一部分,并且只应用于该列。表约束的声明与列定义无关,可以应用于表中多个列。当一个约束中必须包含多个列时,必须使用表约束。

1. 主键约束

主键约束定义了表的主键,指定表的一列或几列组合的值在表中具有唯一性,即能唯一地指定一行记录,它能够强制实体完整性。每个表中只能定义一个主键约束。

【例 3 – 18】 使用 SQL Server Management Studio 对"商品信息"表中"条形码"列创建主键约束,保证不会出现相同条形码的商品。

① 启动 SQL Server Management Studio,在"对象资源管理器"窗口中依次展开节点"数据库"→"ProcudesSALES"→"表"。右击"dbo.商品信息"表,选择"修改"命令,如图 3 – 24 所示。

② 在列名"条形码"处右击,并选择"设置主键"命令,如图 3 – 25 所示。

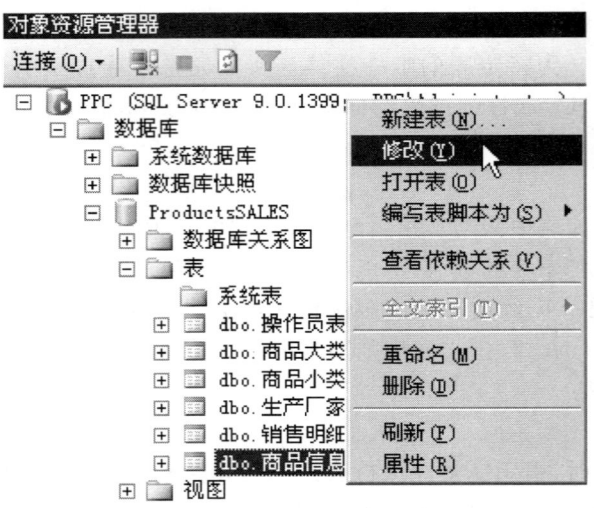

图 3-24 修改表

图 3-25 在"表设计器"中设置主键

③ "条形码"列左侧图标显示为 ,单击 按钮,保存对表的修改,如图 3-26 所示。

④ 刷新"对象资源管理器"中"表"项下的"dbo. 商品信息"。依次展开节点"dbo. 商品信息"→"键",可以看到一个名为"PK_商品信息"的叶节点,这就是"商品信息"表的主键,如图 3-27 所示。

3.9 数据完整性

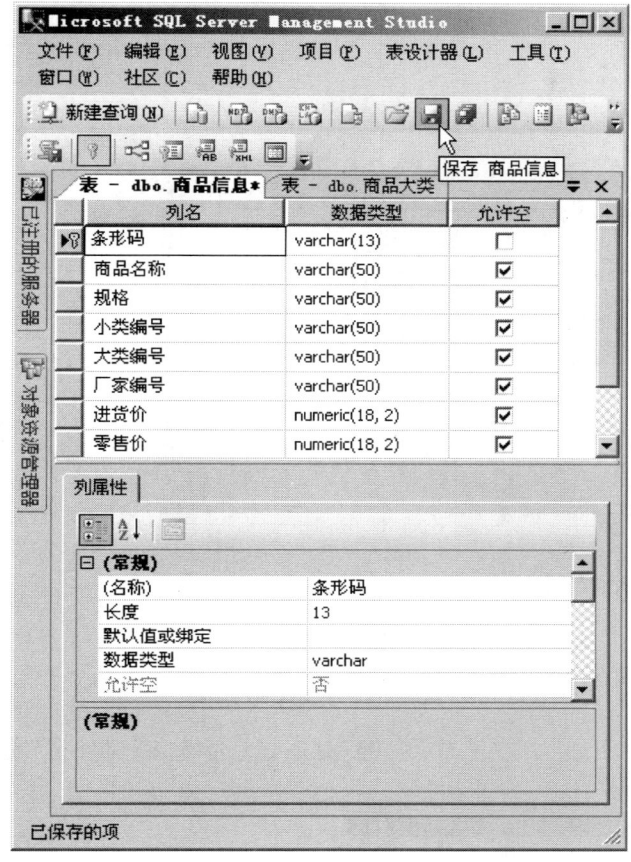

图 3-26 保存"商品信息"表

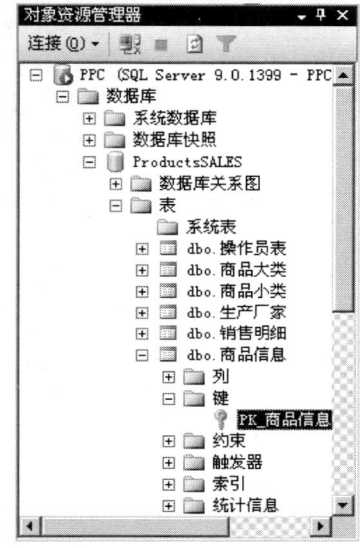

图 3-27 商品信息表的主键

【例 3-19】 使用 SQL Server Management Studio 的"表设计器"删除"商品信息"表中的主键约束。

① 启动 SQL Server Management Studio, 在"对象资源管理器"窗口中依次展开节点"数据库"→"ProcudesSALES"→"表"。在"dbo.商品信息"处右击,选择"修改"命令,如图 3-24 所示。

② 在已定义为主键的列名"条形码"处右击,在弹出的快捷菜单中选择"移除主键"命令,如图 3-28 所示。

【练一练】 将"ProductsSALES"数据库的"商品大类"表中的"大类编号"设置为主键。

2. 外键约束

外键可由一个或多个列构成,用来实现表与表之间的数据联系,它们的值与另一个表中的主键相匹配。创建或修改表时,可以通过定义外键约束来创建外键。一个表可以同时包含多个外键约束。

【例 3-20】 使用 SQL Server Management Studio 对"销售明细"表中"条形码"列创建外键约束。

① 启动 SQL Server Management Studio, 在"对象资源管理器"窗口中展开实例节点"数据库"

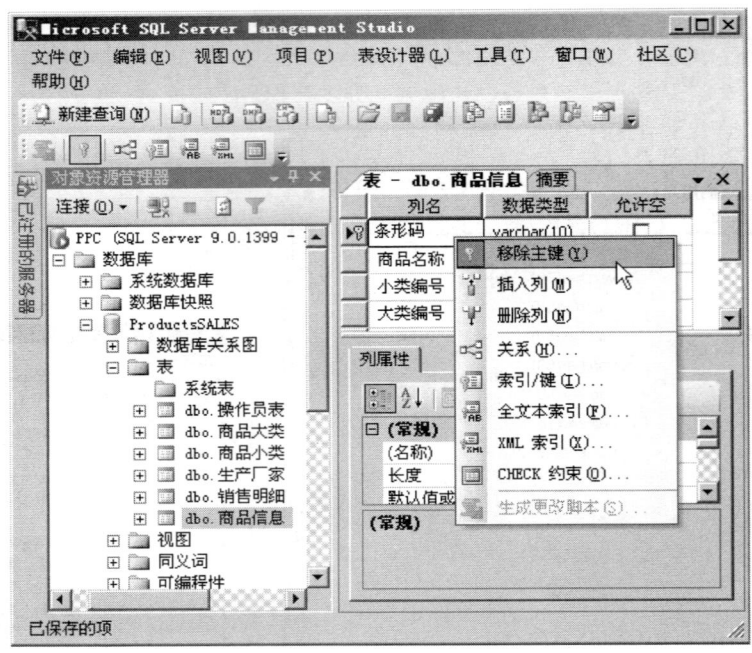

图 3-28 移除主键

→"ProcudesSALES"→"表"→"dbo.销售明细"。在子节点"键"处右击,选择"新建外键"命令,如图 3-29 所示。

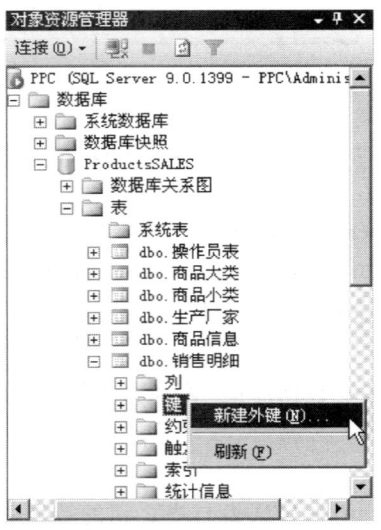

图 3-29 新建外键

② 在"外键关系"对话框中,展开"表和列规范",单击"表和列规范"右侧的 ⋯ 按钮,如图 3-30 所示。

③ 弹出"表和列"对话框,在"主键表"下拉列表框中选择"商品信息",并选择其中的"条形

3.9 数据完整性   73

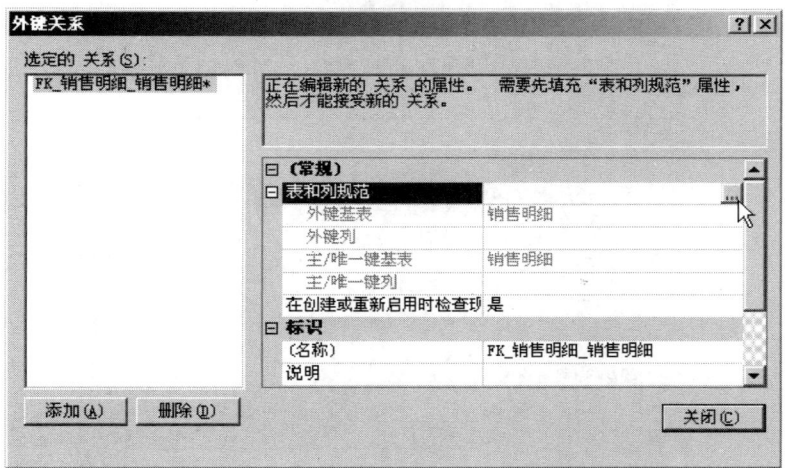

图 3-30 "外键关系"对话框

码"字段,在"外键表"销售明细的下拉列表框中选择"条形码",单击"确定"按钮,如图 3-31 所示。

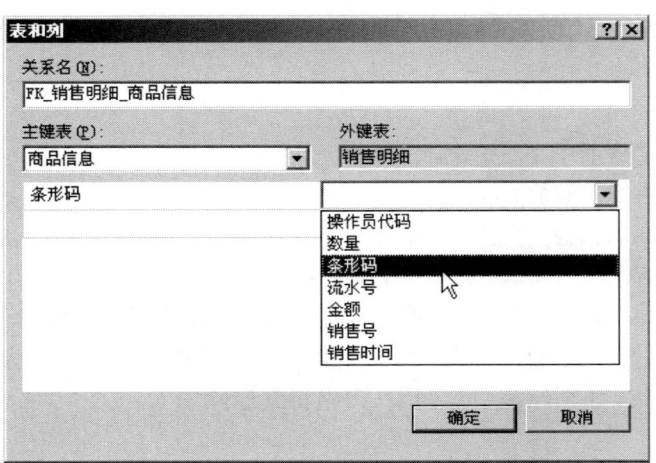

图 3-31 "表和列"对话框

④ 返回"外键关系"对话框,单击"关闭"按钮,返回 SQL Server Management Studio 窗口。单击 按钮,打开"保存"对话框,提示保存"商品信息"及"销售明细"之间的关系,单击"是"按钮,则保存对外键的定义,如图 3-32 所示。

【例 3-21】 使用 ALTER TABLE 语句定义主键及外键,完成【例 3-18】及【例 3-20】实现的功能。

程序代码如下:

ALTER TABLE 商品信息
ADD PRIMARY KEY(条形码)

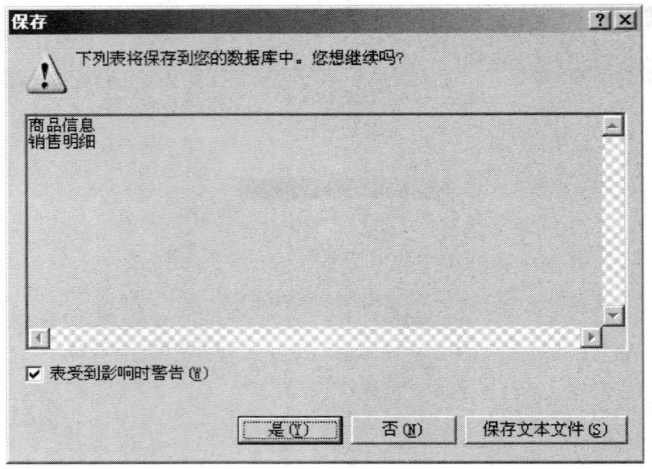

图3-32 保存表与表之间的关系

ALTER TABLE 销售明细
ADD FOREIGN KEY(条形码) references 商品信息(条形码)

【例3-22】 使用 ALTER TABLE 语句删除"商品信息"表及"销售明细"表中的主键及外键。

程序代码如下:
ALTER TABLE 销售明细
DROP FK_销售明细_商品信息
ALTER TABLE 商品信息
DROP PK_商品信息

【练一练】 为 ProductsSALES 数据库的"商品大类"表中的"大类编号"列设置 PRIMARY KEY 约束。编写并运行一条 ALTER TABLE 语句,并在"商品小类"表的"大类编号"列上定义一个 FOREIGN KEY 约束(如果原表中有约束,请先将其删除。)

3. UNIQUE 约束

使用 UNIQUE 约束能够确保在非主键列中不输入重复的值。虽然主键约束及 UNIQUE 约束均强制唯一性,但在以下强制唯一性时应使用 UNIQUE 约束。

- 非主键的一列或列组合。

一个表允许建立多个 UNIQUE 约束,而只能建立一个主键约束。

- 允许空值的列。

UNIQUE 约束允许 NULL 值,这一点与主键约束不同。不过,当与参与 UNIQUE 约束的任何值一起使用时,每列只允许一个空值。

【例3-23】 使用 ALTER TABLE 语句为"ProductsSALES"数据库的"商品大类"表创建名为"IX_商品大类"的 UNIQUE 约束,该约束限制"大类名称"列的数据不重复。

USE ProductsSALES

GO
ALTER TABLE 商品大类
ADD CONSTRAINT IX_商品大类 UNIQUE(大类名称)

【例3-24】 添加包含约束的列。本例将添加一个包含 UNIQUE 约束的新列。
程序代码如下:
CREATE TABLE lx_exc(column_a INT)
GO
ALTER TABLE lx_exc ADD column_b VARCHAR(20) NULL
    CONSTRAINT exb_unique UNIQUE
GO
EXEC sp_help lx_exc
GO
DROP TABLE lx_exc
GO

4. CHECK 约束

CHECK 约束通过限制列可接受的值,强制域的完整性。该约束类似于外键约束,可以控制放入列中的值。但在确定有效值的方式上它们有所不同:外键约束从其他表获得有效值列表,而CHECK 约束通过不基于其他列中的数据的逻辑表达式确定有效值。例如,在学生成绩管理系统中可以通过创建 CHECK 约束将"成绩"列中值的范围限制为 0~100 之间的数据,这将防止输入的成绩值超出正常的范围。

【例3-25】 使用 ALTER TABLE 语句为 ProductsSALES 数据库的"商品信息"表创建名为"CX_条形码"的 CHECK 约束,该约束限制"条形码"列的数据只能由 13 位数字组成。
程序代码如下:
USE ProductsSALES
GO
ALTER TABLE 商品信息
ADD CONSTRAINT CX_条形码 CHECK (条形码 like '[0-9][0-9][0-9][0-9][0-9][0-9][0-9][0-9][0-9] [0-9][0-9][0-9][0-9]')

【练一练】 向"ProductsSALES"数据库的"商品大类"表中添加 CHECK 约束。
- 编写并运行一条 ALTER TABLE 语句,在"商品大类"表的"大类编号"列上定义一个带有"CX_大类编号"名的 CHECK 约束,使其数据只能由两位数字组成。
- 向表中试图插入一个违背约束的行,会出现什么情况?

3.9.3 规则

规则是一种向后兼容的功能,用于执行一些与 CHECK 约束相同的功能。一个列只能应用一个规则,但可以应用多个 CHECK 约束。CHECK 约束被指定为 CREATE TABLE 语句的一部分,而规则是作为单独的对象创建,然后绑定到列上。

1. 创建规则

使用 CREATE RULE 创建规则,语法格式如下:
CREATE RULE 规则名
AS
condition_expression

参数 condition_expression 用于定义规则的条件。condition_expression 包括一个变量,每个局部变量的前面都有一个@符号。规则可以是 WHERE 子句中任何有效的表达式,可以包括算术运算符、关系运算符和谓词(如 IN、LIKE、BETWEEN)等元素。规则不能引用列或其他数据库对象,可以包括不引用数据库对象的内置函数。

(1) 创建具有范围的规则

【例3-26】 在"ProductsSALES"数据库上创建一个规则,用来限制该规则所绑定的列的取值范围。

程序代码如下:
```
USE ProductsSALES
GO
CREATE RULE sl_Limit
AS
@range >= 0 AND @range < 90
```

(2) 创建具有列表的规则

【例3-27】 在"ProductsSALES"数据库上创建一个规则"Operator_Kind",用以将输入到该规则所绑定的列的实际值限制为只能是该规则中所列出的(01,02,03,04)值。

程序代码如下:
```
USE ProductsSALES
GO
CREATE RULE Operator_Kind
AS
@list IN ('01','02','03','04')
```

(3) 创建具有模式的规则

【例3-28】 在"ProductsSALES"数据库上创建一个遵循下列模式的规则"Pattern_AZ":首字母为 A~Z,后面为任意字符。

程序代码如下:
```
USE ProductsSALES
GO
CREATE RULE Pattern_AZ
AS
@value LIKE '[A-Z]%'
```

2. 绑定规则

规则创建后,可以使用系统存储过程"sp_bindrule"将规则绑定到列或用户自定义数据类型上,语法格式如下:

[EXECUTE] sp_bindrule '规则名称','表名.字段名' | '自定义数据类型名'

【说明】 若要获得关于规则的报告,可以使用 sp_help。若要显示规则的文本,应以规则名称作为参数来执行 sp_helptext。若要重命名规则,可以使用 sp_rename。

在创建同名的新规则之前,必须使用 DROP RULE 删除原有规则,而在删除原有规则之前,应首先使用 sp_unbindrule 取消绑定。

【例 3-29】 在"ProductsSALES"数据库中,将"Operator_Kind"规则绑定到"操作员表"中的"员工类型"列。

程序代码如下:
USE ProductsSALES
GO
EXEC sp_bindrule ' Operator_Kind ','操作员表.员工类型'

3. 查看规则

使用系统存储过程"sp_help"能够查看规则的拥有者、创建时间等信息,如图 3-33 所示。

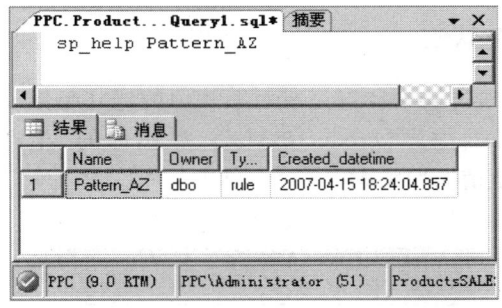

图 3-33 用 sp_help 查看规则

使用系统存储过程"sp_helptext"可以查看规则的定义,如图 3-34 所示。

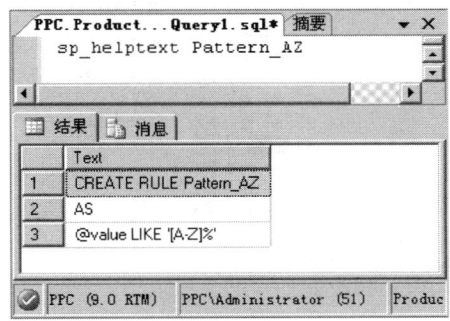

图 3-34 显示规则的定义

4. 解除规则和删除规则

使用系统存储过程"sp_unbindrule"可以将绑定到列或用户定义数据类型上的规则解除。使用 DROP RULE 语句可以删除当前数据库中的一个或多个规则。

【例 3 – 30】 在"ProductsSALES"数据库中,解除绑定到"操作员表"中"员工类型"列上的"Operator_Kind"规则,并将该规则删除。

程序代码如下:

```
USE ProductsSALES
GO
EXEC sp_unbindrule '操作员表.员工类型'
GO
DROP RULE Operator_Kind
```

3.9.4 默认值

记录中的每列均应有值,即使该值为 NULL(空)。可能会有这种情况:必须向表中加载一行数据,但不知道某一列的值,或该值尚不存在。若列允许空值,就能够为行加载空值。由于可能不希望列的值为 NULL,则应为列设置 DEFAULT 定义。例如,通常为数值列指定 0 作为默认值。

1. 在表设计器中设计默认值

在设计表或修改表时,通过表设计器完成对默认值的建立与修改。

【例 3 – 31】 在表设计器中为"ProductsSALES"数据库的"生产厂家"表创建名为"DF_国家"的默认值,使国家的默认值为"中国"。

① 在对象资源管理器中,右击"生产厂家"表,选择"修改"命令,如图 3 – 35 所示。

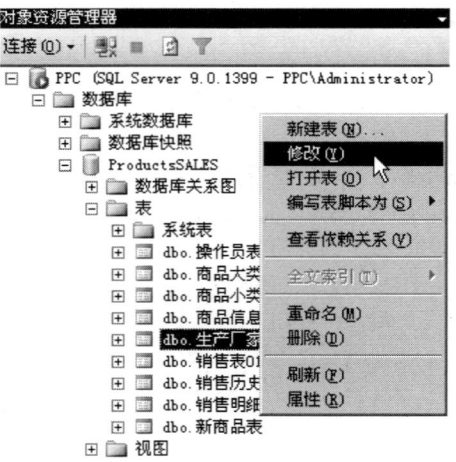

图 3 – 35 修改表

② 在表设计器中打开该表后,选择要为其指定默认值的列。在"列属性"选项卡中,在"默认值或绑定"属性中输入新的默认值,或者从下拉列表中选择默认绑定,如图 3-36 所示。

图 3-36 输入新的默认值

"默认值或绑定"属性的输入有下面的约定:
• 对于文本字符串,使用单引号(')将值括起来;不能使用双引号("),因为双引号已保留用于带引号的标识符。例如,输入"'567987'"或"'北京,中国'"。
• 如果"默认值"字段中的项替换绑定的默认值(以不带圆括号的形式显示),则将提示用户解除对默认值的绑定,并将其替换为新的默认值。
• 如果要输入数值默认值,则直接输入该数字。

2. 在 Transact-SQL 语句中设计默认值

(1) 在 CREATE TABLE 语句中使用 DEFAULT 关键字
若要应用默认值,可以通过在 CREATE TABLE 语句中使用 DEFAULT 关键字来创建默认值定义。

【例 3-32】 使用 CREATE TALBE 语句创建一个"考勤表",为该表中的"考勤时间"列创建一个默认值,在没有为该列指定值的情况下使用默认值做插入测试,并检索测试行以验证所应用的默认值。

程序代码如下:
USE ProductsSALES
GO
-- 创建考勤表
CREATE TABLE 考勤表
(

```
序号 numeric(18,0) IDENTITY(1,1) NOT NULL,
操作员编号 varchar(5) NOT NULL,
考勤时间 datetime DEFAULT getdate()
)
GO
--向考勤表中插入数据
INSERT INTO 考勤表(操作员编号) VALUES('01001')
/*使用 SELECT * FROM 考勤表,查看结果,可以看到,结果行中插入了默认值,如图
3-37 所示。
*/
SELECT * FROM 考勤表
GO
```

操作结果如图 3-37 所示。

图 3-37　插入默认值的结果行

(2) 在 ALTER TABLE 语句中修改 DEFAULT 值

【例 3-33】　创建一个包含两列的表,在第一列插入一个值,另一列保持为 NULL。然后在第二列中添加一个 DEFAULT 约束。验证是否已应用了默认值,另一个值是否已插入第一列,并查询表中的数据。结果如图 3-38 所示。

图 3-38　例 3-33 结果

程序代码如下:
```
CREATE TABLE exdefault (column_a INT, column_b INT)
GO
INSERT INTO exdefault (column_a)
VALUES (5)
GO
ALTER TABLE exdefault
ADD CONSTRAINT col_b_def
DEFAULT 20 FOR column_b
```

```
GO
INSERT INTO exdefault (column_a)
VALUES (8)
GO
SELECT * FROM exdefault
GO
DROP TABLE exdefault
GO
```

【练一练】 向"ProductsSALES"数据库的"操作员表"中添加 DEFAULT 约束。

编写并运行一条 ALTER TABLE 语句,为"操作员表"中的"性别"列定义 DEFAULT 定义 DF_sex 为"男",如果未输入操作员的性别,自动向列中输入 DEFAULT 定义的内容。

3.10 添加、修改与删除记录

3.10.1 添加记录

1. 在"结果"窗格中添加记录

【例 3-34】 使用 SQL Server Management Studio,在"结果"窗格中向生产厂家表中添加数据。

① 启动 SQL Server Management Studio,在"对象资源管理器"窗格中展开节点"数据库"→"ProcudesSALES"→"表"。右击"dbo.生产厂家",选择"打开表"命令,如图 3-39 所示。

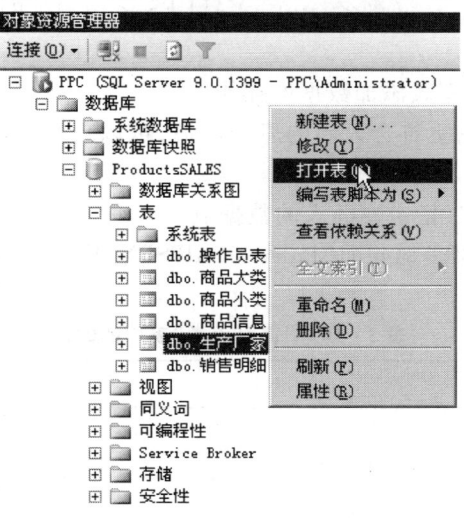

图 3-39 打开表

② 在"结果"窗格中向"生产厂家"表中添加数据,如图 3-40 所示。

厂家编号	厂家名称	国家
101010001	青岛海尔	中国
101010002	杭州娃哈哈	中国
101020001	同仁堂	中国
101020003	修正药业	中国
101030001	联想集团	中国
103030001	IBM	美国
103030002	INTEL	美国
101090001	长春皓月	中国
101080001	高等教育出版社	中国
101080002	电子工业出版社	中国
101080003	NULL	NULL
NULL	NULL	NULL

图 3-40 在"结果"窗口中添加数据

在单元格中输入数据后可能会出现"❶"警告标志,提示用户该单元格中的数据尚未保存,继续在其他单元格中输入数据若按 Enter 键即可自动保存数据。若输入的数据类型与该列定义的数据类型不一致时,则将弹出错误提示对话框。

2. 使用 INSERT 语句添加记录

在"结果"窗格中添加记录虽然简单,但并不适用于批量添加记录的情况,使用最多的还是 Transact-SQL 中的 INSERT 语句。

语法格式如下:

INSERT [INTO] <表名> [(列名,…)] VALUES <表中列的值>

参数说明:

- INSERT:指定向数据库表添加数据的操作。
- INTO:可选项,使用它更符合人们的思维习惯,可以理解为将数据插入到"表名"指定的表中。
- VALUES:系统保留字,指定要插入的数据值。

【例 3-35】 利用 INSERT 语句向"ProductsSAlES"数据库的"商品大类"表中插入如表 3-10 中的数据。

表 3-10 "商品大类"表中的数据

大类编号	大类名称
03	简加工类
04	深加工类
05	食品包装
06	食品添加剂

程序代码如下:

USE ProductsSALES
GO
INSERT INTO 商品大类 VALUES('03','简加工类')
INSERT INTO 商品大类 VALUES('04','深加工类')
INSERT INTO 商品大类 VALUES('05','食品包装')
INSERT INTO 商品大类 VALUES('06','食品添加剂')
打开"商品大类"表,记录如图 3-41 所示。

大类编号	大类名称
01	食品机械
02	农牧渔类
03	简加工类
04	深加工类
05	食品包装
06	食品添加剂
07	办公用品

图 3-41 商品大类表中数据

【说明】 由于"商品大类"表中的"大类编号"字段被设置为主键,因此,该字段不允许有重复的值。

【练一练】 在"结果"窗格中添加记录或应用 insert 语句向"ProductsSALES"数据库的各表中添加如图 3-42~图 3-44 所示的数据。

小类编号	小类名称	大类编号
00001	米面类	03
00002	食用油	03
00003	新鲜水果	02
00004	干果、坚果	02
00005	鲜活水产品	02
00006	鲜活畜禽	02
00007	蛋类	02
00008	食用菌	02
00009	咖啡豆、可可	02
00010	其他未分类	02
00011	加工水产品	03
00012	蔬菜制品	03
00013	肉类	03
00014	糖类	03
00015	肉制品	04
00016	豆制品	04
00017	乳制品	04
00018	书籍	07
00019	电脑耗材	07

图 3-42 "商品小类"表中记录

84 第3章 表的设计

操作员编号	姓名	权限	密码	员工类型	性别
01001	员工A	X	123	02	男
01002	员工B	X	002	02	女
01003	员工C	C	000	01	女
01004	员工D	R	000	01	男
01005	员工E	A	000	01	男

图 3-43 "操作员表"中记录

条形码	商品名称	规格	小类编号	大类编号	厂家编号	进货价	零售价
6926557302159	脆脆肠	200g	00015	04	101090001	5	6
9787040156980	电子商务网站…	本	00018	07	101080001	12.00	17.90
9787040201154	物流服务营销	本	00018	07	101080001	16.20	22.40

图 3-44 "商品信息"表中记录

3.10.2 修改记录

1. 在"结果"窗格中修改记录

【例 3-36】 使用 SQL Server Management Studio,在"结果"窗格中将"生产厂家"表中厂家名称"同仁堂"修改为"同仁堂药业"。

① 启动 SQL Server Management Studio,在"对象资源管理器"窗口中展开节点"数据库"→"ProcudesSALES"→"表"。右击"dbo.生产厂家",选择"打开表"命令,如图 3-39 所示。

② 在"结果"窗格中将"生产厂家"表的"厂家名称"字段中数据为"同仁堂"的记录修改为"同仁堂药业",修改的同时将自动保存修改结果,如图 3-45 所示。

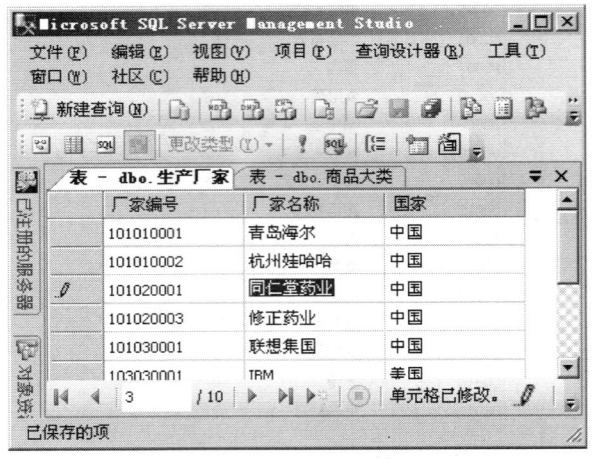

图 3-45 修改记录

2. 使用 UPDATE 语句修改记录

语法格式如下:
UPDATE｛表名｜视图名｝
SET 列名 =｛值｜DEFAULT｜NULL｝[,...n]
[WHERE 条件子句]

参数说明:
- UPDATE:执行修改的命令。
- 表名|视图名:要修改的表名或视图名。
- 列名:要修改的列的名称。
- SET:用于指定要修改的列名及其新值。
- 值:要修改的列的值。
- DEFAULT:默认值。
- NULL:空值。

(1) 修改全部记录

当不包含 WHERE 子句时,UPDATE 命令将修改表中所有的记录。

【例 3-37】 使用 UPDATE 语句,将"操作员表"中的"密码"字段的值全部更改为"000"。
程序代码如下:
USE ProductsSALES
GO
UPDATE 操作员表 SET 密码 = '000'

(2) 修改满足条件的记录

修改满足条件的记录与修改全部记录的区别在于:前者只对满足某种特定条件的列进行修改,而后者则是修改某一列的全部记录。

【例 3-38】 使用 UPDATE 语句,将"生产厂家"表中厂家名称"同仁堂药业"修改为"同仁堂制药"。
程序代码如下:
USE ProductsSALES
GO
UPDATE 生产厂家 SET 厂家名称 = '同仁堂制药'
WHERE 厂家名称 = '同仁堂药业'

3.10.3 删除记录

1. 在"结果"窗格中删除记录

【例 3-39】 使用 SQL Server Management Studio,在"结果"窗格中将"生产厂家"表中厂家名称为"同仁堂制药"的记录删除。

① 启动 SQL Server Management Studio,在"对象资源管理器"窗口中展开节点"数据库"→"ProcudesSALES"→"表"。右击"dbo.生产厂家",选择"打开表"命令,如图 3-39 所示。

② 在"结果"窗格中将"生产厂家"表中的选定厂家名称为"同仁堂制药"的记录,右击,选择"删除"命令,如图 3-46 所示。

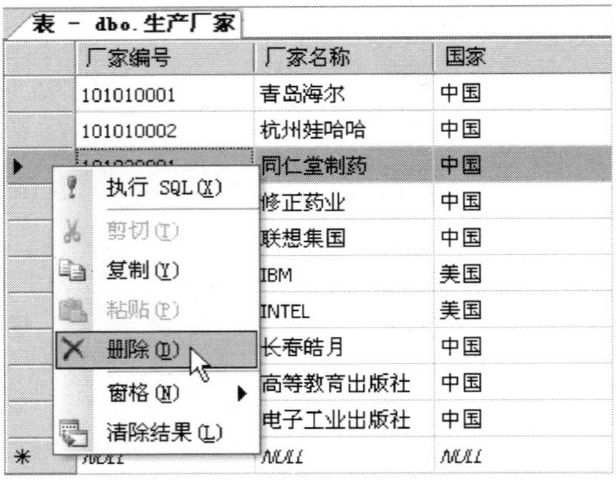

图 3-46 修改记录

2. 使用 DELETE 语句删除记录

语法格式如下:
DELETE [FROM]｛表|视图｝
[WHERE <条件子句>]
参数说明:
• 表|视图:指定要从中删除行的表或视图。
• WHERE:表或视图中所有符合 WHERE 搜索条件的行都将被删除。如果没有指定 WHERE 子句,将删除表或视图中的所有行。

【例 3-40】 删除"生产厂家"表中的全部数据。
程序代码如下:
USE ProductsSALES
GO
DELETE FROM 生产厂家

【例 3-41】 删除"生产厂家"表中"厂家编号"为"101010002"的数据。
程序代码如下:
USE ProductsSALES
GO
DELETE FROM 生产厂家 WHERE 厂家编号 = '101010002'

3. 使用 TRUNCATE TABLE 语句删除所有行

使用 TRUNCATE TABLE 语句可以删除表中的所有行。TRUNCATE TABLE 语句与不含有

WHERE 子句的 DELETE 语句在功能上相同。但是 TRUNCATE TABLE 语句速度更快,并且使用更少的系统资源和事务日志资源。

语法格式如下:

TRUNCATE TABLE 表名

【例 3-42】 使用 TRUNCATE TABLE 语句删除生产厂家表中的数据。

程序代码如下:

USE ProductsSALES
GO
TRUNCATE TABLE 生产厂家

3.11 案例:学生成绩管理表的创建

3.11.1 提出问题

① 创建表。
- "学生基本信息"表,如表 3-11 所示。
- "系部信息"表,如表 3-12 所示。
- "科目"表,如表 3-13 所示。
- "教师"表,如表 3-14 所示。
- "成绩"表,如表 3-15 所示。

② 向表中添加数据。

③ 修改"学生基本信息"表,添加名称为"FK_系部"的外键,对应的主键为"系部"表中的"系部编码"字段。

3.11.2 分析问题

使用 CREATE TABLE 语句创建表,使用 ALTER TABLE 语句修改表,使用 INSERT 语句向表中添加数据。

3.11.3 解决问题

1. 3.11.1 节中问题①的解决方案

(1) "学生基本信息"表(如表 3-11 所示)

表 3-11 "学生基本信息"表

字段名	数据类型	长度	是否允许空值	说明
学号	varchar	15	否	主键
姓名	varchar	20	否	
性别	varchar	2	是	
出生日期	datetime	8	是	
籍贯	varchar	50	是	
系部编码	varchar	3	是	
入学年份	varchar	4	是	

创建该表的 Transact-SQL 语句如下：
```
CREATE TABLE 学生基本信息(
    学号 varchar(15) NOT NULL PRIMARY KEY,
    姓名 varchar(20) NOT NULL,
    性别 varchar(2),
    出生日期 datetime,
    籍贯 varchar(50),
    系部编码 varchar(3),
    入学年份 varchar(4)
)
```
（2）"系部"表（如表 3-12 所示）

表 3-12 "系部"表

字段名	数据类型	长度	是否允许空值	说明
系部编码	varchar	3	否	主键
系部名称	varchar	30	否	

创建该表的 Transact-SQL 语句如下：
```
CREATE TABLE 系部(
    系部编码 varchar(3) NOT NULL PRIMARY KEY,
    系部名称 varchar(30) NOT NULL
)
```
（3）"课程"表（如表 3-13 所示）

表 3-13 "课程"表

字段名	数据类型	长度	是否允许空值	说明
课程编码	varchar	5	否	主键
课程名称	varchar	50	否	

创建该表的 Transact-SQL 语句如下：

```
CREATE TABLE 课程(
    课程编码 varchar(5) NOT NULL PRIMARY KEY,
    课程名称 varchar(50) NOT NULL
)
```

(4)"教师"表(如表3-14所示)

表3-14 "教师"表

字段名	数据类型	长度	是否允许空值	说明
教师编码	varchar	5	否	主键
教师姓名	varchar	30	否	
系部编码	varchar	3	否	

创建该表的Transact-SQL语句如下:
```
CREATE TABLE 教师(
    教师编码 varchar(5) NOT NULL PRIMARY KEY,
    教师姓名 varchar(30) NOT NULL,
    系部编码 varchar(3) NOT NULL
)
```

(5)"成绩"表(如表3-15所示)

表3-15 "成绩"表

字段名	数据类型	长度	是否允许空值	说明
课程编码	varchar	5	否	外键
学号	varchar	15	否	
成绩	int		是	
状态	varchar	1	否	0-未考;1-已考; 2-违纪;3-补考

创建该表的Transact-SQL语句如下:
```
CREATE TABLE 成绩(
    课程编码 varchar(5) NOT NULL REFERENCES 课程(课程编码),
    学号 varchar(15) NOT NULL,
    成绩 int,
    状态 varchar(1) DEFAULT '0'
)
```

2. 3.11.1节中问题②的解决方案

(1)向"学生基本信息"表中添加数据
INSERT INTO 学生基本信息 VALUES('200601001','南哲','男','1990-8-8','长春',

'001','2006')
　　INSERT INTO 学生基本信息 VALUES('200601002','谷跃','男','1990-9-8','哈尔滨','001','2006')
　　INSERT INTO 学生基本信息 VALUES('200601003','李楠','女','1990-6-13','沈阳','001','2006')
　　INSERT INTO 学生基本信息 VALUES('200602001','徐佳琪','女','1990-8-3','上海','002','2006')
　　⋮

（2）向"系部"表中添加数据
　　INSERT INTO 系部 VALUES('001','国际商务系')
　　INSERT INTO 系部 VALUES('002','计算机系')
　　INSERT INTO 系部 VALUES('003','外语系')
　　⋮

（3）向"课程"表中添加数据
　　INSERT INTO 课程 VALUES('00001','英语')
　　INSERT INTO 课程 VALUES('00002','计算机基础')
　　INSERT INTO 课程 VALUES('00003','sql server 数据库及应用')
　　⋮

（4）向"教师"表添加数据
　　INSERT INTO 教师 VALUES('j0001','郭老师','001')
　　INSERT INTO 教师 VALUES('j0002','李老师','001')
　　INSERT INTO 教师 VALUES('j0003','李老师','002')
　　⋮

（5）向"成绩"表添加数据
　　INSERT INTO 成绩 VALUES('00003','200601001',86,'1')
　　INSERT INTO 成绩 VALUES('00002','200601002',79,'1')
　　INSERT INTO 成绩 VALUES('00003','200601003',92,'1')
　　INSERT INTO 成绩 VALUES('00003','200602001',50,'1')
　　INSERT INTO 成绩 VALUES('00002','200602001',90,'1')
　　⋮

3. 3.11.1 节中问题③的解决方案

程序代码如下：
ALTER TABLE 学生基本信息
ADD CONSTRAINT FK_系部 FOREIGN KEY（系部编码）
REFERENCES 系部（系部编码）

本章小结

- 表是数据库对象,它存储着数据库的所有数据。数据在表中是按行和列的组织形式存储的。
- 表间的关系有 3 种类型:一对多关系、多对多关系及一对一关系。
- SQL Server 2005 中的数据类型归纳为下列类别:精确数字、Unicode 字符串、近似数字、二进制字符串、日期和时间、字符串、cursor、timestamp、sql_variant、uniqueidentifier、table 及 xml 等数据类型。
- 数据库设计完成后,就可以在数据库中创建用于存储数据的表。
- SQL Server 2005 中可用的索引类型有:聚集索引、非聚集索引、唯一索引、包含性列索引、索引视图、全文索引等。
- 可以利用 SQL Server Management Studio 及 CREATE INDEX 语句创建索引。
- 可以利用 SQL Server Management Studio 及 DROP INDEX 语句删除索引。
- 数据完整性分为实体完整性、域完整性、引用完整性和用户定义完整性等 4 类。
- PRIMARY KEY 约束定义了表的主键,指定表的一列或几列组合的值在表中具有唯一性,即能唯一地指定一行记录,它能够强制实体完整性。每个表中只能定义一个 PRIMARY KEY 约束。
- 外键可由一个或多个列构成,用来实现表与表之间的数据联系,它们的值与另一个表中的主键相匹配。当创建或修改表时可通过定义 FOREIGN KEY 约束来创建外键。一个表可以同时包含多个外键约束。
- 使用 UNIQUE 约束能够确保在非主键列中不输入重复的值。
- CHECK 约束通过限制列可接受的值,强制域的完整性。
- 可以使用 CREATE RULE 语句创建规则。
- 可以使用系统存储过程 sp_bindrule 将规则绑定到列或用户自定义数据类型上。
- 使用系统存储过程 sp_help 能够查看规则的拥有者、创建时间等信息。
- 使用系统存储过程 sp_unbindrule 可以将绑定到列或用户定义数据类型上的规则解除。使用 DROP RULE 语句可以删除当前数据库中的一个或多个规则。
- 可以使用 SQL Server Management Studio 在"结果"窗格中添加、修改和删除记录
- 使用 Transact-SQL 语句 INSERT 向表中添加记录、UPDATE 修改记录和 DELETE 删除记录。

思考与练习

1. 在数据库设计的时候,以下数据类型中能提供全局唯一标识符代码的是(　　　　)。
   A. uniqueidentifier
   B. Image
   C. Bit
   D. SmallMoney
2. 下列类型的索引中能够对表中数据行进行物理排序,数据记录按聚集索引键的次序存储的是(　　　　)。
   A. 聚集索引
   B. 非聚集索引
   C. 组合索引
   D. 唯一索引
3. 下面关于聚集索引描述正确的是(　　　　)。
   A. 聚集索引存储关于重要词和这些词在特定列中的位置的信息

B. 添加、修改或删除表中数据时,聚集索引不会自动得到更新

C. 聚集索引会对表和视图进行物理排序,数据记录按聚集索引键的次序存储,因此聚集索引对查找记录非常有效,最适合范围搜索

D. 聚集索引不会改变表中行的物理排列顺序,它只是记录指向表中行的位置的指针,这些指针本身有序,通过这些指针可以在表中快速地定位数据。为一个表建立索引默认都是聚集索引

4. 创建规则的 Transact-SQL 语句是( )。
   A. CREATE RULE
   B. CREATE INDEX
   C. CREATE DEFAULT
   D. ALTER RULE

5. 创建索引的 Transact-SQL 语句是( )。
   A. CREATE DATABASE
   B. CREATE INDEX
   C. CREATE DEFAULT
   D. ALTER RULE

6. 以下属于表间的关系的是( )。
   A. 一对多关系
   B. 多对多关系
   C. 二对二关系
   D. 一对一关系

7. 以下 Transact-SQL 语句能够创建表的是( )。
   A. CREATE DATABASE
   B. CREATE TABLE
   C. ALTER TABLE
   D. DROP DATABASE

8. 以下 Transact-SQL 语句能够将表删除的是( )。
   A. CREATE DATABASE
   B. DROP TABLE
   C. ALTER TABLE
   D. DELETE TABLE

9. 以下 Transact-SQL 语句能够向表中添加记录的是( )。
   A. CREATE
   B. UPDATE
   C. INSERT
   D. DELETE

10. 使用哪一个系统存储过程能够查看表的定义?( )。
    A. sp_help
    B. sp_unbindrule
    C. sp_helptext
    D. sp_addtype

11. 执行语句"DELETE FROM 学生表 WHERE 姓名列 LIKE '_nnet'"时,下列数据行可能被删除的是( )。

A. Whyte

B. Carson

C. Annet

D. Hunyer

12. 假设"学生表"中包含主键列"学号",则执行"Update 学生表 SET 学号 = 177 WHERE 学号 = 188",执行的结果可能是(　　)。

　　A. 修改了多行数据

　　B. 没有数据修改

　　C. 删除了一行不符合要求的数据

　　D. T_SQL 语法错误,不能执行

13. 假设表 A 中存在大量数据,表 B 是需要使用的数据表,因此需要将表 A 中的数据完全复制到表 B 中,下列方法中最好的方法是(　　)。

　　A. 重新在新的数据库表中录入数据

　　B. 使用数据转换服务的输出功能把原来的数据保存为文本文件,再把文本文件复制到新的数据库中

　　C. 使用一个"INSERT INTO [新的表名] SELECT [旧的表名]"的插入语句进行数据添加

　　D. 使用一个 TRANCATE TABLE 语句进行数据删除

14. 下列项中,执行数据的删除的语句在运行时不会产生错误信息的选项是(　　)。

　　A. DELETE * FROM ABC WHERE ASS = '6'

　　B. DELETE FROM ABC WHERE ABC = '6'

　　C. DELETE ABC WHERE ASS = '6'

　　D. DELETE ABC SET ASS = '6'

15. 要删除表 ABC 中的数据,使用"TRUNCATE TABLE ABC"语句的运行结果是(　　)。

　　A. 表 ABC 中的约束依然存在

　　B. 表 ABC 被删除

　　C. 表 ABC 中的数据被删除了一半,再次执行时,将删除剩下的一半数据行

　　D. 表 ABC 中不符合要求的数据被删除,而符合要求的数据依然保留

16. 假设 ABC 表中,A 列为主键,并且为自动增长标识列,同时还有 B 列和 C 列,所有列的数据类型都是整数,目前还没有数据,则执行插入数据的 Transact-SQL 语句"INSERT ABC(A,B,C) VALUE (1,2,3)"的运行结果是(　　)。

　　A. 插入数据成功,A 列的数据为 1

　　B. 插入数据成功,A 列的数据为 2

　　C. 插入数据成功,B 列的数据为 3

　　D. 插入数据失败

17. 如果想删除表中的所有行,删除所有行的方法有哪些?哪种方法更好些?

18. 简述 INSERT、UPDATE 和 DELETE 语句的语法格式。

实训 1　学生成绩管理系统中表的设计与管理

【目标】

1. 掌握表的创建、修改及删除。

2. 理解索引的作用。

3．掌握索引的创建、修改及删除方法。

【预估时间】

40 分钟。

【步骤】

1．建立如表 3-16 和表 3-17 所示的表，并创建相应的索引。

表 3-16 "专业"表

字段名	数据类型	长度	是否允许空值	说明
专业编码	varchar	4	否	主键
专业名称	varchar	30	否	
系部编码	varchar	3	是	外键，对应主键为系部表中的系部编码

表 3-17 "民族"表

字段名	数据类型	长度	是否允许空值	说明
民族编码	varchar	2	否	主键
民族	varchar	50	否	

2．修改表。

将"学生基本信息"表修改为包含如表 3-18 所示字段。

表 3-18 学生基本信息表

字段名	数据类型	长度	是否允许空值	说明
学号	varchar	15	否	主键
姓名	varchar	20	否	
性别	varchar	2	是	
出生日期	datetime	8	是	
籍贯	varchar	50	是	
系部编码	varchar	3	是	外键
入学年份	varchar	4	是	
专业编码	varchar	4	是	外键
家庭地址	varchar	100	是	
毕业学校	varchar	100	是	
联系电话	varchar	16	是	
手机	varchar	11	是	
爱好	varchar	100	是	
备注	text		是	

3．将"专业"表中"专业名称"的字段长度修改为 50。

4．删除"学生基本信息"表中的"爱好"字段。

实训 2 学生成绩管理系统中数据的插入、修改及删除

【目标】

掌握数据的添加、修改及删除操作。

【预估时间】

40 分钟。

【步骤】

1. 向"学生基本信息"表、"系部"表、"成绩"表、"课程"表、"专业"表、"民族"表中添加数据,如表 3-19～表 3-24 所示。

表 3-19 "学生基本信息"表中的数据

学号	姓名	性别	出生日期	籍贯	系部编码	入学年份	专业编码	…
200501001	王孟莹	女	1988.6.20	大连	001	2005	0001	
200501002	罗可明	男	1988.10.20	苏州	001	2005	0001	
200602008	赵小满	男	1988.11.23	广州	002	2006	0002	…
200602010	周萍	女	1989.06.20	昆明	002	2006	0002	
200703001	朴妙妙	女	1990.05.08	石河子	003	2007	0006	

表 3-20 "系部"表中的数据

系部编码	系部名称
004	基础部
005	工商系

表 3-21 "成绩"表中的数据

课程编码	学号	成绩	状态
00001	200501001	80	1
00002	200501001	88	1
00003	200501001	0	0
00001	200501002	90	1

…

表 3-22 "课程"表中的数据

课程编码	课程名称
00004	C 语言程序设计
00005	体育
00006	Java 程序设计
00007	国际贸易实务
00008	市场营销

…

表 3-23 "专业"表中的数据

专业编码	专业名称	系部编码
0001	国际贸易	001
0002	电子商务	001
0003	计算机应用技术	002
0004	广告设计	001
…		

表 3-24 "民族"表中的数据

民族编码	民族
01	汉
02	满
03	回
…	

2. 使用 Transact-SQL 语句完成下述问题：
(1) 将"学生基本信息"表中姓名为"王孟莹"的同学姓名改为"刘孟莹"。
(2) 将"工商系"更改为"商学院"。
(3) 删除成绩表中状态是"0"（未参加考试）学生的记录。

实训 3　学生成绩管理系统中数据完整性的应用

【目标】
1. 掌握创建、修改及删除约束、默认、规则等数据完整性的方法。
2. 掌握数据完整性的控制在学生成绩管理系统中的应用。

【预估时间】
40 分钟。

【步骤】
1. 使用 Transact-SQL 语句为"学生基本信息"表创建名为"CX_学号"的 CHECK 约束，该约束限制"学号"字段的数据只能由 9 位数字组成。
2. 创建一默认值，并将该默认值"男"绑定到"学生基本信息"表中的"性别"字段。
3. 创建一规则，要求限定学生"成绩"表中"成绩"字段的值是介于 0~100 之间的整数。

第4章

数据查询

知识目标

掌握 SELECT 语句。

技能目标

- 熟练进行单表的数据检索。
- 能够格式化、计算与处理查询结果。
- 能够对表中数据进行总计。
- 可以从多张表中检索数据。
- 能够使用子查询。

内容框架

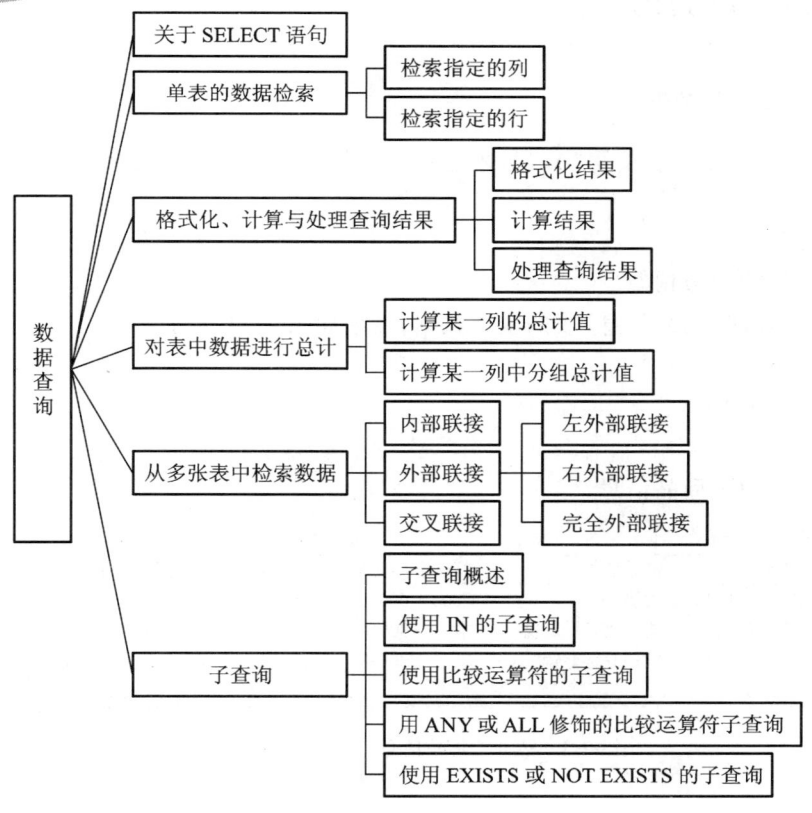

4.1 关于 SELECT 语句

SELECT 语句可以用来检索表中的数据。通过执行 SELECT 语句,能够显示存储在表中的信息。SELECT 语句看起来比较简单,但是该语句经过扩展,可以表示很复杂、很详细的查询。SELECT 语句可以用来显示下面的一些信息:
- 显示表中的部分行或所有的行。
- 显示表中的部分列或所有的列。
- 显示表的计算信息,如列数据的总计值或平均值。
- 合并多个表的信息等等。

4.2 单表的数据检索

4.2.1 检索指定的列

1. 检索表中全部列数据

在 SELECT 语句中,可以使用"*"号来选择表中的全部列数据。查询结果依据表建立时所定义的列顺序显示。

语法格式如下:

SELECT * FROM 数据源

【例 4 - 1】 查询"商品信息"表的全部数据,结果如图 4 - 1 所示。

程序代码如下:

USE ProductsSALES
GO
SELECT * FROM 商品信息

条形码	商品名称	规格	小类编号	大类编…	厂家编号	进货价	零售…
6926557302159	脆脆肠	200g	00015	04	101090001	5.00	6.00
9787040156980	电子商务网站规…	本	00018	07	101080001	12.00	17.90
9787040201154	物流服务营销	本	00018	07	101080001	16.20	22.40

图 4 - 1 查询"商品信息"表的全部列数据

2. 检索指定的列数据

【例 4-2】 查询"商品信息"表中所有记录的条形码、商品名称、大类编号及小类编号,结果如图 4-2 所示。

图 4-2 查询指定的列数据

程序代码如下:
USE ProductsSALES
GO
SELECT 条形码,商品名称,大类编号,小类编号 FROM 商品信息

【说明】 指定列名有两种形式:列名或表名.列名。其中,表名.列名常用于涉及不同表而名称相同的列。

【练一练】 编写 SELECT 语句,显示"生产厂家"表中的"厂家编号"、"厂家名称"列的数据,结果如图 4-3 所示。

图 4-3 显示指定的列数据

4.2.2 检索指定的行

1. 检索前 n 行

在 SELECT 语句中,使用 TOP 关键字可以指定只从查询结果集中输出前 n 行,如果指定 PERCENT,则只是从结果集中输出前百分之几行。

语法格式如下:
SELECT TOP n [PERCENT] 列名[,列名,…]
FROM 数据源

【例 4-3】 查询"商品小类"表中前 5 条记录的小类编号和小类名称,结果如图 4-4 所示。
程序代码如下:

```
USE ProductsSALES
GO
SELECT TOP 5 小类编号,小类名称
FROM 商品小类
```

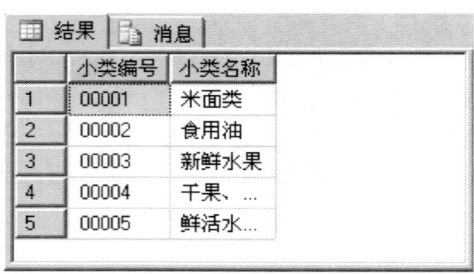

图4-4 使用 TOP 关键字

2. 按条件检索行

在 SELECT 语句中,使用 WHERE 子句能够有条件地检索行,使其精确地返回所需要的信息。

语法格式如下:
SELECT 列名[,列名,…]
FROM 数据源
WHERE 查询条件

可包含在 WHERE 子句中的查询条件类型如表4-1所示。

表4-1 可包含在 WHERE 子句中的查询条件类型

查找条件的类型	应用的运算符及使用的关键字
比较运算	=、>、<、<>、>=、<=、!=、!<、!>
是否空值	IS NULL、IS NOT NULL
逻辑运算	NOT、AND、ALL、ANY、BETWEEN、IN、LIKE、OR、SOME

【例4-4】 查询"商品小类"表中的"小类编号"为00001的数据,结果如图4-5所示。

程序代码如下:

图4-5 使用 WHERE 子句

```
USE ProductsSALES
GO
```

```
SELECT * FROM 商品小类
    WHERE 小类编号 ='00001'
```

【例 4 - 5】 查询“商品小类”表中的“小类编号”介于 00001 ~ 00005 之间的信息，结果如图 4 - 6 所示。

结果 | 消息

	小类编号	小类名称	大类编号
1	00001	米面类	03
2	00002	食用油	03
3	00003	新鲜水果	02
4	00004	干果、坚果	02
5	00005	鲜活水产品	02

图 4 - 6 使用 BETWEEN 关键字

程序代码如下：

```
USE ProductsSALES
GO
SELECT * FROM 商品小类
WHERE 小类编号 between '00001' and '00005'
```

【练一练】 在 SELECT 语句中应用 BETWEEN 关键字完成下面功能：显示“商品信息”表中“零售价”介于 8 元 ~ 12 元的商品数据。

【例 4 - 6】 查询“商品信息”表，把“商品名称”中前两个字是“电子”的商品信息显示出来，结果如图 4 - 7 所示。

程序代码如下：

```
USE ProductsSALES
GO
SELECT * FROM 商品信息
WHERE 商品名称 LIKE '电子%'
```

结果 | 消息

	条形码	商品名称	规格	小类编...	大类编...	厂家编号	进货...	零售价
1	9787040156980	电子商务...	本	00018	07	101080001	12.00	17.90
2	BZ00913914311	电子计算器	个	00025	07	101010012	80.00	150.00

图 4 - 7 使用 LIKE 关键字

【说明】 LIKE 关键字可以使用如表 4 - 2 所示的通配符。

表 4-2 通配符

通配符	描述	示例
%	包含零个或更多字符的任意字符串	WHERE 商品名称 LIKE '%电%' 将查找处于商品名称任意位置的包含文字"电"的所有信息
_（下划线）	任何单个字符	WHERE 小类编号 LIKE '0001_' 将查找以"0001"开头的字段长度为5的所有小类编号（如00012、00015等）
[ ]	指定范围（[a-f]）或集合（[abcdef]）中的任何单个字符	WHERE 小类编号 LIKE '0001[5-7]' 将查找以 0001 开头,尾数介于 5 与 7 之间的任何单个字符的小类编号（如00015、00016、00017）
[^]	不属于指定范围	WHERE 商品名称 LIKE '电子[^计]%' 将查找以"电子"开始且其后的文字不为"计"的所有商品名称

【练一练】 在 SELECT 语句中应用 LIKE 关键字完成下面功能:显示"生产厂家"表中"厂家名称"字段包含"海"的厂家数据,结果如图 4-8 所示。

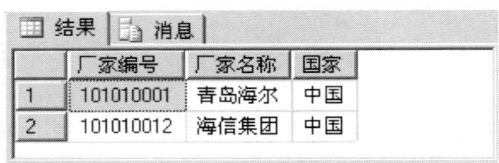

图 4-8 使用 LIKE 关键字查询数据

【例 4-7】 查询"操作员表"中的"员工类型"不为空值的数据,结果如图 4-9 所示。程序代码如下:

图 4-9 使用 IS NOT NULL 关键字

```
USE ProductsSALES
GO
SELECT * FROM 操作员表
WHERE 员工类型 IS NOT NULL
```

【练一练】 在 SELECT 语句中应用 LIKE 关键字完成下面功能:查询"操作员表"中"密码"为空值的数据。

【例 4-8】 查询"操作员表"中"员工类型"为"02",且为男性操作员的数据,结果如图 4-10所示。

程序代码如下:
USE ProductsSALES
GO
SELECT * FROM 操作员表 WHERE 员工类型 = '02' AND 性别 = '男'

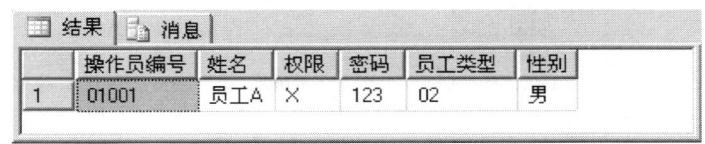

图 4-10 使用 AND 关键字

【例 4-9】 查询"商品信息"表中的"厂家编号"为"101080001"或"101010009",并且"商品名称"中包含"电"的商品信息,结果如图 4-11 所示。

程序代码如下:
USE ProductsSALES
GO
SELECT * FROM 商品信息
WHERE (厂家编号 = '101080001' OR 厂家编号 = '101010009')
AND 商品名称 like '%电%'

图 4-11 使用多种关键字

【练一练】 应用 SELECT 语句完成下面功能:查询"商品信息"表中"厂家编号"不是"101010009"的信息。

4.3 格式化、计算与处理查询结果

4.3.1 格式化结果

为了使查询结果能更好地反映用户的要求,可以对结果进行格式化处理,主要有以下几种方法:
- 在查询中使用常量。
- 改变列标题,提高结果集的清晰度。
- 消除结果集中重复的行。

- 对查询结果进行排序。

1. 在查询中使用常量

【例 4 – 10】 查询"商品信息"表中"条形码"及"商品名称"的列表,结果如图 4 – 12 所示。

	[无列名]	商品名称
1	商品条形码:6903531111020	氨酚伪麻美芬片Ⅱ
2	商品条形码:6926557302159	脆脆肠
3	商品条形码:9787040156980	电子商务网站规划与管理
4	商品条形码:9787040201154	物流服务营销
5	商品条形码:BZ00913914311	电子计算器
6	商品条形码:BZ00983912345	液晶电视机

图 4 – 12 在查询中使用常量

程序代码如下:
USE ProductsSALES
GO
SELECT '商品条形码:' + 条形码,商品名称 FROM 商品信息

【注意】 在查询中使用常量,要用单引号括起。

【练一练】 应用 SELECT 语句完成下面功能:查询"商品信息"表中"条形码"及"商品名称",要求结果显示形式如图 4 – 13 所示。

	[无列名]
1	条形码为:6903531111020的商品名称为:氨酚伪麻美芬片Ⅱ
2	条形码为:6926557302159的商品名称为:脆脆肠
3	条形码为:9787040156980的商品名称为:电子商务网站规划与管理
4	条形码为:9787040201154的商品名称为:物流服务营销
5	条形码为:BZ00913914311的商品名称为:电子计算器
6	条形码为:BZ00983912345的商品名称为:液晶电视机

图 4 – 13 练习在查询中使用常量

2. 改变列标题,提高结果集的清晰度

改变列标题,能够使结果集更加可读。SELECT 语句中改变列标题有 3 种方法:

- SELECT 列标题 = 列名 [,列名,…] FROM 数据源
- SELECT 列名 列标题 [,列名,…] FROM 数据源
- SELECT 列名 AS 列标题 [,列名,…] FROM 数据源

【例 4 – 11】 查询"商品信息"表中商品名称及条形码的列表,结果如图 4 – 14 所示。

有 3 种方法,程序代码分别如下:

方法一:
USE ProductsSALES
GO

SELECT 商品名称,条形码如下 = 条形码 FROM 商品信息

方法二:

USE products SALES

GO

SELECT 商品名称,条形码 条形码如下 FROM 商品信息

USE products SALES

GO

方法三:

SELECT 商品名称,条形码 AS 条形码如下 FROM 商品信息

	商品名称	条形码如下
1	氨酚伪麻美芬片II	6903531111020
2	脆脆肠	6926557302159
3	电子商务网站规划与管理	9787040156980
4	物流服务营销	9787040201154
5	电子计算器	BZ00913914311
6	液晶电视机	BZ00983912345

图 4 – 14 改变列标题

3. 消除结果集中重复的行

可以使用 DISTINCT 关键字从查询的输出结果中消除重复行。该关键字对结果集按 DISTINCT 列表中所列的第一列内容进行升序排序。

语法格式如下:

SELECT [ALL|DISTINCT] 列名[,列名,…]

FROM 数据源

[WHERE 查询条件]

参数说明:

- ALL:指定结果中可以显示重复行。ALL 是默认设置。
- DISTINCT:从查询的输出结果中消除重复行。在 DISTINCT 语句中,所有空值被认为是重复值。

【例 4 – 12】 从"销售明细"表中查询已被销售过的商品,要求结果如图 4 – 16 所示形式(消除表中重复数据),而非如图 4 – 15 形式。

程序代码如下:

USE ProductsSALES

GO

SELECT DISTINCT 条形码 FROM 销售明细

图 4-15　未消除重复行的数据　　　图 4-16　消除重复行的数据

【练一练】　图 4-15 所示的结果用何查询语句实现?

4. 对查询结果进行排序

在 SELECT 语句中使用 ORDER BY 子句对查询结果按照一列或多列排序,可以按升序或者降序排序。默认情况下,结果集按升序排序。

语法格式如下:

SELECT [ALL|DISTINCT] 列名[,列名,…]

FROM 数据源

ORDER BY 排序表达式 [ASC | DESC]

参数说明:

- ASC:将查询结果按所指定的列进行升序排列。
- DESC:将查询结果按所指定的列进行降序排列。

【例 4-13】　从"销售明细"表中查询所有商品的销售情况,并按销售号进行升序排列,结果如图 4-17 所示。

图 4-17　使用 ORDER BY 排序

有两种方法,程序代码分别如下:

方法一:

USE ProductsSALES
GO
SELECT * FROM 销售明细 ORDER BY 销售号
方法二：
USE ProductsSALES
GO
SELECT * FROM 销售明细 ORDER BY 销售号 ASC

【练一练】 使用 SELECT 语句从"生产厂家"表中查询所有生产厂家的信息，并按厂家编号进行降序排列。

4.3.2 计算结果

在 SQL Server 中，可以使用运算符及函数进行数学计算、比较列中的数据以及对来自表中的数据进行处理，并把计算的结果包含在结果集中。SQL Server 提供了以下多种计算工具：
- 应用算术运算符计算值。
- 应用数学函数计算值。
- 应用字符串函数改变字符数据。
- 应用日期时间函数显示日期及时间信息。
- 将结果由一种类型转换成另一种类型。

1. 应用算术运算符计算值

【例 4-14】 列出"商品信息"表中所有商品的当前零售价及加价 20% 以后的价格，结果如图 4-18 所示。

程序代码如下：
USE ProductsSALES
GO
SELECT 条形码,商品名称,零售价,零售价*1.2 AS 调后价格为 FROM 商品信息

	条形码	商品名称	零售价	调后价格为
1	6903531111020	氨酚伪麻美芬片II	9.80	11.76000
2	6910019005153	天然皂粉	5.40	6.48000
3	6922365800092	衣领净	4.00	4.80000
4	6926557302159	脆脆肠	6.00	7.20000

图 4-18 应用算术运算符计算值

【练一练】 应用 SELECT 语句完成下面功能：列出"商品信息"表中每种商品的当前进货价及将进货价压低 15% 之后的新进货价格，并按条形码降序排列，要求结果如图 4-19 所示。

	条形码	商品名称	进货价	现进货价格为
1	BZ00983912345	液晶电视机	2600.00	2210.000000
2	BZ00913914311	电子计算器	80.00	68.000000
3	9787040201154	物流服务营销	16.20	13.770000
4	9787040156980	电子商务网站规划与管理	12.00	10.200000

图 4-19　应用算术运算符计算值的练习

2. 应用数学函数计算值

【例 4-15】　在 SELECT 语句中应用 FLOOR 函数,结果如图 4-20 所示。

程序代码如下:

SELECT FLOOR(345.67),FLOOR(-345.67),FLOOR($345.67)

	[无列名]	[无列名]	[无列名]
1	345	-346	345.00

图 4-20　应用数学函数计算值

【说明】　FLOOR 函数返回的结果为小于或等于指定值的最大整数。

3. 应用字符串函数改变字符数据

利用字符串函数进行的操作有字符串连接、部分字符的提取、字符串的比较及字符串大小写的转换等。

【例 4-16】　在 SELECT 语句中应用 STUFF 函数,结果如图 4-21 所示。

程序代码如下:

SELECT STUFF('吉林长春市',3,0,'省')

	[无列名]
1	吉林省长春市

图 4-21　应用 STUFF 函数改变字符数据

【例 4-17】　在 SELECT 语句中应用 SUBSTRING 函数,结果如图 4-22 所示。

	条形码	[无列名]	商品名称
1	6903531111020	53111102	氨酚伪麻美芬片Ⅱ
2	6910019005153	01900515	天然皂粉
3	6922365800092	36580009	衣领净
4	6926557302159	55730215	脆脆肠

图 4-22　应用 SUBSTRING 函数改变字符数据

程序代码如下:

USE ProductsSALES

GO

SELECT 条形码,SUBSTRING(条形码,5,8),商品名称 from 商品信息

4. 应用日期时间函数显示日期及时间信息

在 SELECT 语句中,能够使用日期时间函数查询有关信息。该种函数可以用于列名、WHERE 子句或表达式中,日期时间值要求在括号中。

【例 4 – 18】 在 SELECT 语句中应用 DATEADD 函数,显示"操作员表"中所有人员的操作员编号、姓名、出生日期及出生日期 100 日后的日期,结果如图 4 – 23 所示。

图 4 – 23 应用 DATEADD 函数显示日期及时间信息

程序代码如下:
USE ProductsSALES
GO
SELECT 操作员编号,姓名,出生日期,DATEADD(DAY,100,出生日期) AS 一百天后的日期
FROM 操作员表

5. 将结果由一种类型转换成另一种类型

【例 4 – 19】 应用 SELECT 语句,将【例 4 – 18】的查询结果输出如图 4 – 24 所示形式。
程序代码如下:
USE ProductsSALES
GO
SELECT 操作员编号,姓名,出生日期,
CONVERT(varchar(10),DATEADD(DAY,100,出生日期),102) AS 一百天后的日期
FROM 操作员表

图 4 – 24 例 4 – 19 查询结果

【例 4 – 20】 在 SELECT 语句中应用 CONVERT 函数,结果如图 4 – 25 所示。

程序代码如下：
```
USE ProductsSALES
GO
SELECT '"' + 商品名称 + '"' + '的价格为：' + CONVERT ( varchar ( 10 ) , ISNULL ( 零售价, 0.00 ) )
FROM 商品信息
```

	(无列名)
1	"氨酚伪麻美芬片Ⅱ"的价格为：￥9.80
2	"天然皂粉"的价格为：￥5.40
3	"衣领净"的价格为：￥4.00
4	"脆脆肠"的价格为：￥6.00
5	"电子商务网站规划与管理"的价格为：￥17.90
6	"物流服务营销"的价格为：￥22.40
7	"电子计算器"的价格为：￥150.00
8	"液晶电视机"的价格为：￥3300.00

图 4 – 25 将结果由一种类型转换成另一种类型

【练一练】 应用 SELECT 语句完成下面功能：列出"操作员表"中所有人员的操作员编码、姓名及出生日期，要求结果如图 4 – 26 所示形式。

	(无列名)
1	编号为：01001的操作员，姓名为"员工A"，出生日期为：1987.08.03
2	编号为：01002的操作员，姓名为"员工B"，出生日期为：1985.11.12
3	编号为：01003的操作员，姓名为"员工C"，出生日期为：1986.08.25
4	编号为：01004的操作员，姓名为"员工D"，出生日期为：1984.10.20

图 4 – 26 将结果由一种类型转换成另一种类型练习

4.3.3 处理查询结果

1. 由一个结果集创建新表

使用 SELECT INTO 子句能够将结果输出到一个表中，而不是输出到结果集中。
语法格式如下：
SELECT 列名 [, 列名, …]
INTO 新表名
FROM 数据源
WHERE 查询条件

【例 4 – 21】 使用 SELECT INTO 语句创建一个"新商品表"，将"商品信息"表中的商品条形码、商品名称及零售价写入到"新商品表"中。
程序代码如下：

USE ProductsSALES
GO
SELECT 条形码,商品名称,零售价
INTO 新商品表
FROM 商品信息

【说明】 SELECT INTO 可以将几个表或视图中的数据组合成一个表。

【练一练】 应用 SELECT INTO 语句完成下面功能:从"销售明细"表中查询操作员编号为"01002"的销售明细信息,并按销售号以升序方式存储到"销售表01"中,对"销售表01"查询后的结果如图 4-27 所示形式。

	流水号	销售号	条形码	数量	单价	销售时间	操作员代码
1	10	2	6926557302159	5	6.00	2007-01-02 11:11:34.000	01002
2	9	3	BZ00913914311	1	159.00	2007-01-02 11:13:54.000	01002
3	11	4	9787040156980	3	12.00	2007-01-02 11:14:54.000	01002

图 4-27 由一个结果集创建新表

2. 由两个查询创建一个结果集

使用 UNION 运算符能够把两个或多个查询结果组合为一个结果集。使用 UNION 组合的结果集要求具有相同的结构,而且它们的列数应相同,并且相应结果集列的数据类型必须兼容。

【例 4-22】 查询历史销售记录及当月销售记录的全部信息,按销售号及销售时间排序,结果如图 4-28 所示。

程序代码如下:

USE ProductsSALES
GO
SELECT 销售号,条形码,销售时间 FROM 销售历史
UNION
SELECT 销售号,条形码,销售时间 FROM 销售明细
ORDER BY 销售号,销售时间

	销售号	条形码	销售时间
4	1	6922365800092	2007-01-02 11:10:35.000
5	2	6926557302159	2007-01-02 11:10:12.000
6	2	BZ00983912345	2007-01-02 11:10:23.000
7	2	6926557302159	2007-01-02 11:11:34.000
8	200601020001	6926557302159	2006-01-02 11:10:03.000
9	200601020001	9787040201154	2006-01-02 11:10:10.000
10	200601020001	6910019005153	2006-01-02 11:10:22.000

图 4-28 由两个查询创建一个结果集

4.4 对表中数据进行总计

4.4.1 计算某一列的总计值

在没有 GROUP BY 或 COMPUTE 子句的 SELECT 语句中使用聚合函数计算列的总计值,聚合函数不能用于 WHERE 子句中。

【说明】 有关聚合函数的内容请参见 5.4.1 节。

【例 4-23】 查询"销售明细"表中有多少种不同的商品,结果如图 4-29 所示。

图 4-29 查询结果

程序代码如下:
USE ProductsSALES
GO
SELECT COUNT(DISTINCT 条形码) FROM 销售明细

【练一练】 在 SELECT 语句中应用 COUNT 完成下面功能:从"销售明细"表中查询条形码为"6922365800092"商品的销售次数(提示:该语句中除使用 COUNT 外,还应使用 WHERE 条件语句)。

4.4.2 计算某一列中分组总计值

1. 使用 GROUP BY 与 HAVING 子句

(1) 使用 GROUP BY 子句分组多行

将检索结果按照 GROUP BY 子句后指定的列进行分组,GROUP BY 子句写在 WHERE 子句的后面。若在 SELECT 语句中使用聚合函数,GROUP BY 子句会为各个聚合产生一个值。SELECT 子句中出现的列包含在聚合函数或 GROUP BY 子句中,否则 SQL Server 将返回错误信息。

语法格式如下:
GROUP BY 分组表达式

【例 4-24】 查询"销售明细"表中每种商品的销售次数,结果如图 4-30 所示。
程序代码如下:
USE ProductsSALES
GO

SELECT 条形码,COUNT(条形码) AS 销售次数 FROM 销售明细 GROUP BY 条形码

条形码	销售次数
6910019005153	1
6922365800092	2
6926557302159	4
9787040156980	1
9787040201154	1

图 4-30 例 4-24 结果

【练一练】 查询"销售明细"表中每位操作员销售商品的笔数,结果如图 4-31 所示。

操作员代码	商品销售笔数
01001	4
01002	3

图 4-31 操作员销售商品的笔数

(2) 使用 HAVING 子句选择行

在 SELECT 语句中使用 GROUP BY 子句及聚合函数对数据进行分组以后,使用 HAVING 子句能够对分组数据进行更细致的筛选。HAVING 语法与 WHERE 语法类似,但是 HAVING 允许使用聚合函数,HAVING 子句可以引用选择列表中出现的任意项。

语法格式如下:

HAVING 搜索条件

【例 4-25】 查询"销售明细"表中商品被销售二次以上的商品条形码及销售次数,结果如图 4-32 所示。

程序代码如下:
USE ProductsSALES
GO
SELECT 条形码,COUNT(条形码) AS 销售次数 FROM 销售明细 GROUP BY 条形码
HAVING COUNT(条形码) >=2

条形码	销售次数
6922365800092	2
6926557302159	4

图 4-32 例 4-25 结果

【注意】 在 SELECT 语句中,WHERE 子句用于筛选由 FROM 指定的数据对象,GROUP BY 子句用于对 WHERE 子句输出结果分组,HAVING 是对分组后的数据进行筛选。

2. 使用 COMPUTE 子句

COMPUTE 子句用于分类汇总。

语法格式如下：

COMPUTE {聚合函数(列名)}[,…n][BY 列名 [,…n]]

【说明】 常用的聚合函数有：SUM、AVG、MIN、MAX 及 COUNT 等。

COMPUTE 所生成的汇总值在查询结果中显示为分离的结果集。

当 COMPUTE 带有 BY 子句时，符合 SELECT 条件的每个组都有两个结果集：
- 各组的第一个结果集是明细行集，数据为该组的选择列表信息。
- 各组的后一个结果集有一行，数据为该组的 COMPUTE 子句中所指定的聚合函数的小计。

当 COMPUTE 不带 BY 子句时，SELECT 语句有两个结果集：
- 第一个结果集是包含选择列表信息的所有明细行。
- 第二个结果集有一行，包含了 COMPUTE 子句中所指定的聚合函数的合计。

【例 4 - 26】 查询"销售信息"表中价格低于 20 元的所有商品的零售价总计，结果如图 4 - 33 所示。

程序代码如下：

```
USE ProductsSALES
GO
SELECT 条形码,商品名称,进货价,零售价
FROM 商品信息
WHERE 零售价 < = 20
COMPUTE SUM(零售价)
```

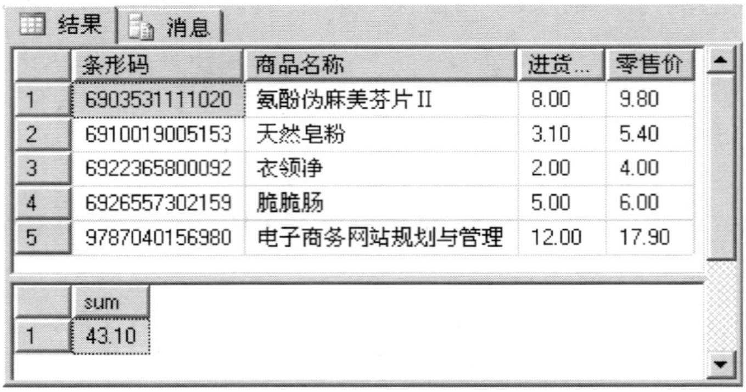

图 4 - 33 例 4 - 26 结果

【例 4 - 27】 使用 COMPUTE BY 子句查询"商品信息"表，要求如下：
- 每个产品类型中其零售价低于 20 元的商品，计算每类商品零售价总计，结果如图 4 - 34 所示形式。
- 查询零售价低于 20 元的商品的商品大类、零售价总计及各类商品中的最高零售价，结果

4.4 对表中数据进行总计   115

图 4 – 34　计算每类商品零售价总计

如图 4 – 35 所示。

图 4 – 35　计算每类商品零售价总计及最高零售价

程序代码如下：
USE ProductsSALES
GO
/*注释：每个产品类型中其零售价低于 20 元的商品，计算每类商品零售价总计 */
SELECT 大类编号，条形码，商品名称，进货价，零售价
FROM 商品信息
WHERE 零售价 < = 20
ORDER BY 大类编号，条形码
COMPUTE SUM(零售价) BY 大类编号
/*

注释：查询零售价低于 20 元的商品，计算每类商品零售价总计及各类商品中的最高零售价。
在此，COMPUTE BY 子句使用了两个不同的聚合函数。

*/

```
SELECT 大类编号,条形码,商品名称,进货价,零售价
FROM 商品信息
WHERE 零售价 < = 20
ORDER BY 大类编号,条形码
COMPUTE SUM(零售价),MAX(零售价) BY 大类编号
```

4.5　从多张表中检索数据

在实际应用中,经常需要从数据库的多个表中提取数据,Transact-SQL 能够将存储在不同表中的数据联系起来。通常情况下在规范化的数据库中,一个表是不可能表现某一实体的全部信息,联接操作能够将有关的表连接起来以存取它们的信息。

联接条件能够在 FROM 或 WHERE 子句中指定,但通常在 FROM 子句中指定联接条件。在 WHERE 和 HAVING 子句中包含搜索条件,可以更好地筛选联接条件所选的行。

联接可分为内部联接、外部联接和交叉联接。

4.5.1　内部联接

内部联接使用比较运算符根据每个表共有的列的值匹配两个表中的行,关键字 INNER JOIN 用于实现内部联接。

【例 4 - 28】　使用内部联接的方式从"商品信息"表及"销售明细"表中查询商品条形码、商品名称、数量及销售时间,结果如图 4 - 36 所示。

程序代码如下:
```
USE ProductsSALES
GO
SELECT 销售明细.条形码,商品名称,数量,销售时间
FROM 销售明细
INNER JOIN 商品信息
ON 销售明细.条形码 = 商品信息.条形码
```

	条形码	商品名称	数...	销售时间
1	6926557302159	脆脆肠	2	2007-01-02 11:10:03.000
2	9787040201154	物流服务营销	1	2007-01-02 11:10:10.000
3	6926557302159	脆脆肠	3	2007-01-02 11:10:12.000
4	6910019005153	天然皂粉	2	2007-01-02 11:10:22.000

图 4 - 36　内部联接示例

4.5.2 外部联接

外部联接可分为左外部联接、右外部联接及完全外部联接。

1．左外部联接

左外部联接运算符 LEFT OUTER JOIN 或 LEFT JOIN 指明不论第二个表中是否有匹配的数据,结果中都将包括第一个表中的所有行。

2．右外部联接

右外部联接运算符 RIGHT OUTER JOIN 或 RIGHT JOIN 指明不论第一个表中是否有匹配的数据,结果中都将包括第二个表中的所有行。

3．完全外部联接

若要通过在联接的结果中包括不匹配的行来保留不匹配信息,可以使用完全外部联接。SQL Server 提供了完全外部联接运算符 FULL OUTER JOIN 或 FULL JOIN,结果包括两个表中的所有行,不论另一个表中是否有匹配的值。

【例 4 – 29】 分别使用左外部联接、右外部联接和完全外部联接的方式从"销售明细"及"商品信息"表中查询条形码及商品名称相关数据,结果分别如图 4 – 37 ~ 图 4 – 39 所示。

程序代码分别如下：
左外部联接：
USE ProductsSALES
GO
SELECT 销售明细.条形码,商品信息.商品名称
FROM 销售明细 LEFT OUTER JOIN 商品信息
ON 销售明细.条形码 = 商品信息.条形码
右外部联接：
USE ProductsSALES
GO
SELECT 销售明细.条形码,商品信息.商品名称
FROM 销售明细 RIGHT OUTER JOIN 商品信息
ON 销售明细.条形码 = 商品信息.条形码
完全外部联接：
USE ProductsSALES
GO
SELECT 销售明细.条形码,商品信息.商品名称
FROM 销售明细 FULL OUTER JOIN 商品信息
ON 销售明细.条形码 = 商品信息.条形码

图 4-37 左外部联接示例

图 4-38 右外部联接示例

图 4-39 完全外部联接示例

4.5.3 交叉联接

交叉联接(也称为笛卡儿积)返回的结果集为左表中的每一行与右表中的所有行的组合,行数等于两个表的行数的乘积,列数等于两个表列数的和。

【例 4-30】 使用交叉联接查询"商品大类"表(数据如图 4-40 所示)及"商品小类"表(数据如图 4-41 所示)中的数据,结果如图 4-42 所示。

程序代码如下:

```
USE productsSALES
GO
SELECT * FROM 商品大类,商品小类
```

	大类编...	大类名称
7	07	办公用品
8	08	药品
9	09	电子产品
10	10	日用产品

图 4－40 “商品大类”表中的数据

	小类编号	小类名称	大类编号
23	00023	电视	09
24	00024	数码产品	09
25	00025	其他办公...	07
26	00026	洗涤用品	10

图 4－41 “商品小类”表中的数据

	大类编号	大类名称	小类编号	小类名称	大类编号
257	10	日用产品	00023	电视	09
258	10	日用产品	00024	数码产品	09
259	10	日用产品	00025	其他办公用品	07
260	10	日用产品	00026	洗涤用品	10

图 4－42 使用交叉联接

4.6 子 查 询

4.6.1 子查询概述

子查询是一个嵌套在 SELECT、INSERT、UPDATE 或 DELETE 语句或其他子查询中的查询。任何允许使用表达式的地方都可以使用子查询。子查询也称为内部查询或内部选择，而包含子查询的语句称为外部查询或外部选择。

子查询需要一个联接谓词与 WHERE 条件相连：

- 使用 IN 的子查询：确定指定列的值是否与子查询或列表中的值相匹配或不匹配。
- 使用比较运算符的子查询。
- 使用 ANY 修饰的比较运算符的子查询：指定列的值与子查询结果集中的任意一个结果满足比较条件即可。
- 使用 ALL 修饰的比较运算符的子查询：指定列的值与子查询结果集中的全部结果都要满足比较条件。
- 使用 EXISTS 或 NO EXISTS 的子查询：检测行是否存在或不存在。

4.6.2 使用 IN 的子查询

使用 IN（或 NOT IN）后的子查询返回零个或多个值，子查询返回结果后，外部查询即可利用这些结果。IN 子查询用于进行一个给定值是否存在于子查询结果集中的判断,其中当表达式与子查询的结果表中的某个值相等时,返回 TRUE,否则返回 FALSE;若使用了 NOT,则返回的值刚好相反。

语法格式如下:

WHERE 表达式 [NOT] IN (子查询)

【例 4-31】 使用 IN 关键字子查询的形式查询"商品信息"表中被销售过的商品,结果如图 4-43 所示。

程序代码如下:

```
USE productsSALES
GO
SELECT 条形码,商品名称
FROM 商品信息
WHERE 条形码 IN ( SELECT DISTINCT 条形码 FROM 销售明细 )
```

图 4-43 例 4-31 结果

【说明】 该语句分两步进行。首先,内部查询返回"销售明细"表中出现过的条形码。之后,这些值将替换到外部查询中,外部查询将在"商品信息"表中查找与"销售明细"表中条形码匹配的商品信息。

4.6.3 使用比较运算符的子查询

比较子查询可以由一个比较运算符(=、>、<、> =、< =、< >、! >、! <、! = 等)引入。

【注意】 使用比较运算符的子查询与使用 IN 引入的子查询一样,由后面不跟 ANY 或 ALL 的比较运算符引入的子查询必须返回单个值。如果子查询返回多个值,SQL Server 将显示错误信息。

【例 4-32】 使用比较运算符的子查询形式查询代码为"01001"的操作员所销售条形码为"6922365800092"的商品名称信息,结果如图 4-44 所示。

图 4-44 例 4-32 结果

程序代码如下:

```
USE productsSALES
GO
SELECT 条形码,商品名称
```

FROM 商品信息
WHERE 条形码 = (
SELECT DISTINCT 条形码
FROM 销售明细
WHERE 条形码 = '6922365800092' AND 操作员代码 = '01001'
)

【注意】 查询代码为"01001"的操作员曾销售的商品名称时,由于销售的商品不止一个,可以用 IN 表达式(或" = ANY")来代替" = "比较运算符。

【例4-33】 使用比较运算符子查询形式,查询定价高于平均定价的商品条形码。

程序代码如下:
USE productsSALES
GO
SELECT 条形码
FROM 销售明细
WHERE 单价 >(
SELECT AVG(单价)
FROM 销售明细
)

4.6.4 用 ANY 或 ALL 修饰的比较运算符子查询

可以使用 ALL、ANY 修饰引入子查询的比较运算符(表4-3 说明了 ANY 与 ALL 二者的差别)。

表4-3 ALL 与 ANY 的运行比较

ALL	执行条件	ANY	执行条件
> ALL(1,2,3,4)	大于4	> ANY(1,2,3,4)	大于1
< ALL(1,2,3,4)	小于1	< ANY(1,2,3,4)	小于4
= ALL(1,2,3,4)	全部等于	= ANY(1,2,3,4)	满足其中一个即可
< > ALL(1,2,3,4)	全部不等于	< > ANY(1,2,3,4)	显示全部数据包括1,2,3,4 四个值

语法格式如下:
WHERE 表达式 比较运算符 [ANY | ALL] (子查询)

【例4-34】 查询未曾销售过的商品条形码及商品名称,结果如图4-45 所示。

程序代码如下:
USE ProductsSALES
GO
SELECT 条形码,商品名称

图 4-45 例 4-34 结果

FROM 商品信息
WHERE 条形码 < > ALL(SELECT 条形码 FROM 销售明细)
【想一想】 将例 4-34 的程序语句修改成如下形式,是否会产生正确结果,为什么?
USE ProductsSALES
GO
SELECT 条形码,商品名称
FROM 商品信息
WHERE 条形码 < > ANY(SELECT 条形码 FROM 销售明细)

4.6.5 使用 EXISTS 或 NOT EXISTS 的子查询

使用 EXISTS 关键字引入一个子查询时,相当于进行一次存在测试。外部查询的 WHERE 子句测试子查询返回的行是否存在。子查询实际上不产生任何数据,它只返回 TRUE 或 FALSE 值。

【例 4-35】 查询已销售过商品的条形码及商品名称,结果如图 4-46 所示。
程序代码如下:
USE ProductsSALES
GO
SELECT 条形码,商品名称
FROM 商品信息
WHERE EXISTS
(
SELECT *
FROM 销售明细
WHERE 销售明细.条形码 = 商品信息.条形码
)
【注意】 使用 EXISTS 引入的子查询与其他子查询不同之处:
● EXISTS 关键字前面没有列名、常量或其他表达式。
● 由 EXISTS 引入的子查询的选择列表通常是由星号(*)组成。因为只是测试是否存在符合子查询中指定条件的行,所以并不需要列出列名。

【例 4-36】 查找大类不在"办公用品"类别中的商品名称,结果如图 4-47 所示。
程序代码如下:

	条形码	商品名称
1	6910019005153	天然皂粉
2	6922365800092	衣领净
3	6926557302159	脆脆肠
4	9787040156980	电子商务网站规划与管理
5	9787040201154	物流服务营销
6	BZ00913914311	电子计算器
7	BZ00983912345	液晶电视机

图 4-46 例 4-35 结果

```
USE ProductsSALES
GO
SELECT 条形码,商品名称
FROM 商品信息
WHERE NOT EXISTS
(
SELECT *
FROM 商品大类
WHERE 商品大类.大类编号 = 商品信息.大类编号
AND 大类名称 ='办公用品'
)
```

	条形码	商品名称
1	6903531111020	氨酚伪麻美芬片 II
2	6910019005153	天然皂粉
3	6922365800092	衣领净
4	6926557302159	脆脆肠
5	BZ00983912345	液晶电视机

图 4-47 例 4-36 结果

4.7 案例:学生成绩管理数据查询

4.7.1 提出问题

1. 查询所有学生的各科成绩。

2. 查询某学号学生的成绩。

3. 查询某一姓氏的学生的基本信息。

4.7.2 分析问题

① 涉及的表及字段。

- "成绩"表中的字段有:课程编码、学号、成绩、状态等信息。
- "课程"表中的字段有:课程编码、课程名称。
- "学生基本信息"表中的字段有:学号、姓名、性别、出生日期、籍贯、系部编码、入学年份等信息。

② 使用 SELECT 语句进行查询。

4.7.3 解决问题

1. 4.7.1 节中问题 1 的解决方案

SELECT 课程.课程名称,学生基本信息.姓名,成绩.成绩
FROM 课程,学生基本信息,成绩
WHERE 课程.课程编码 = 成绩.课程编码 AND 成绩.学号 = 学生基本信息.学号

2. 4.7.1 节中问题 2 的解决方案

-- 查询学号为 200601001 同学的成绩
SELECT 课程.课程名称,学生基本信息.姓名,成绩.成绩
FROM 课程,学生基本信息,成绩
WHERE 课程.课程编码 = 成绩.课程编码 AND 成绩.学号 = 学生基本信息.学号
AND 成绩.学号 = '200601001'

3. 4.7.1 节中问题 3 的解决方案

-- 查询姓氏为"刘"的学生的基本信息
SELECT * FROM 学生基本信息
WHERE 姓名 like '刘%'

本章小结

- SELECT 语句用于从表中检索数据,可以用来显示下面的一些信息:
  - 显示表中的部分行或所有行。
  - 显示表中的部分列或所有的列。
  - 显示表的计算信息,如列数据的总计值或平均值。

➢合并多个表的信息等。
- 从多张表中检索数据可以使用内部联接、外部联接和交叉联接。
- 使用关键字 DINSTICT 能够消除 SELECT 语句结果集中重复的行。
- 使用 COMPUTE 子句为行聚合函数生成汇总值,并且此汇总值作为附加行也显示在结果集当中。
- 内部联接使用比较运算符根据每个表共有的列的值匹配两个表中的行。关键字 inner join 用于实现内部联接。
- 外部联接可分为左外部联接、右外部联接及完全外部联接。
- 可以使用 SELECT INTO 创建一个新表,并把现存的数据写入新表当中。
- 子查询是一个 SELECT 查询,它嵌套在 SELECT、INSERT、UPDATE、DELETE 语句或其他子查询中,任何允许使用表达式的地方都可以使用子查询。

思考与练习

1. 设 ABC 表中有三列 A、B、C,并且列值都是整数数据类型,则以下查询语句能正确执行的是(　　)。
    A. SELECT ABC FROM ABC ORDER BY A
    B. SELECT A FROM ABC ORDER BY B,C
    C. SELECT * FROM ABC GROUP BY A,B
    D. SELECT A,B FROM ABC GROUP BY C

2. 设 ABC 表有三列 A、B、C,并且列值都是整数数据类型,则以下查询语句能按照 B 进行分组,在每一组中取 C 的平均值的是(　　)。
    A. SELECT AVG(C) FROM ABC
    B. SELECT AVG(C) FROM ABC ORDER BY B
    C. SELECT AVG(C) FROM ABC GROUP BY B
    D. SELECT AVG(C) FROM ABC GROUP BY C,B

3. 假设 ABC 表用于存储销售信息,A 列为销售人员姓名,C 列用于销售额度,现在的要求是,查询每个销售人员的销售次数、销售金额,则下列查询语句的执行结果能得到这些信息的是(　　)。
    A. SELECT A,SUM(C),COUNT(A) FROM ABC GROUP BY A
    B. SELECT A,SUM(C) FROM ABC
    C. SELECT A,SUM(C) FROM ABC GROUP BY A ORDER BY A
    D. SELECT SUM(C) FROM ABC GROUP BY A ORDER BY A

4. 设 ABC 表有三列 A、B、C,并且列值都是 varchar 型数据,A 列保存顾客的姓,B 列保存顾客的名,现在,需要查询顾客姓名的组合,例如 A 列中的"Zhang",同一行 B 列中的"Xin",查询结果应该返回"ZhangXin",则正确的查询语句应该是(　　)。
    A. SELECT A,B From ABC
    B. SELECT * From ABC ORDER BY A,B
    C. SELECT A + B From ABC
    D. SELECT AB From ABC

5. 假设 ABC 表用于存储销售信息,A 列为销售人员姓名,C 列用于销售额度,现在需要查询最大一笔交易额度数是多少,正确的查询语句是(　　)。
    A. SELECT MAX(C) FROM ABC WHERE MAX(C) >0
    B. SELECT MAX(C) FROM ABC WHERE COUNT(A) >0

C. SELECT A,MAX(C) FORM ABC GROUP BY A,C

D. SELECT MAX(C) FROM ABC

6. 假设 ABC 表中存储学员的考试成绩,A 列为学员姓名,B 列为学员的考试成绩,现在需要查询及格线以上的学员的平均成绩、最高分,则下列查询 Transact-SQL 语句能得到这些信息的是(　　)。

  A. SELECT AVG(B),MAX(B) FROM ABC WHERE B >=60

  B. SELECT COUNT(A),MIN(B) FROM ABC WHERE B >=60

  C. SELECT AVG(B),MACX(B) FROM ABC G ROUP BY B WHERE B >=60

  D. SELECT A,AVG(B),MACX(B) FROM ABC GROUP BY B WHERE B >=60

7. 假设 ABC 表中 A 列存储电话号码信息,则查询不是以 7 开头的所有电话号码的查询语句是(　　)。

  A. SELECT A FROM ABC WHERE A IS NOT '%7'

  B. SELECT A FROM ABC WHERE A LIKE '%7%'

  C. SELECT A FROM ABC WHERE A NOT LIKE '7%'

  D. SELECT A FROM ABC WHERE A LIKE '[1-6]%'

9. 假设 ABC 表用于存储销售信息,A 列为销售人员姓名,B 列用于存放销售时间,C 列用于销售额度,现在需要查询八月份的销售情况,正确设计 Transact-SQL 进行查询的思路是(　　)。

  A. 使用 GROUP BY 进行分组查询

  B. 使用 TOP 子句限制查询返回的行数

  C. 使用 LIKE 进行模糊查询

  D. 使用 WHERE 和 BETWEEN 进行条件查询

10. 假设查询的结果集需要一些综合信息,在结果集中为包含综合信息的新列提供列描述,应该考虑使用什么样的语句形式?

11. 若想返回的结果集仅仅包含与指定的值列表相等的行,在 SELECT 语句中应使用什么关键字?

12. 若想在结果集中显示总计信息,但不显示行的详细信息,可以在 SELECT 语句中使用什么关键字?

13. 当编写一个查询时,令其返回两个表中所有匹配行,哪种类型的连接能实现该功能?

实训　学生成绩管理系统中的数据查询

【目标】

1. 掌握 SELECT 语句的基本功能。

2. 能够灵活使用 SELECT 语句查询数据。

【预估时间】

40 分钟。

【步骤】

1. 查询"系部"表、"成绩"表、"课程"表、"教师信息"表中的所有数据。

2. 查询"学生基本信息"表中系部编码为"001"的所有学生信息。

3. 在"成绩"表中查询学号为"200601001"同学的所有成绩信息。

4. 查询每位学生的姓名、课程名称及其成绩。

5. 查询每位学生的姓名、课程名称及其成绩,并按学号进行升序排列。

6. 查询姓氏为"王"的同学的基本信息。

7. 查询入学年份为 2006 年,并且姓氏为"王"的同学的学号、姓名、考试科目及成绩。

8. 在"教师"表中查询系部编码为"002"的所有教师信息。
9. 在"学生基本信息"表中查询籍贯不是"上海"或"北京"的学生信息。
10. 查询成绩在 60~75 分之间的学生的学号、姓名信息。
11. 在"课程"表中查询课程名称中包含"言"的课程信息。

第5章 Transact-SQL 编程及应用

知识目标

- 了解 Transact-SQL 语言的组成。
- 掌握批处理及注释的用法。
- 掌握 Transact-SQL 中的变量。
- 掌握 Transact-SQL 中的常用运算符及其优先级。
- 掌握 Transact-SQL 中的常用函数的格式及用法。
- 掌握 Transact-SQL 中的流程控制语句的用法。

技能目标

能够应用 Transact-SQL 编程。

内容框架

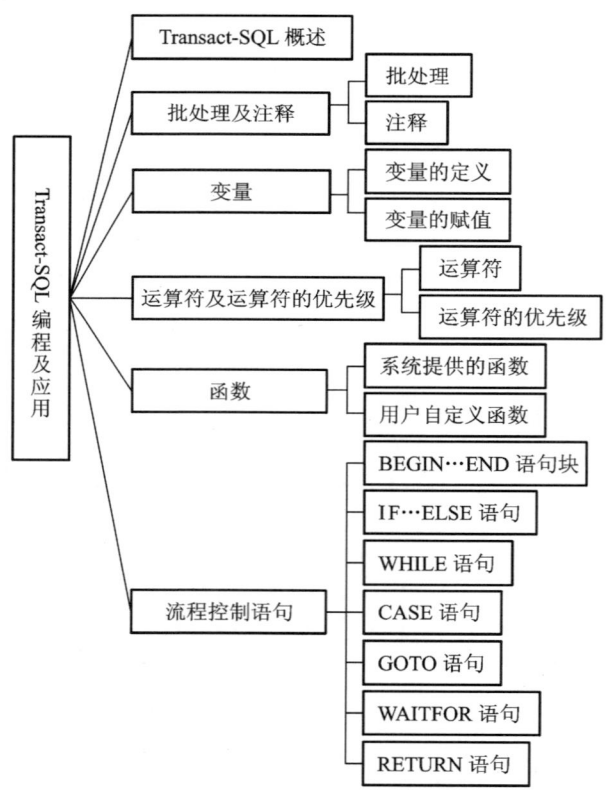

5.1 Transact-SQL 概述

结构化查询语言(Structured Query Language,SQL)是 IBM 公司在 20 世纪 70 年代开发的查询语言。1982 年,美国国家标准学会(ANSI)确认 SQL 为数据库系统的工业标准,该标准称为 SQL-86。SQL 标准经过多次修改,目前最新的标准是 1992 年制定的 SQL-92,SQL 语言现在已成为关系型数据库环境下的标准查询语言。但是现有的 SQL 标准还不适合为关系型数据库编写各种类型的程序,数据库厂商为满足用户需求,开始扩展 SQL 语言的能力,改善 SQL 的基本功能。Transact-SQL(简称 T-SQL)是 Microsoft 公司的一个程序扩展集合。Transact-SQL 为 SQL 增加了很多功能,包括事务控制、异常错误处理及行处理。即使是创建索引或执行条件操作这样一些最简单的操作,都是对 SQL 语言的扩展。Transact-SQL 并不是一个独立的产品,不能用 Transact-SQL 直接编写应用程序。在 Microsoft 公司提供的关系型数据库中,Transact-SQL 是编程的主要语言。

Transact-SQL 语言主要由以下几部分组成。
- 数据定义语言(DDL):用来定义和管理数据库对象(如数据库、表和视图等)。DDL 通常包括每个对象的 CREATE、ALTER 和 DROP 命令。例如,CREATE TABLE、ALTER TABLE 和 DROP TABLE 语句通常用于创建、修改和删除表。
- 数据操纵语言(DML):用于查询及更新数据。DML 包括 SELECT、INSERT、UPDATE、DELETE 语句。这些语句允许用户查询数据、插入、修改和删除数据。
- 数据控制语言(DCL):用于对数据库对象操作权限的控制。DCL 语言包括 GRANT、REVOKE 和 DENY 语句。GRANT 语句用于授予权限,REVOKE 语句用于删除已授予的权限,DENY 语句用于防止主体通过 GRANT 获得特定权限。

5.2 批处理及注释

5.2.1 批处理

批处理是由一条或多条 Transact-SQL 语句组成的语句集,从应用程序一次性地发送到 SQL Server 执行。SQL Server 将批处理语句编译成一个可执行单元,称为执行计划。为了提高程序的运行效率,在 Transact-SQL 语句编写的程序中,可以使用 GO 语句对多条 SQL 语句进行分隔,两条 GO 语句之间的 SQL 语句可以作为一个批处理。因此,GO 命令标志一个批处理的结束。

【注意】
- CREATE 语句必须是批处理的第一条语句。
- 不能在同一个批处理中更改表,然后引用新列。
- 如果 EXECUTE 语句是批处理中的首条语句,则不需要 EXECUTE 关键字。如果

EXECUTE 语句不是批处理中的首条语句,则需要 EXECUTE 关键字。

【例 5-1】 批处理的应用。
```
USE SALES
GO
CREATE VIEW vFactory
AS
SELECT factory_code, factory_name FROM factory
GO
SELECT * FROM vFactory
GO
```

5.2.2 注释

注释,也称为注解,是写在程序代码中的说明性文字,对程序的结构及功能进行文字说明。注释内容不被系统编译,也不被程序执行。使用注释对代码进行说明,不仅能使程序易读易懂,而且有助于日后的管理和维护。注释通常用于记录程序名称、作者姓名和主要代码更改的日期。注释还可以用于描述复杂的计算或者解释编程的方法。

SQL Server 提供了两类注释符,如表 5-1 所示。

表 5-1 注释符

注释符	说　　明
--	单行注释。注释语句写在注释符的后面,最近的回车符作为注释的结束
/*…*/	多行注释。"/*"用于注释文字的开头,"*/"用于注释文字的结尾

【注意】 多行注释不能跨越批。整个注释应包含在一个批内。例如,在 SQL Server Management Studio 代码编辑器和 sqlcmd 实用工具中,GO 命令标志批的结束。当实用工具在一行的前两个字节中读到字符 GO 时,则把从上一个 GO 命令开始的所有代码作为一个批发送到服务器。如果在"/*"和"*/"分隔符之间的一行行首出现 GO,则不匹配的注释分隔符将随每个批一起发送,从而导致语法错误。

【例 5-2】 在程序中使用注释。
```
-- 本程序是一个使用注释的例子
USE ProductsSALES          -- 打开 ProductsSALES 数据库
GO
/*下面的 SQL 语句完成的任务是在销售明细表中查询
操作员代码为"01001"的商品销售情况,并按销售号排序
*/
SELECT 销售号,条形码,数量,单价
```

FROM 销售明细
WHERE 操作员代码 = '01001'
ORDER BY 销售号
GO

5.3 变 量

在 SQL Server 2005 中,变量的作用域大多是局部的,即从声明变量的地方开始到声明变量的批处理或存储过程的结尾。

5.3.1 变量的定义

变量名以 @ 符号开头。若要声明多个变量,应在定义的第一个变量后使用一个逗号,然后指定下一个变量名和数据类型。

语法格式如下:
DECLARE @ 变量名 数据类型{,@ 变量名 数据类型,…n}

5.3.2 变量的赋值

可以使用 SET 或 SELECT 语句为变量赋值。
语法格式如下:
SET @ 变量名 = 变量值
SELECT @ 变量名 1 = <表达式 1>,…,@ 变量名 n = <表达式 n>
【说明】 "表达式"为列名、列的计算结果、子查询结果。
【例 5-3】 编写将两个字符串相连的程序,结果如图 5-1 所示。
程序代码如下:
DECLARE @ str1 varchar(10),@ str2 varchar(30),@ sc varchar(50)
SET @ str1 = '举例说明'
SET @ str2 = ':局部变量的使用'
SELECT @ sc = @ str1 + @ str2
PRINT @ sc
GO

图 5-1 例 5-3 运行结果

【例5-4】 创建一个名为pro的局部变量,并在SELECT语句中使用该局部变量查询"商品信息"表中大类编号为"07"的商品信息,结果如图5-2所示。

程序代码如下:
```
USE ProductsSALES
GO
DECLARE @pro varchar(2)
SET @pro = '07'
SELECT *
FROM 商品信息
WHERE 大类编号 = @pro
GO
```

图5-2 例5-4运行结果

【例5-5】 声明变量@name和@price,分别赋值为"商品信息"表的商品名称和零售价,并输出变量值,结果如图5-3所示。

程序代码如下:
```
USE ProductsSALES
GO
DECLARE @name varchar(50),@price decimal(18,2)
SELECT @name = 商品名称,
       @price = 零售价
FROM 商品信息
WHERE 条形码 = '9787040156980'
PRINT '商品名称是:' + @name + '价格为:' + CONVERT(varchar,@price)
GO
```

图5-3 例5-5运行结果

如果SELECT语句返回多行而且变量引用一个非标量表达式,则变量被设置为结果集最后一行中表达式的返回值。

【例 5-6】 声明变量 @ code 和 @ name 和 @ price,并分别赋值为"商品信息"表的条形码、商品名称和零售价,并返回最后一行的变量值,结果如图 5-4 所示。

程序代码如下:
```
USE ProductsSALES
GO
DECLARE @ code varchar(13),@ name varchar(50),@ price decimal(18,2)
SELECT @ code = 条形码,
       @ name = 商品名称,
       @ price = 零售价
FROM 商品信息
PRINT '条形码:' + @ code
PRINT '商品名称:' + @ name
PRINT '价格为:' + CONVERT(varchar,@ price)
GO
```

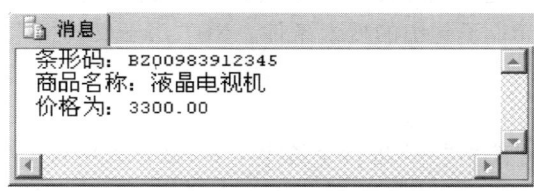

图 5-4 例 5-6 运行结果

【练一练】 定义一个变量并使用该变量查询"销售明细"表中条形码为"6926557302159"的商品的销售数量和。

5.4 运算符及运算符的优先级

5.4.1 运算符

在 SQL Server 2005 中,运算符主要有算术运算符、赋值运算符、按位运算符、一元运算符、比较运算符、逻辑运算符和字符串串联运算符。

1. 算术运算符

算术运算符可以对两个表达式进行数学运算,包括:加(+)、减(-)、乘(*)、除(/)和取模(%)。

2. 赋值运算符

Transact-SQL 有一个赋值运算符,即等号(=)。

3. 按位运算符

按位运算符包括：按位与（&）、按位或（|）、按位异或（^），位运算符用来对整型数据或者二进制数据（image 数据类型除外）执行位操作。

4. 一元运算符

一元运算符包括：+（正）、-（负）及~（位非）运算符，只对一个表达式执行操作。

5. 比较运算符

比较运算符包括：等于（=）、大于（>）、大于或等于（>=）、小于（<）、小于或等于（<=）、不等于（<>或!=）、不小于（!<）、不大于（!>）。比较运算符测试两个表达式是否相同。除了 text、ntext 或 image 数据类型的表达式外，比较运算符可以用于所有的表达式。

6. 逻辑运算符

逻辑运算符对某个条件进行测试，以获得其真实情况。逻辑运算符为 AND、OR 和 NOT。AND 和 OR 用于连接 WHERE 子句中的搜索条件。NOT 用于反转搜索条件的结果。

7. 字符串串联运算符

字符串串联运算符允许使用"+"进行字符串串联，被称为字符串串联运算符。

5.4.2 运算符的优先级

当一个复杂的表达式有多个运算符时，运算符的优先级决定执行运算的先后次序。如果一个表达式中的两个运算符有相同的运算符优先级时，则按序从左向右进行求值。运算符的优先等级从高到底如表 5-2 所示。

表 5-2 运算符的优先级

级别	运算符
1	~（按位非）
2	*（乘）、/（除）、%（取模）
3	+（正）、-（负）、+（加）、+（连接）、-（减）、&（按位与）
4	=、>、<、>=、<=、<>、!=、!>、!<（比较运算符）
5	^（按位异或）、|（按位或）
6	NOT
7	AND
8	ALL、ANY、BETWEEN、IN、LIKE、OR、SOME
9	=（赋值）

5.5 函数

5.5.1 系统提供的函数

SQL Server 函数的类别如表 5-3 所示。

表 5-3 SQL Server 函数的类别

函数类别	说明
聚合函数	执行的操作是将多个值合并为一个值,如 COUNT、SUM、MIN 和 MAX
配置函数	是一种标量函数,可返回有关配置设置的信息
加密函数	支持加密、解密、数字签名和数字签名验证
游标函数	返回有关游标状态的信息
日期和时间函数	可以更改日期和时间的值
数学函数	执行三角、几何和其他数学运算
元数据函数	返回数据库和数据库对象的属性信息
排名函数	是一种非确定性函数,可以返回分区中每一行的排名值
行集函数	返回可在 Transact-SQL 语句中表引用所在位置使用的行集
安全函数	返回有关用户和角色的信息
字符串函数	可更改 char、varchar、nchar、nvarchar、binary 和 varbinary 的值
系统函数	对系统级的各种选项和对象进行操作或报告
系统统计函数	返回有关 SQL Server 性能的信息
文本和图像函数	可更改 text 和 image 的值

1. 聚合函数

聚合函数对一组值执行计算并返回单一的值。除 COUNT 函数之外,聚合函数忽略空值。聚合函数经常与 SELECT 语句的 GROUP BY 子句一同使用,常用的聚合函数如表 5-4 所示。

表 5-4 常用聚合函数及其功能

函数	功能描述
AVG	计算一组数据的平均值
COUNT	返回组中项目的数量
MAX	返回表达式的最大值
MIN	返回表达式的最小值
SUM	返回表达式中所有值的和,或只返回 DISTINCT 值。SUM 只能用于数字列,空值将被忽略
CHECKSUM	返回按照表的某一行或一组表达式计算出来的校验和值
STDEV	返回给定表达式中所有值的统计标准偏差

聚合函数只能在 SELECT 语句的选择列表(子查询或外部查询)、COMPUTE 或 COMPUTE BY 子句、HAVING 子句位置作为表达式使用。

【例 5-7】 查询"商品信息"表中商品的数量、商品的最高定价及最低定价,结果如图 5-5 所示。

程序代码如下:
USE ProductsSALES
GO
SELECT COUNT(*) AS 商品数量,
    MAX(零售价) AS 最高定价,
    MIN(零售价) AS 最低定价
FROM 商品信息

图 5-5 例 5-7 运行结果

【练一练】 查询"商品大类"表中共有几种类别。

2. 字符串函数

字符串函数用于对字符串进行连接和截取等操作,表 5-5 列出了常用的字符串函数。

表 5-5 字符串函数

函　　数	功　能　描　述
ASCII(字符表达式)	返回字符表达式最左边字符的 ASCII 码
CHAR(整型表达式)	将 INT ASCII 代码转换为字符的字符串函数
SPACE(整型表达式)	返回由重复的空格组成的字符串
LEN(字符表达式)	返回给定字符串表达式的字符(而不是字节)个数,其中不包含尾随空格
RIGHT(字符串,整数)	返回字符串中从右边开始指定个数的字符
LEFT(字符串,整数)	返回从字符串左边开始指定个数的字符
SUBSTRING(字符表达式,起始点,N)	返回字符串表达式中从"起始点"开始的 N 个字符
STR(浮点型表达式[,总长度[,小数点右边的位数]])	由数字数据转换来的字符数据
LTRIM(字符串)	删除字符串左边的空格
RTRIM(字符串)	删除字符串右边的空格
LOWER(字符表达式)	返回将大写字符数据转换为小写字符数据的字符表达式
UPPER(字符表达式)	返回将小写字符数据转换为大写字符数据的字符表达式
REVERSE(字符表达式)	返回字符表达式的逆序

续表

函　　数	功　能　描　述
CHARINDEX(字符表达式1,字符表达式2,[起始位置])	返回字符串中指定表达式的起始位置
DIFFERENCE(字符表达式1,字符表达式2)	以整数返回两个字符表达式的 SOUNDEX 值之差
PATINDEX("%字符串%",表达式)	返回指定表达式中某模式第一次出现的起始位置;如果在全部有效的文本和字符数据类型中没有找到该模式,则返回 0
REPLICATE(字符表达式,正整数)	以指定的次数重复字符表达式
SOUNDEX(字符表达式)	返回由 4 个字符组成的代码(SOUNDEX),以评估两个字符串的相似性
STUFF(字符表达式1,start,length,字符表达式2)	删除指定长度的字符并在指定的起始点插入另一组字符
NCHAR(整型表达式)	根据 Unicode 标准所进行的定义,用给定整数代码返回 Unicode 字符
UNICODE(字符表达式)	返回字符表达式最左侧的 Unicode 代码

【例 5-8】 字符串函数的应用,结果如图 5-6 所示。

程序代码如下:

　--指出"应用"在"数据库及应用"中的位置
SELECT CHARINDEX('应用','数据库及应用')
　--指出 ASCII 码为 65 的字符
SELECT CHAR(65)
　--计算"Welcome to China"的长度
SELECT LEN('Welcome to China')
　--指出"good"和"GooD"的相似性
SELECT DIFFERENCE('good','GooD')
　--把字符串"说 明"中间的一个空格转换成 6 个空格。
SELECT STUFF('说 明',2,1,SPACE(6))
　--将字符串"SQL Server 数据库"重复二遍
SELECT REPLICATE('SQL Server 数据库',2)

3．日期和时间函数

对日期和时间输入值执行操作,返回一个字符串、数字或日期和时间值,表 5-6 列出了所有日期函数,表 5-7 给出了日期元素及其缩写和取值范围。

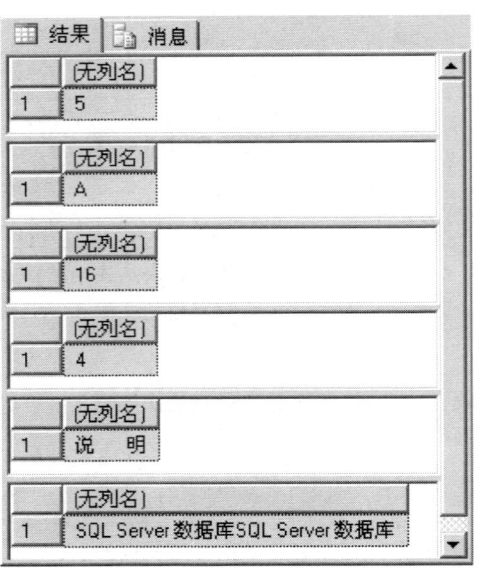

图 5-6 例 5-8 运行结果

表 5-6 日期和时间函数

函 数	功 能 描 述
DATEADD(日期元素,数值,日期)	以"日期元素"指定的方式,返回"日期"加上"数值"的新的日期值
DATEDIFF(日期元素,起始日期,终止日期)	以"日期元素"指定的方式,返回"起始日期"与"终止日期"之差
DATENAME(日期元素,日期)	返回"日期"中"日期元素"指定部分所对应的字符串
DATEPART(日期元素,日期)	返回"日期"中"日期元素"指定部分所对应的整数值
GETDATE()	返回当前系统日期和时间
YEAR(日期)	返回表示指定日期中的年份的整数
MONTH(日期)	返回表示指定日期中的月份的整数
DAY(日期)	返回表示指定日期中的天的日期部分的整数
GETUTCDATE()	返回表示当前 UTC 时间(世界时间坐标或格林尼治标准时间)的 datetime 值

表 5-7 日期元素及缩写和取值范围

日期元素	缩写	取值	日期元素	缩写	取值
year	yy, yyyy	1753~9999	hour	hh	0~23
month	mm, m	1~12	minute	mi, n	0~59
day	dd, d	1~31	quarter	qq, q	1~4
dayofyear	dy, y	1~366	second	ss, s	0~59
week	wk, ww	0~52	millisecond	ms	0~999

【例 5-9】 日期时间函数的应用,结果如图 5-7 所示。

程序代码如下:

```
-- 给出当前系统日期和时间
SELECT GETDATE()
-- 输出系统当前的年份
SELECT DATEPART(YEAR,GETDATE())
-- 输出系统当前的月份
SELECT DATEPART(MONTH,GETDATE())
-- 返回指定日期的指定部分的字符串
SELECT DATENAME(DAY,GETDATE())
-- 使用日期函数计算 2000-06-16 至今有多少年?
SELECT DATEDIFF(YY,'2000-06-16',GETDATE())
```

图 5-7 例 5-9 运行结果

4. 数学函数

数学函数用来对数值型数据进行数学运算,表 5-8 列出了常用的数学函数。

表 5-8 常用的数学函数

数学函数	功能描述
ABS(数值表达式)	返回表达式的绝对值
ACOS(浮点型表达式)	反余弦函数。返回以弧度表示的角度值,该角度值的余弦为给定的浮点型表达式
ASIN(浮点型表达式)	反正弦函数。返回以弧度表示的角度值,该角度值的正弦为给定的浮点型表达式
ATAN(浮点型表达式)	反正切函数。返回以弧度表示的角度值,该角度值的正切为给定的浮点表达式
COS(浮点型表达式)	返回给定表达式中指定角度(以弧度为单位)的三角余弦值
COT(浮点型表达式)	返回给定浮点表达式中指定角度(以弧度为单位)的三角余切值
CEILING(数值表达式)	返回大于或等于所给数值表达式之值的最小整数
DEGREES(数值表达式)	将弧度转换为度
EXP(浮点型表达式)	返回数值的指数形式
FLOOR(数值表达式)	返回小于或等于数值表达式之值的最大整数,这是 CEILING 的反函数
LOG(浮点型表达式)	返回所给浮点表达式的自然对数
LOG10(浮点型表达式)	返回以 10 为底的对数
PI( )	返回 π 的值 3.14159265358979
POWER(数值表达式,指定次方)	返回给定表达式指定次方的值
RADIANS(数值表达式)	对于在数值表达式中输入的度数值返回弧度值
RAND(整型表达式)	返回 0~1 之间的随机 float 值
ROUND(数值表达式,整型表达式)	返回数字表达式并四舍五入为指定的长度或精度
SIGN(数值表达式)	返回给定表达式的正 (+1)、零 (0) 或负 (-1) 号
SQUARE(浮点型表达式)	返回给定表达式的平方
SIN(浮点型表达式)	返回给定角度(以弧度为单位)的三角正弦值
SQRT(浮点型表达式)	返回给定表达式的平方根
TAN(浮点型表达式)	返回表达式指定角度(以弧度为单位)的正切值

【注意】 算术函数(例如 ABS、CEILING、DEGREES、FLOOR、POWER、RADIANS 和 SIGN)返回与输入值具有相同数据类型的值。三角函数和其他函数(包括 EXP、LOG、LOG10、SQUARE 和 SQRT)将输入值转换为 float 类型并返回 float 类型值。

【例 5-10】 返回[1.00,3.00)之间的整数的平方根,结果如图 5-8 所示。

程序代码如下:
DECLARE @ sv float
SET @ sv = 1.00
WHILE @ sv < 3.00
　　BEGIN
　　　　SELECT SQRT(@ sv)
　　　　SELECT @ sv = @ sv + 1
　　END

图 5 – 8　例 5 – 10 运行结果

【说明】　BEGIN…END 语句块用来设置一个程序块,将 BEGIN…END 内的语句组视为一个单元执行。

【例 5 – 11】　计算给定角度的正弦值,结果如图 5 – 9 所示。
程序代码如下:
DECLARE @ jssin float
SET @ jssin = 34.123
SELECT '正弦值为：' + CONVERT(varchar, SIN(@ jssin))

图 5 – 9　例 5 – 11 运行结果

5.5.2　用户自定义函数

根据用户自定义函数的返回值,可以把用户自定义函数分为标量函数及表值函数。根据函数主体的定义方式,表值函数可分为内联函数及多语句函数。

如果 RETURNS 子句指定了一种标量数据类型,则函数为标量函数,可以使用多条 Transact-SQL 语句定义标量函数。如果 RETURNS 子句指定 TABLE,则函数为表值函数。

1. 用 CREATE FUNCTION 创建用户定义函数

（1）标量函数

标量函数的函数体包括一条或多条 Transact-SQL 语句,这些语句包含在 BEGIN…END 内。

语法格式如下:
CREATE FUNCTION 函数名
([{ @ 参数名 [AS] 数据类型
　　　[= 默认值] }
　　[,…n]
　]
)
RETURNS 返回值的数据类型
　　[AS]
　　BEGIN
　　　　函数体

```
        RETURN 函数返回值            --必须包括此语句
    END
```

【例 5-12】 创建一标量函数,根据条形码及操作员代码获取该员工某商品的销售金额合计,结果如图 5-10 所示。

程序代码如下:
```
CREATE FUNCTION fn_select
(
@code varchar(13),
@op_code varchar(5)
)
RETURNS money
AS
BEGIN
 --声明返回值变量
DECLARE @XSMONEY money
 --根据条形码及操作员代码获取该员工对某种商品的销售金额合计
SELECT @XSMONEY = SUM(数量 * 单价)
FROM 销售明细
WHERE 条形码 = @code
AND 操作员代码 = @op_code
 --返回函数返回值
RETURN @XSMONEY
END
GO
SELECT dbo.fn_select('6926557302159','01001') AS 金额合计
```

图 5-10 调用标量函数的查询结果

(2) 内联表值函数

语法格式如下:
```
CREATE FUNCTION 函数名
( [ { @参数名 [ AS ] 数据类型
    [ = 默认值 ] }
    [ ,…n ]
  ]
)
RETURNS TABLE
    [ AS ]
        RETURN [ ( ) SELECT 语句 [ ) ]
```

【例 5-13】 创建一个内联表值函数,该函数的输入参数为商品的条形码,返回商品名称及合计金额,结果如图 5-11 所示。

程序代码如下：
USE ProductsSALES
GO
/* 创建一个内联表值函数，该函数的输入参数为商品的条形码，返回商品名称及合计金额。*/
CREATE FUNCTION fn_name_price(@code varchar(13))
RETURNS TABLE
AS
RETURN
(
SELECT B.商品名称,SUM(A.数量 * A.单价) AS '合计金额'
FROM 销售明细 AS A
JOIN 商品信息 AS B
ON A.条形码 = B.条形码
WHERE A.条形码 = @code
GROUP BY B.商品名称
)
GO
-- 调用内联表值函数 fn_name_price
SELECT * FROM fn_name_price('BZ00913914311')

3) 多语句表值函数

基本语法格式如下：
CREATE FUNCTION 函数名
([{ @参数名 [AS] 数据类型
    [= 默认值] }
    [,…n]
]
)
RETURNS @局部变量 TABLE <返回表的定义>
    [AS]
    BEGIN
        函数体
        RETURN
    END

图 5-11　调用内联表值函数的查询结果

【例 5-14】 定义函数"SearchProducts",并利用该函数查询零售价大于 30 元的商品信息,结果如图 5-12 所示。

程序代码如下:

```sql
USE ProductsSALES
GO
CREATE FUNCTION SearchProducts(@ ProductsPrice money)
 -- @ ProductsPrice 为使用函数时要输入的参数
RETURNS @ ProductsInfo TABLE
 -- @ ProductsInfo 为局部变量,存放了该函数返回的表,下面是该表的定义
(
条形码 varchar(13),
商品名称 varchar(50),
规格 varchar(50),
零售价 money
)
AS
 -- 下面是函数的执行部分,即生成表的部分
BEGIN
    INSERT @ ProductsInfo           -- 该处引用了存放表的局部变量
    SELECT 条形码,商品名称,规格,零售价
    FROM 商品信息
    WHERE 零售价 > @ ProductsPrice
     -- 以上定义的是返回大于参数值价格的商品信息
    RETURN
END
GO
 -- 应用该函数查询价格大于 30 元的商品信息
SELECT * FROM SearchProducts(30)
```

	条形码	商品名称	规格	零售价
1	BZ00913914311	电子计算器	个	150.00
2	BZ00983912345	液晶电视机	29寸	3300.00

图 5-12 调用多语句表值函数的查询结果

2. 函数的修改

(1) 使用"对象资源管理器"窗口修改函数

【例5-15】 修改函数"SearchProducts",将查询大于某零售价的商品信息改为查询小于某零售价的商品信息。

① 启用 SQL Server Management Studio,连接服务器后,依次展开"数据库"→"ProductsSALES"→"可编程性"→"函数"→"表值函数",右击"db. SearchProducts",在弹出的快捷菜单中选择"修改"命令,如图5-13所示。

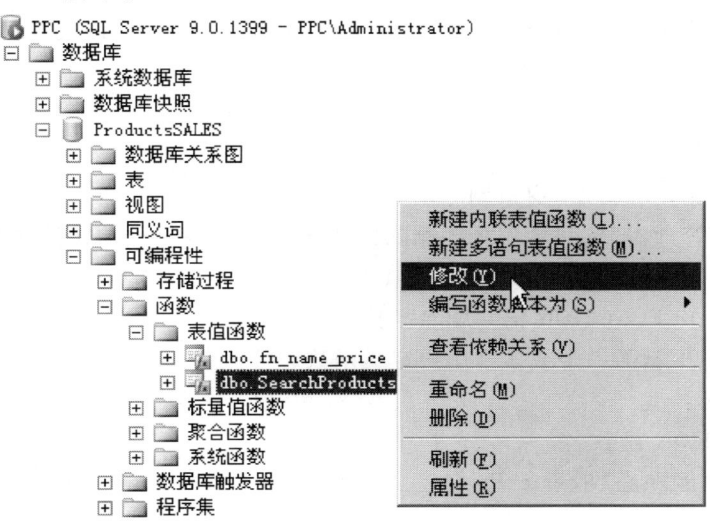

图5-13 右击要修改的函数

② 打开函数的编辑界面,如图5-14所示。

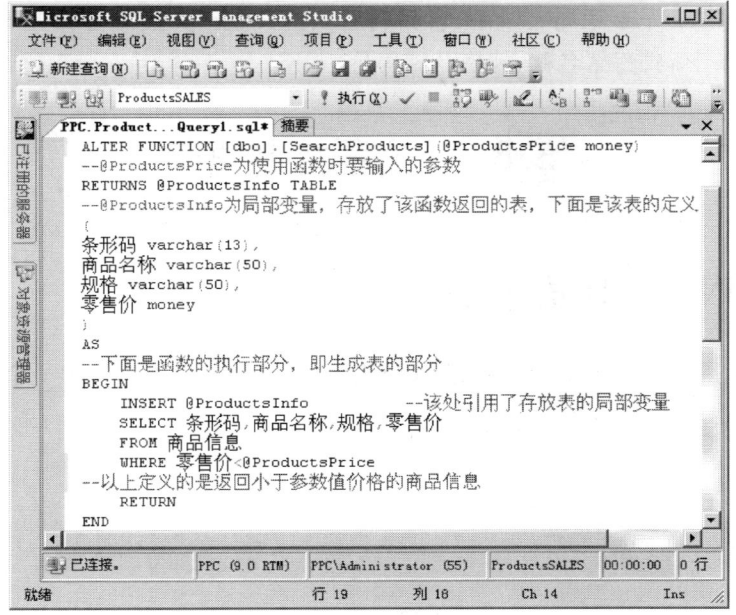

图5-14 修改函数

③ 修改完成后,单击 SQL Server Management Studio 工具条上的"执行"按钮,完成修改。

(2) 使用 ALTER FUNCTION 语句修改函数

ALTER FUNCTION 语句的使用方法与 CREATE FUNCTION 语句相似,由于函数的返回值与函数类型相关,因此有多种 ALTER FUNCTION 的语法定义。只要掌握了 CREATE FUNCTION 的用法,学会使用 ALTER FUNCTION 将很容易。例如,将 SearchProducts 函数定义为返回小于参数价格的商品信息,只需要将"WHERE 零售价 > @ ProductsPrice"修改为"WHERE 零售价 < @ ProductsPrice"即可,其余定义部分均不变。

3. 函数的删除

(1) 通过"对象资源管理器"窗口删除函数

在"对象资源管理器"窗口中选择要删除的函数,右击,在打开的快捷菜单中选择"删除"命令,即可删除函数。

(2) 使用 DROP FUNCTION 语句删除函数

从当前数据库中删除一个或多个用户定义函数。

语法格式如下:

DROP FUNCTION 函数名 [,...n]

【例 5 – 16】 删除函数 SearchProducts。

程序代码如下:

USE ProductsSALES
GO
DROP FUNCTION SearchProducts

【练一练】 创建一个多语句表值函数,并利用该函数查询大类编号为"07"的商品信息,要求返回大类名称、条形码、商品名称、规格及零售价。

5.6 流程控制语句

5.6.1 BEGIN…END 语句块

BEGIN…END 用来设置一个程序块,将 BEGIN…END 内的语句组视为一个单元执行。

语法格式如下:

BEGIN
{
    程序块
}
END

BEGIN 和 END 语句用于下列情况:

- WHILE 循环需要包含语句块。
- CASE 函数的元素需要包含语句块。
- IF 或 ELSE 子句需要包含语句块。

【注意】 BEGIN 和 END 语句必须成对使用,任何一个均不能单独使用。BEGIN 语句单独出现在一行中,后跟 Transact-SQL 语句块。最后,END 语句单独出现在一行中,指示语句块的结束。

5.6.2 IF…ELSE 语句

IF…ELSE 语句的执行方式是:如果(IF)满足一定的条件,则会执行 IF 关键字后的 Transact-SQL 语句,否则会执行 ELSE 关键字之后的 Transact-SQL 语句。

语法格式如下:

IF 条件表达式
　　{ SQL 语句 | 语句块 }
[ELSE
　　{ SQL 语句 | 语句块 }]

【说明】 若要定义语句块,应使用控制流关键字 BEGIN 和 END。如果在 IF…ELSE 块的 IF 区和 ELSE 区都使用了 CREATE TABLE 语句或 SELECT INTO 语句,那么 CREATE TABLE 语句或 SELECT INTO 语句必须指向相同的表名。

【例 5-17】 使用 IF…ELSE 语句判断"商品信息"表中条形码为"BZ00913914311"的商品的定价是否大于 30,如果大于 30 则输出"价格大于 30 元",否则输出"价格小于 30 元",结果如图 5-15 所示。

程序代码如下:

```
IF ( SELECT 零售价 FROM 商品信息 WHERE 条形码 = ' BZ00913914311 ' ) > 30
    PRINT '价格大于 30 元'
ELSE
    PRINT '价格小于 30 元'
```

图 5-15 使用 IF…ELSE 语句判断并输出结果

【例 5-18】 使用 IF…ELSE 及 BEGIN…END 语句完成下面的功能:在"销售明细"表中查找条形码为"BZ00913914311"的商品的名称,如果没找到,则输出"该商品尚未销售或没有该商品";如果找到则从"商品信息"表中提取其商品名称,并判断如果其商品大类为"07"时,输出"这是办公用品",否则输出"该商品不是办公用品",结果如图 5-16 所示。

程序代码如下:

```
USE ProductsSALES
GO
DECLARE @PNAME varchar(50),@DLID varchar(5),@TXM varchar(13)
SET @TXM='BZ00913914311'
SET @PNAME=(SELECT 商品名称 FROM 商品信息 WHERE 条形码=@TXM)
IF (SELECT COUNT(*) FROM 商品信息 WHERE 条形码=@TXM)>0
BEGIN
    SET @DLID=(SELECT 大类编号 FROM 商品信息 WHERE 条形码=@TXM)
    IF @DLID='07'
    PRINT @PNAME+',这是办公用品'
    ELSE
    PRINT @PNAME+',该商品不是办公用品'
END
ELSE
    PRINT '该商品尚未销售或没有该商品'
```

图 5-16　例 5-18 运行结果

5.6.3　WHILE 语句

WHILE 语句实现多次执行同一个批处理语句或语句块。若指定的条件为真,就重复执行语句。可以使用 BREAK 和 CONTINUE 关键字在循环内部控制 WHILE 循环语句的执行。

语法格式如下:

```
WHILE 条件表达式
    {Transact-SQL 语句|语句块}
    [BREAK]
    {Transact-SQL 语句|语句块}
    [CONTINUE]
    {Transact-SQL 语句|语句块}
END
```

参数说明:
- BREAK:从最内层的 WHILE 循环中退出,执行 END 关键字后面的语句。
- CONTINUE:结束本次循环,返回到 WHILE 开始处,重新执行。

- END:循环体结束。

【例 5-19】 求数字 1~20 的和,结果如图 5-17 所示。

程序代码如下:
```
DECLARE @ n int,@ sum int
SET @ n = 0
SET @ sum = 0
WHILE @ n < = 20
    BEGIN
    SET @ sum = @ sum + @ n
    SET @ n = @ n + 1
END
PRINT '数字 1 至 20 的和为:' + CAST( @ sum as varchar( 10 ) )
```

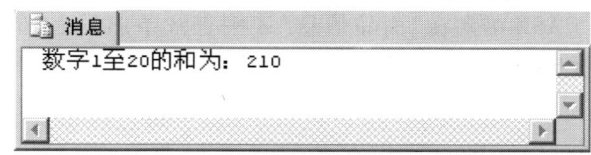

图 5-17 数字 1 到 20 的和

【说明】 该程序使用了 CAST 将数值转换成字符串。

【练一练】 编程实现 1000 之内既是 2 的倍数,同时又是 3 的倍数的数值之和。

5.6.4 CASE 语句

CASE 语句计算条件列表并返回多个可能结果表达式之一。CASE 具有两种格式:一种是简单 CASE 函数,将某个表达式与一组简单表达式进行比较,以确定结果;另一种是搜索型的 CASE 函数,用于计算一组布尔表达式,以确定结果。两种格式都支持可选的 ELSE 参数。

1. 简单 CASE 函数

语法格式如下:
```
CASE 测试表达式
    WHEN 测试值 1 THEN 结果表达式 1
    WHEN 测试值 2 THEN 结果表达式 2
    ⋮
    [ ELSE 结果表达式 n]
END
```

执行过程为:用测试表达式的值依次与每个 WHEN 子句的测试值比较,直到找到一个与测试表达式的值完全相同的测试值时,便将该 WHEN 子句指定的结果表达式返回。如果测试表达式与所有测试值的比较结果不为 TRUE,则在指定 ELSE 子句的情况下返回 ELSE 子句后的结果表达式。若没有指定 ELSE 子句,则返回 NULL 值。

2. CASE 搜索函数

按指定顺序为每个 WHEN 子句的布尔表达式求值,返回第一个取值为 TRUE 的布尔表达式对应的结果表达式的值。当没有取值为 TRUE 的布尔表达式时,如果指定 ELSE 子句,则返回其他结果表达式的值,若没有指定 ELSE 子句,则返回 NULL。

语法格式如下:

```
CASE
    WHEN 布尔表达式 THEN 结果表达式 1
        ⋮
    [ELSE 其他结果表达式]
END
```

【例 5 – 20】 使用 CASE 语句在"商品信息"表中查找条形码为"6922365800092"的商品名称及所属类别,结果如图 5 – 18 所示。

程序代码如下:

```
USE ProductsSALES
GO
SELECT 商品名称,'所属类别' =
    CASE 大类编号
        WHEN '01' THEN '食品机械'
        WHEN '02' THEN '农牧渔类'
        WHEN '03' THEN '简加工类'
        WHEN '04' THEN '深加工类'
        WHEN '05' THEN '食品包装'
        WHEN '06' THEN '食品添加剂'
        WHEN '07' THEN '办公用品'
        WHEN '08' THEN '药品'
        WHEN '09' THEN '电子产品'
        WHEN '10' THEN '日用产品'
        ELSE '其他产品'
    END
FROM 商品信息 WHERE 条形码 = '6922365800092'
```

图 5 – 18 简单 CASE 函数的应用

【例 5-21】 使用 CASE 语句对"商品信息"表中的商品定价进行评价,当定价高于 2000 元时,显示为"高价商品",定价介于 100~2000 元之间的为"普通商品",定价小于 100 元的为"低价商品",结果如图 5-19 所示。

程序代码如下:
```
USE ProductsSALES
GO
SELECT 商品名称,'是否贵重商品' =
CASE
    WHEN 零售价 >= 2000 THEN '高价商品'
    WHEN 零售价 >= 100 and 零售价 < 2000 THEN '普通商品'
    WHEN 零售价 < 100 THEN '低价商品'
END
FROM 商品信息
```

图 5-19 CASE 搜索函数的应用

5.6.5 GOTO 语句

GOTO 语句将执行流更改到标签处,跳过 GOTO 后面的 Transact-SQL 语句,并从标签位置继续处理。GOTO 语句和标签可在过程、批处理或语句块中的任何位置使用,标签由标识符与":"组成。

语法格式如下:
    GOTO 标签

【例 5-22】 使用 GOTO 计算 10 的阶乘,结果如图 5-20 所示。
程序代码如下:
```
DECLARE @RS INTEGER,@I INTEGER
SELECT @RS = 1,@I = 10
SQL_START:              -- 这是标签
SET @RS = @RS * @I
SET @I = @I - 1
IF @I > 1
    GOTO SQL_START
```

```
ELSE
    BEGIN
        PRINT '10 的阶乘为：' + CAST(@RS AS VARCHAR(10))
    END
```

图 5-20 GOTO 语句的应用

5.6.6 WAITFOR 语句

指定触发语句块、存储过程或事务执行的时间、时间间隔。
语法格式如下：
WAITFOR
{
    DELAY 'time_to_pass'
    | TIME 'time_to_execute'
    | (receive_statement) [, TIMEOUT timeout]
}

参数说明：
- DELAY：继续执行批处理、存储过程或事务之前等待的时间，最长可为 24 小时。
- 'time_to_pass'：等待的时段。
- TIME 'time_to_execute'：指定运行批处理、存储过程或事务的时间。

【例 5-23】 延时 10 s 执行查询命令。
程序代码如下：
```
WAITFOR DELAY '00:00:10'
USE ProductsSALES
GO
SELECT * FROM 商品信息
```

【例 5-24】 在时间为 10:30:00 时执行查询命令。
程序代码如下：
```
WAITFOR TIME '10:30:00'
USE ProductsSALES
GO
SELECT * FROM 商品信息
```

5.6.7 RETURN 语句

RETURN 语句用于从查询或过程中无条件退出。RETURN 语句的执行是即时且完全的,能够在任何时候用于从过程、批处理或语句块中退出,RETURN 语句之后的语句不会被执行。

语法格式如下:
RETURN [返回的整数值]

【说明】 除非特别指明,所有系统存储过程返回零表示成功,返回非零值则表示失败。

【例 5 – 25】 判断大类编号为"07"且小类编号为"00018"的商品是否应该购买,结果如图 5 – 21 所示。

程序代码如下:

```
-- 创建存储过程 ExProc
CREATE PROC ExProc @ txm varchar(13)
AS
IF (SELECT 零售价
    FROM 商品信息
    WHERE 条形码 = @ txm AND 大类编号 = '07' AND 小类编号 = '00018'
    ) > = 100
RETURN 1
ELSE
RETURN 2
GO
-- 执行存储过程并判断
DECLARE @ RValue int
EXECUTE @ RValue = ExProc '9787040156980'
IF @ RValue = 1
    PRINT '价格较高,还是不买了!'
ELSE
    PRINT '价格适中,应该购买!'
GO
```

图 5 – 21 RETURN 语句的应用

5.7 案例:学生成绩管理系统中的 Transact-SQL 程序设计

5.7.1 提出问题

① 统计每位同学的平均成绩。

② 统计每门课程的平均成绩、最高分及最低分。

③ 创建一个内联表值函数,该函数的输入参数为学生的学号,返回其姓名及专业。

5.7.2 分析问题

①. 涉及的表及字段。
- "成绩"表中的字段:课程编码、学号、成绩、状态。
- "课程"表中的字段:课程编码、课程名称。
- "学生基本信息"表中的字段:学号、姓名、性别、出生日期、籍贯、系部编码、专业编码、入学年份。
- "专业"表中的字段:专业编码、专业名称。

② 统计平均成绩使用 sum 和 count 函数,统计最高分使用 max 函数,统计最低分使用 min 函数。

③ 使用 CREATE FUNCTION 语句创建函数。

5.7.3 解决问题

1. 5.7.1 节中问题 1 的解决方案

SELECT 学生基本信息.姓名,sum(成绩.成绩)/count(成绩.课程编码) AS 平均成绩
FROM 成绩,学生基本信息
WHERE 学生基本信息.学号 = 成绩.学号
GROUP BY 学生基本信息.姓名

2. 5.7.1 节中问题 2 的解决方案

SELECT 课程.课程编码,课程.课程名称,sum(成绩.成绩)/count(成绩.课程编码) AS 平均成绩,
MAX(成绩.成绩) AS '最高分',MIN(成绩.成绩) AS '最低分'
FROM 成绩,课程
WHERE 课程.课程编码 = 成绩.课程编码
GROUP BY 课程.课程编码,课程.课程名称

3. 5.7.1 节中问题 3 的解决方案

CREATE FUNCTION fn1(@StuNo varchar(9))
RETURNS TABLE
AS
RETURN
(

```
SELECT A.姓名,B.专业名称
FROM 学生基本信息 AS A
JOIN 专业 AS B
ON A.专业编码 = B.专业编码
WHERE A.学号 = @StuNo
)
GO
-- 调用内联表值函数 fn1
SELECT * FROM fn1('200601001')
```

本章小结

- Transact-SQL 语言主要由数据定义语言(DDL)、数据操纵语言(DML)和数据控制语言(DCL)组成。
- 批处理是以一个单元发送的一条或多条 SQL 语句的集合。
- 注释是程序代码中的描述性的文本字符串。
- 在 SQL Server 中,运算符主要有算术运算符、赋值运算符、位运算符、比较运算符、逻辑运算符和字符串串联运算符。
- 变量用于临时存放数据。
- 函数在计算及对数据的操纵时是非常有用的。用户自定义函数是由一个或多个 Transact-SQL 语句构成的子程序。可使用 CREATE FUNCTION 语句创建、使用 ALTER FUNCTION 语句修改以及使用 DROP FUNCTION 语句删除用户自定义函数。
- 流程控制语句提供了条件编程时所需的顺序和逻辑。

思考与练习

1. 批处理是由一条或多条_____组成的语句集,从应用程序一次性地发送到 SQL Server 执行。

2. 在 Transact-SQL 语句编写的程序中,可以使用_____将多条 SQL 语句分隔,两条 GO 语句之间的 SQL 语句可以作为一个批处理。

3. _____,也称为注解,是写在程序代码中的说明性文字,对程序的结构及功能进行文字说明。

4. 当一个复杂的表达式有多个运算符时,运算符优先性决定执行运算的先后次序。如果一个表达式中的两个运算符有相同的运算符优先级时,则按序_____进行求值。

5. 可使用_____语句创建用户定义函数、使用_____语句修改用户定义函数、使用_____语句删除用户定义函数。

6. CASE 语句具有两种格式:一种是_____函数,将某个表达式与一组简单表达式进行比较以确定结果;另一种是_____函数,用于计算一组布尔表达式以确定结果。

7. 局部变量名以____符号开头。

8. _____语句是无条件转移语句。

9. 批处理是由一条或多条 Transact-SQL 语句组成的语句集,从应用程序一次性地发送到 SQL Server 执行。(   )

    A. 对

B. 错

10. 注释是程序代码中的文本字符串,编译器会忽略这些注释,它使得维护程序代码更容易。( )

A. 对

B. 错

11. 下列哪条语句可以用来从最内层的 WHILE 循环中退出,执行 END 关键字后面的语句?( )

A. CLOSE

B. BREAK

C. EXIT

D. 以上都是

E. 以上都不是

12. 要将一组语句执行 10 次,下列哪种结构可以用来完成此项任务?( )

A. IF…ELSE

B. WHILE

C. CASE

D. 以上都不是

13. 下列哪条语句可以用来通知 SQL Server 等待 15 秒,然后再开始执行操作?( )

A. WAITFOR '00:00:15' DELAY

B. WAITFOR DELAY BY '00:00:15'

C. WAITFOR DELAY '00:00:15'

D. WAITFOR '00:00:15'

14. 下列程序段的运行结果如何?

SELECT getdate( ) as 当前日期,convert(varchar(12),getdate( ),101) as 转换后的日期

15. 创建一个用户自定义函数 ProductsHS,以商品条形码为参数,返回该商品的单价。并使用该函数查看商品名称是"记事本"的商品的价格(商品表中数据如表 5－9 所示)。

表 5－9　商品表中数据

序号	商品条形码	商品名称	单价	厂家	生产日期	商品大类	商品小类
1	9787040201154	物流服务营销	22.40	高等教育出版社	2006.11.01	图书	物流
2	6931436900807	记事本	8.60	广明智业	2006.10.01	办公用品	记事本
…							

实训　学生成绩管理系统中的 Transact-SQL 程序设计

【目标】

1. 掌握常量、变量、运算符的应用。

2. 掌握 Transact-SQL 程序设计语句的使用方法。

【预估时间】

60 分钟。

【步骤】

1. 创建一个名为"bl1"的局部变量,并在 SELECT 语句中使用该局部变量查询"成绩"表中课程编码为"00001"各位同学的学号、成绩。

2. 使用 IF…ELSE 及 BEGIN…END 语句完成下面的功能:在"学生基本信息"表中查找学号为"200501002"的学生姓名,如果没找到,则输出"没有此同学!";如果找到则从成绩表中提取成绩,并判断,如果该生考试成绩小于60分时,输出"***,没通过,加油!",否则输出"***,恭喜!已通过考试。"

3. 指出下列语句完成的功能:

SELECT '系部名称' =
    CASE 系部编码
        WHEN '001' THEN '国际商务系'
        WHEN '002' THEN '计算机系'
        WHEN '003' THEN '外语系'
        WHEN '004' THEN '基础部'
        ELSE '其他系部'
    END
FROM 系部 WHERE 系部编码 = '001'

第6章

视 图

知识目标
- 了解视图的基础知识。
- 掌握视图的创建、修改与删除方法。

技能目标
- 能够根据项目需要，独立创建及管理视图。

内容框架

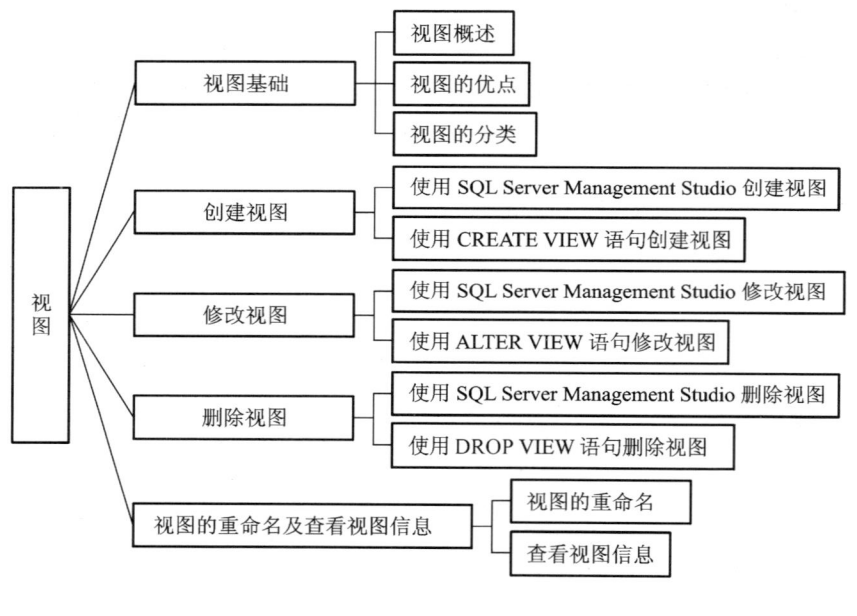

6.1 视图基础

6.1.1 视图概述

视图是另一种查看表中数据的方法,视图中的数据可以来源于一个或多个表(如图 6 - 1 中的视图是由两个表组成的),视图中的数据也可能是来自另外的视图。

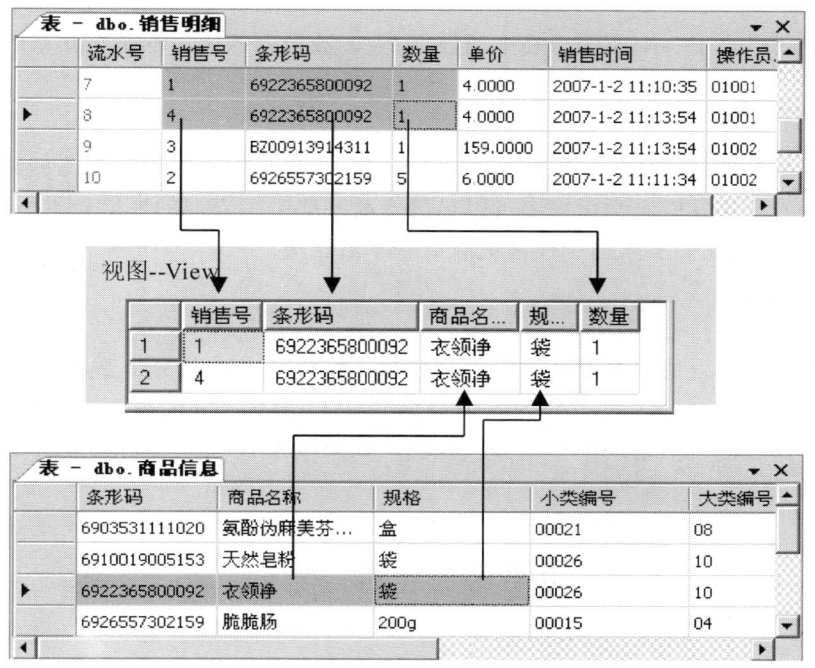

图 6 - 1 视图中的数据

视图与表不同,视图是一个虚表,即视图所对应的数据不进行实际存储。数据库中只存储视图定义,对视图的数据进行操作时,系统根据视图的定义去操作与视图相关联的基本表。

SQL Server 处理视图时,会在数据库中找到视图的定义,然后把对视图的查询转化为视图基本表的等价查询,并执行该等价查询。通过这种方法,SQL Server 2005 可以保证基本表的完整性,并且保持了视图的便捷性。

6.1.2 视图的优点

视图有以下优点:
- 为用户集中数据,简化用户的数据查询和处理。有时用户所需要的数据分散在多个表中,定义视图可将它们集中在一起,从而方便用户的数据查询和处理。

- 简化用户权限的管理,同时也便于数据共享。只需授予用户使用视图的权限,而不必指定用户只能使用表的特定列,也增加了安全性。另外,各用户不必都定义和存储自己所需的数据,可共享数据库的数据,相同的数据只需存储一次。
- 限制数据检索及维护应用程序更容易、更方便。

6.1.3 视图的分类

1. 标准视图

标准视图组合了一个或多个表中的数据,大多数视图的应用都是在此基础上进行的。

2. 索引视图

索引视图是被具体化了的视图,即它已经过计算并存储。可以为视图创建索引,即对视图创建一个唯一的聚集索引。索引视图可以显著提高某些类型查询的性能。索引视图尤其适于聚合许多行的查询,但它们不太适于经常更新的基本数据集。

3. 分区视图

分区视图在一台或多台服务器间水平连接一组成员表中的分区数据,使对数据的处理如同对一个表进行操作。分区视图分为本地分区视图和分布式分区视图。联接同一个 SQL Server 实例中的成员表的视图是一个本地分区视图。如果视图在服务器间联接表中的数据,则是分布式分区视图。

6.2 创建视图

在 SQL Server 2005 中,可以使用 SQL Server Management Studio 创建视图,也可以使用 CREATE VIEW 语句创建视图。

6.2.1 使用 SQL Server Management Studio 创建视图

【例 6-1】 创建视图"Category_view1",要求能够显示商品的大类名称及小类名称。

【说明】 视图"Category_view1"完成的功能需要从两个表中提取数据,分别为"商品大类"表(如图 6-2 所示)和"商品小类"表(如图 6-3 所示)。

① 启动 SQL Server Management Studio,逐层展开到"ProductsSALES"数据库中的"视图"位置,右击,在弹出菜单项中选择"新建视图"命令,如图 6-4 所示。

② 在弹出的"添加表"对话框中选择要提取数据的表"商品大类"及"商品小类",单击"添加"按钮,如图 6-5 所示。

6.2 创建视图

图6-2 "商品大类"表中的数据　　图6-3 "商品小类"表中的数据

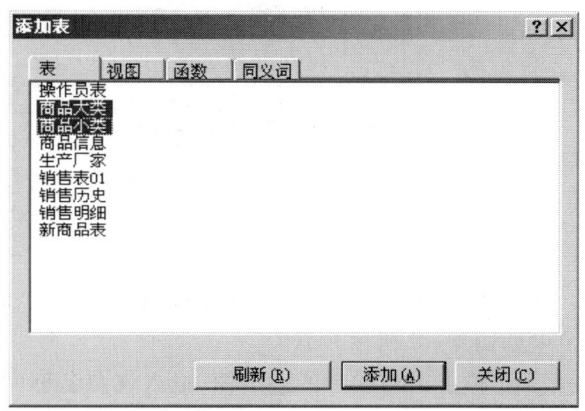

图6-4 选择ProductsSALES数据库中的"视图"　　图6-5 "添加表"对话框

③ 表添加完成后,选择两个表中要提取的列,分别为"商品大类"表中的"大类名称"及"商品小类"表中的"小类名称",为了使查询的结果符合实际应用人员的应用要求,可设置列的别名,例如将"大类名称"列的别名设置为"大类",将"小类名称"列的别名设置为"小类",如图6-6所示。

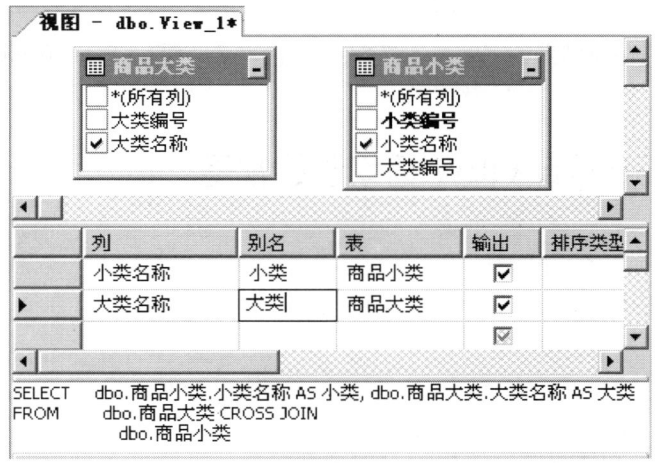

图6-6 选择列并设置列名

④ 设置内部联接。因为"商品大类"表及"商品小类"表中均有一列"大类编号",所以该字段可作为连接条件,即"商品大类.大类编号 = 商品小类.大类编号",如图 6-7 所示。

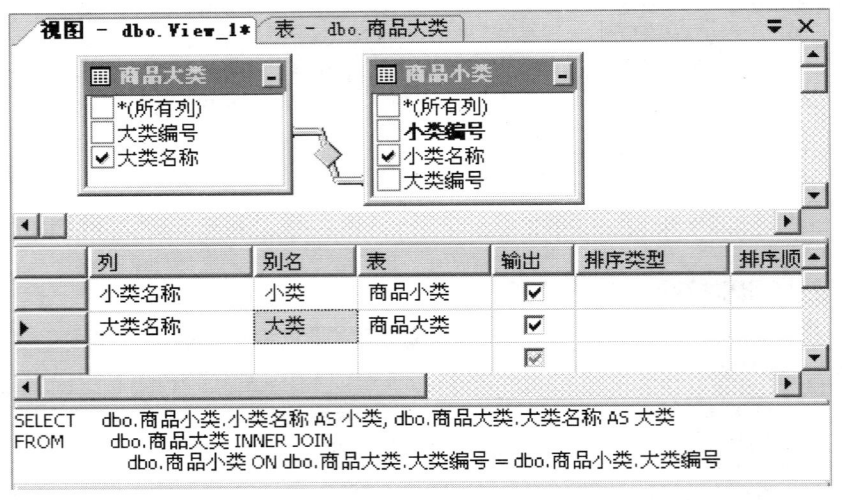

图 6-7 设置内部联接

⑤ 单击工具栏中的"查询设计器"→"执行 SQL(X)命令"或按组合键 CTRL + R 执行查询,结果如图 6-8 所示。

⑥ 单击工具栏中的 ■ 按钮,输入视图名称(如图 6-9 所示),即可保存视图。

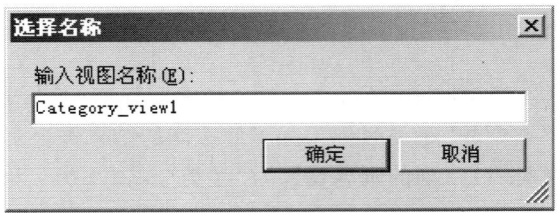

图 6-8 查询结果　　　　　图 6-9 保存视图

6.2.2 使用 CREATE VIEW 语句创建视图

语法格式如下:
CREATE VIEW 视图名
AS
SELECT 语句
参数说明:
- 视图名:视图名必须符合有关标识符的规则。
- AS:指定视图要执行的操作。

- SELECT 语句:该语句能够使用多个表和其他视图。

视图定义中的 SELECT 语句有以下限制:
➢ 不能使用 COMPUTE 或 COMPUTE BY 子句。
➢ 不能使用 ORDER BY 子句,除非在 SELECT 语句的选择列表中也有一个 TOP 子句。
➢ 不能使用 INTO 关键字。
➢ 不能使用 OPTION 子句。
➢ 不能引用临时表或表变量。

【注意】 CREATE VIEW 语句必须是批处理中的第一条语句。只能在当前数据库中创建视图,视图最多可以包含 1 024 列。

【例 6-2】 使用 CREATE VIEW 语句创建视图"Category_view2",解决【例 6-1】的问题(即显示商品的大类名称及小类名称)。

程序代码如下:
CREATE VIEW Category_view2
AS
SELECT 商品大类.大类名称,商品小类.小类名称
FROM 商品大类 INNER JOIN 商品小类 ON 商品大类.大类编号 = 商品小类.大类编号

【练一练】
① 使用 SELECT 语句查询"销售明细"表中的数据。
SELECT * FROM 销售明细
② 建立视图。使用 CREATE VIEW 语句建立名为 View_lx1 的视图,要求查询销售明细表中的数据。
CREATE VIEW View_lx1
AS
SELECT * FROM 销售明细
③ 测试视图。输入并执行下面的查询:
SELECT * FROM View_lx1
该查询使用刚刚建立的视图 View_lx1,返回什么数据?

6.3 修 改 视 图

在 SQL Server 2005 中,可以使用 SQL Server Management Studio 修改视图,也可以使用 ALTER VIEW 语句修改视图。

6.3.1 使用 SQL Server Management Studio 修改视图

【例 6-3】 修改例 6-1 所创建的视图 Category_view1,要求显示商品的大类名称、小类名称及小类代码。

① 启动 SQL Server Management Studio，逐层展开到"ProductsSALES"数据库中的"视图"选项，单击"视图"选项前面的加号"+"，使其展开，右击"dbo.Category_view1"，在弹出的快捷菜单中选择"修改"命令，如图 6-10 所示。

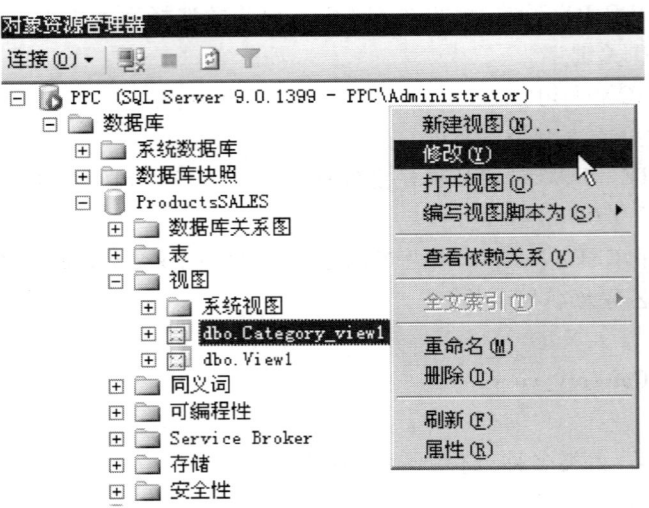

图 6-10　展开视图

② 选择"商品小类"表中的"小类编号"列，如图 6-11 所示。

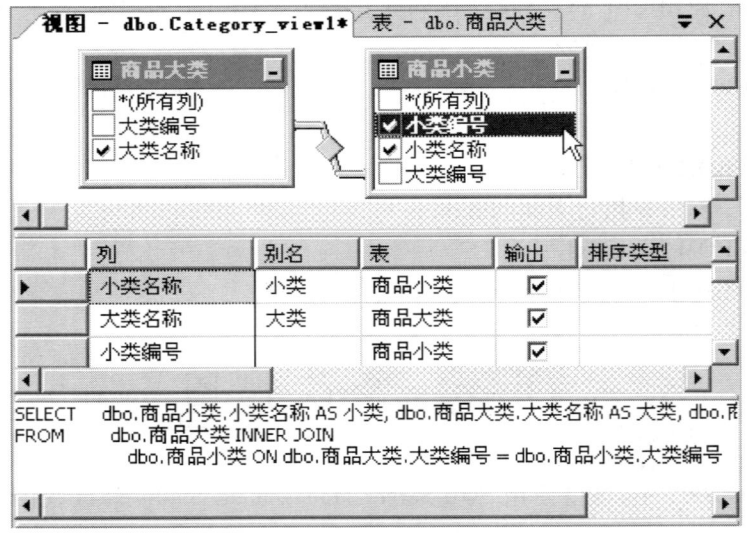

图 6-11　增加小类编号列

③ 单击工具栏中的 ![保存] 按钮，保存修改后的视图。
④ 单击工具栏中的"执行"按钮，执行视图查询，结果如图 6-12 所示。

图 6-12 视图查询结果

6.3.2 使用 ALTER VIEW 语句修改视图

语法格式如下：
ALTER VIEW view_name
AS
SELECT 语句

【例 6-4】 使用 ALTER VIEW 语句修改视图"Category_view2"，除显示商品的大类名称及小类名称外，还应显示商品大类代码。

程序代码如下：
ALTER VIEW Category_view2
AS
SELECT 商品大类.大类编号,商品大类.大类名称,商品小类.小类名称
FROM 商品大类 INNER JOIN 商品小类 ON 商品大类.大类编号 = 商品小类.大类编号
GO
-- 显示视图 Category_view2 中的数据，结果如图 6-13 所示。
SELECT * FROM Category_view2

图 6-13 查询视图"Category_view2"

【练一练】 使用 ALTER VIEW 语句修改视图"View_lx1"，查询"销售明细"表中操作员代码为"01001"的数据。

6.4 删除视图

在 SQL Server 2005 中,可以使用 SQL Server Management Studio 删除视图,也可以使用 DROP VIEW 语句删除视图。

6.4.1 使用 SQL Server Management Studio 删除视图

【例 6-5】 删除【例 6-1】所创建的视图"Category_view1"。

① 启动 SQL Server Management Studio,在"对象资源管理器"中逐层展开到 ProductsSALES 数据库中的"视图"位置,单击"视图"前面的加号"+",使其展开,在视图 dbo.Category_view1 处右击,在弹出的快捷菜单中选择"删除"命令,如图 6-14 所示。

图 6-14 删除视图

② 在"删除对象"对话框中单击"确定"按钮后,完成视图的删除操作。

6.4.2 使用 DROP VIEW 语句删除视图

语法格式如下:
DROP VIEW view_name

【例 6-6】 使用 DROP VIEW 语句删除视图"Category_view2"。

程序代码如下:
USE ProductsSALES
GO
DROP VIEW Category_view2

【练一练】 使用 DROP VIEW 语句删除视图"View_lx1"。

6.5 视图的重命名及查看视图信息

6.5.1 视图的重命名

可以使用 SQL Server Management Studio 重命名视图,也可以使用系统存储过程对视图进行重命名操作。

在对视图进行重命名时,应遵循以下原则:
- 要重命名的视图必须在当前数据库中。
- 视图的新名称应遵守标识符规则。
- 只可以重命名具有其更改权限的视图。
- 数据库所有者可以修改任何用户的视图名。

1. 使用 SQL Server Management Studio 重命名视图

【例 6-7】 使用 SQL Server Management Studio 将视图"Category_view1"重新命名为"C_view1"。

① 启动 SQL Server Management Studio,在"对象资源管理器"中逐层展开到"ProductsSALES"数据库中的"视图"位置,单击"视图"前面的⊞,使其展开,在视图 dbo.Category_view1 处右击,在弹出的快捷菜单中选择"重命名"命令,如图 6-15 所示。

② 将视图"Category_view1"的名称直接修改为"C_view1",如图 6-16 所示。

图 6-15 视图的重命名

图 6-16 视图重命名为"C_view1"

2. 使用系统存储过程"sp_rename"重命名视图

语法格式如下:

sp_rename 原对象名称,新对象名称

【例 6-8】 使用系统存储过程"sp_rename"将视图"Category_view2"重命名为"C_view2"。
程序代码如下：
USE ProductsSALES
GO
sp_rename Category_view2,C_view2

6.5.2 查看视图信息

1. 使用系统存储过程 sp_helptext 查看视图的定义信息

语法格式如下：
sp_helptext '视图名'

【例 6-9】 使用系统存储过程"sp_helptext"查看视图"C_view1"的定义信息。
USE ProductsSALES
GO
sp_helptext ' C_view1 '
按功能键 F5 或单击工具栏中的"执行"按钮，结果如图 6-17 所示。

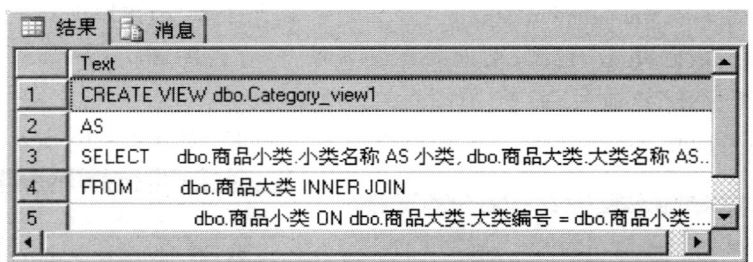

图 6-17 查看 C_view1 视图

2. 使用系统存储过程 sp_depends 查看视图的参照对象和字段

语法格式如下：
sp_depends '视图名'

【例 6-10】 使用系统存储过程"sp_depends"查看视图"C_view1"的参照对象和字段。
USE ProductsSALES
GO
sp_depends ' C_view1 '
按功能键 F5 或单击工具栏中的"执行"按钮，结果如图 6-18 所示。

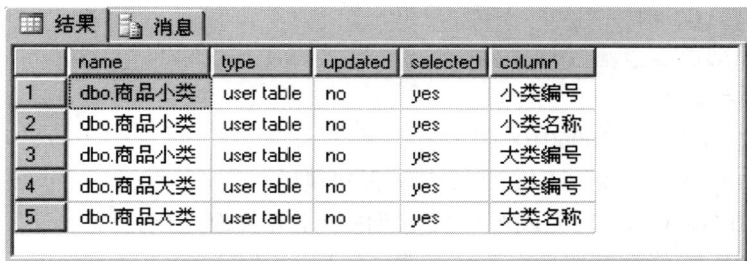

图 6-18　执行系统存储过程"sp_depends"获得视图"C_view1"的参照对象和字段

6.6　案例：学生成绩管理数据库视图的应用

6.6.1　提出问题

① 使用 SQL Server Management Studio 建立视图"view_cjcx1"，要求能够查询出所有同学的姓名、考试课程名称、成绩。

② 使用 Transact-SQL 语句建立视图"view_cjcx2"，要求能够查询学号为"200601001"同学的考试课程名称及成绩。

③ 使用 Transact-SQL 语句修改视图"view_cjcx2"，要求能够查询学号为"200602002"同学的考试课程名称及成绩。

④ 使用 Transact-SQL 语句删除视图"view_cjcx2"。

6.6.2　分析问题

（1）视图"view_cjcx1"完成的功能需要由以下几方面进行分析。

① 从 3 个表中提取数据，分别为：
- "学生基本信息"表中的学号及姓名。
- "课程"表中的课程编码及课程名称。
- "成绩"表中的课程编码、成绩及学号。

② 为了实现 3 个表中的数据关联，在查询语句的设计时，应注意相应的关联字段，分别为：
- 学生基本信息.学号 = 成绩.学号
- 课程.课程编码 = 成绩.课程编码

（2）视图"view_cjcx2"完成的功能需要由以下几方面进行分析。

① 从 3 个表中提取数据，分别为：
- 涉及的表及相关字段同上一分析。
- 学号为"200601001"的同学的记录。

② 为了实现 3 个表中的数据关联，在查询语句的设计时，应注意相应的关联字段：

- 学生基本信息. 学号 = 成绩. 学号
- 课程. 课程编码 = 成绩. 课程编码

③ 条件语句的应用：

WHERE 成绩. 学号 = '200601001'

④ 使用 Transact-SQL 中的 CREATE VIEW 创建视图。

(3) 修改视图"view_cjcx2"完成的功能需要由以下几方面进行分析。

① Transact-SQL 中修改视图的命令语句为 ALTER VIEW。

② 将原条件语句中的"WHERE 成绩. 学号 = '200601001'"改为"WHERE 成绩. 学号 = '200602002'"

(4) 删除视图"view_cjcx2"需要由以下几方面进行分析。

① Transact-SQL 中删除视图的命令语句为 DROP VIEW，由于视图是数据库对象，因此不能使用 DELETE 语句进行删除。

② view_cjcx2 视图中原有的命令语句不必去考虑。

6.6.3 解决问题

1. 6.6.1 节中问题 1 的解决方案

① 启动 SQL Server Management Studio 后，在"对象资源管理器"中逐层打开到"学生成绩"数据库中的"视图"位置，右击，如图 6-19 所示。

② 选择"新建视图"命令，添加"成绩"、"课程"和"学生基本信息"3 个表，如图 6-20 所示。

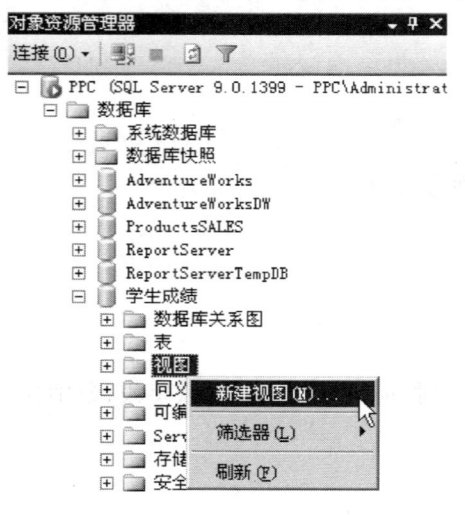

图 6-19 新建视图

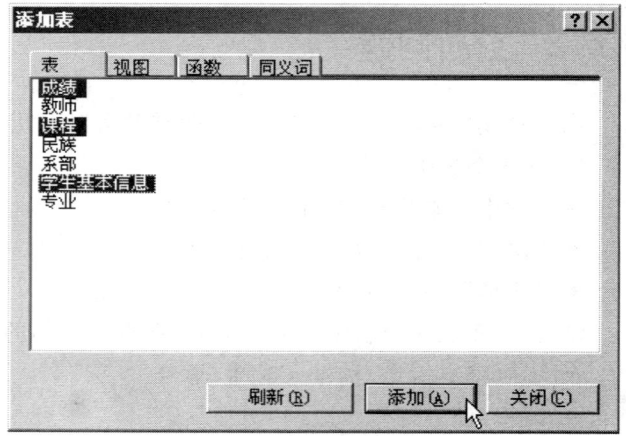

图 6-20 添加表

③ 选择要显示的字段，如图 6-21 所示。

④ 单击图形工具栏中的按钮后，输入视图名称"view_cjcx1"，单击"确定"按钮保存视图，如图 6-22 所示。

6.6 案例：学生成绩管理数据库视图的应用　　171

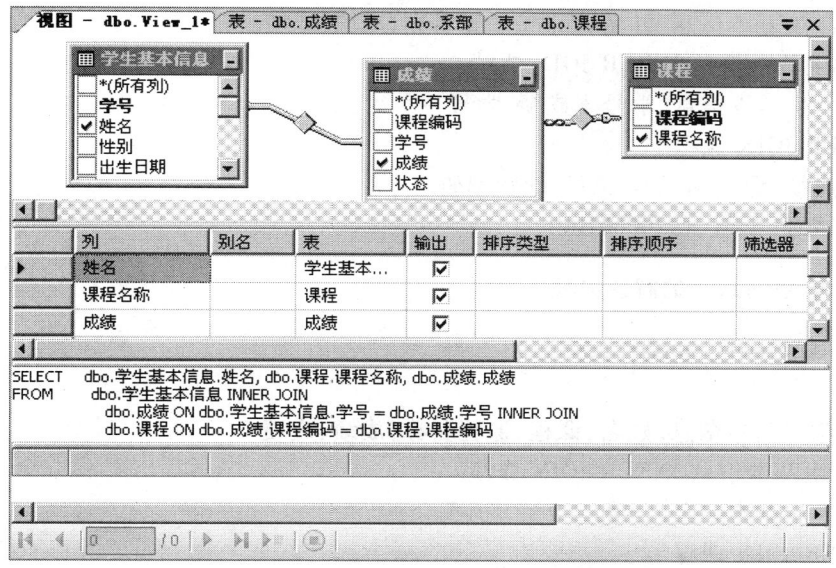

图 6-21　选择要显示的字段

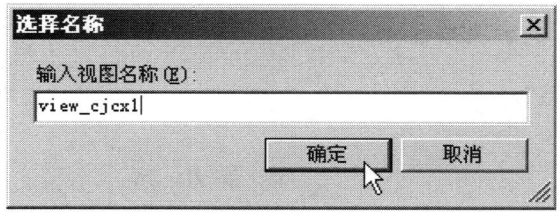

图 6-22　输入视图名称

⑤ 为了验证数据的正确性，单击图形工具栏中的 ❗ 按钮后，显示查询结果，如图 6-23 所示。

姓名	课程名称	成绩
南哲	sql server数据库及应用	86
谷跃	计算机基础	79
李楠	sql server数据库及应用	92
徐佳琪	sql server数据库及应用	50
徐佳琪	计算机基础	90

图 6-23　查询结果

2. 6.6.1 节中问题 2 的解决方案

CREATE VIEW view_cjcx2
AS

SELECT 学生基本信息.姓名,课程.课程名称,成绩.成绩
FROM 学生基本信息 INNER JOIN 成绩
　　ON 学生基本信息.学号 = 成绩.学号
　　INNER JOIN 课程
　　ON 成绩.课程编码 = 课程.课程编码
WHERE 成绩.学号 = ' 200601001 '

3. 6.6.1 节中问题 3 的解决方案

ALTER VIEW view_cjcx2
AS
SELECT 学生基本信息.姓名,课程.课程名称,成绩.成绩
FROM 学生基本信息 INNER JOIN 成绩
　　ON 学生基本信息.学号 = 成绩.学号
　　INNER JOIN 课程
　　ON 成绩.课程编码 = 课程.课程编码
WHERE 成绩.学号 = ' 200602002 '

4. 6.6.1 节中问题 4 的解决方案

DROP VIEW view_cjcx2

本 章 小 结

- 视图是一种虚拟的表,是另一种查看表中数据的方法。
- 对视图的操作可以使用 SQL Server Management Studio,也可以使用 Transact-SQL 语句。
- 使用 CREATE VIEW 语句创建视图,ALTER VIEW 语句修改视图,DROP VIEW 语句删除视图。
- 使用系统存储过程 sp_helptext 查看视图的定义信息。
- 使用系统存储过程 sp_depends 查看视图的参照对象和字段。

思考与练习

1. 视图与表不同,视图是一个_____,即视图所对应的数据不进行实际存储。
2. 对视图的操作可以使用_____进行直接操作,也可以使用_____语句。
3. 使用 Transact-SQL 中的_____语句进行创建视图。
4. 使用 Transact-SQL 中的_____语句可以修改视图的定义。
5. 使用 Transact-SQL 中的_____语句能够删除视图。
6. SQL Server 的视图最多可包含(　　)列。
   A. 250
   B. 1024
   C. 24

D. 99
7. 创建视图的语句不能包含(　　)。
A. ORDER BY 子句
B. COMPUTE 子句
C. COMPUTE BY 子句
D. INTO 关键字
8. 为数据库 SALES 创建视图 sales_lx1，要求显示销售数量介于 2~4 之间的所有销售记录明细。
9. 修改创建的视图 sales_lx1，要求通过视图查询出销售数量小于 3 的所有销售记录明细。
10. 删除所创建的视图 sales_lx1。

实训　学生成绩管理数据库视图的应用

【目标】
1. 理解视图的特点，明确视图在软件项目中所带来的各种好处。
2. 掌握使用 Transact-SQL 语句及 SQL Server Management Studio 创建视图、修改视图及删除视图的方法。

【预估时间】
90 分钟。

【步骤】
基于本章 6.6 节的内容，完成下述功能。
1. 使用 SQL Server Management Studio，建立视图"view_sx1"，要求能够通过视图查询系部名称为"国际商务系"所有同学的姓名、考试课程名称及成绩。
2. 使用 Transact-SQL 语句建立视图"view_sx2"，要求能够通过视图查询系部名称为"计算机系"所有同学的姓名、考试科目名称及成绩。
3. 使用 SQL Server Management Studio，修改视图"view_sx1"，要求能够通过视图查询系部名称为"国际商务系"，入学时间为 2006 年的所有同学的姓名、考试科目名称及成绩。
4. 使用 Transact-SQL 语句修改视图"view_sx2"，要求能够通过视图查询系部名称为"计算机系"，入学时间为 2006 年，并且籍贯为"长春"的学生姓名、课程名称及成绩。
5. 使用 SQL Server Management Studio 及 Transact-SQL 语句，删除视图"view_sx1"。

第7章

存储过程、触发器及游标

知识目标
- 掌握存储过程的创建、执行、修改及删除。
- 掌握触发器的设计、实现及管理。
- 掌握游标的创建及执行过程。

技能目标
- 能够利用存储过程、触发器及游标解决问题。

内容框架

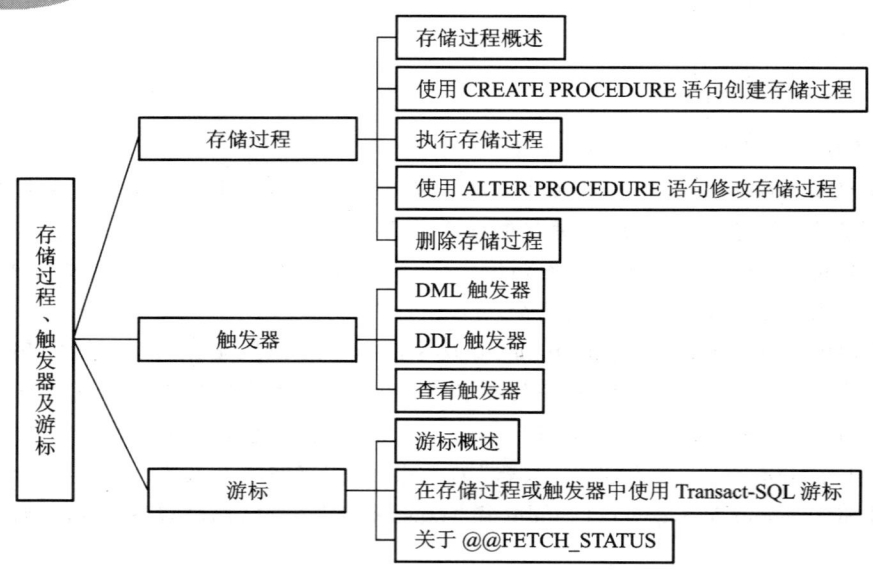

7.1 存储过程

7.1.1 存储过程概述

1. 认识存储过程

存储过程是一组为了完成特定功能的 Transact-SQL 语句的集合，经编译后存储在数据库服务器中，可以接受参数并返回状态值和参数值。存储过程能够显著提高应用程序的处理能力，并降低编写及维护数据库应用程序的难度。数据库开发人员及管理人员通过编写存储过程来运行经常执行的管理任务，或者应用复杂的业务规则。

2. 存储过程的优点

- 存储过程已在服务器注册。存储过程具有安全特性（例如：权限）和所有权链接，以及可以附加到它们的证书。用户可以被授予权限来执行存储过程而不必直接对存储过程中引用的对象具有权限。
- 存储过程可以强制应用程序的安全性。参数化存储过程有助于保护应用程序不受 SQL Injection 攻击。
- 存储过程允许进行模块化程序设计。存储过程创建完成后，即可在程序中调用任意多次，大大提高了应用程序的可维护性，并允许应用程序统一访问数据库。
- 存储过程是命名代码，允许延迟绑定。这提供了一个用于简单代码演变的间接级别。
- 存储过程可以降低网络负载。一个数百行 Transact-SQL 代码的操作能够通过一条执行过程语句来执行，而不必在网络中发送数百行代码。

【说明】 SQL Injection 就是利用某些数据库的外部接口把用户数据插入到实际的数据库操作语言（SQL）当中，从而达到入侵数据库乃至操作系统的目的。它的产生主要是由于程序对用户输入的数据没有进行严格的过滤，导致执行非法数据库查询语句。

3. 存储过程的分类

存储过程可以分为系统存储过程、用户定义存储过程和扩展存储过程等。

- 系统存储过程：由系统自动创建，存储在 master 数据库中，前缀为 sp_。系统存储过程完成的功能主要是从系统表中获取信息，系统管理员可以通过系统存储过程完成复杂的 SQL Server 管理工作。
- 用户定义存储过程：在 SQL Server 2005 中，用户定义存储过程分为两种类型：Transact-SQL 和 CLR。Transact-SQL 存储过程是指保存的 Transact-SQL 语句集合，可以接受和返回用户提供的参数。CLR 存储过程是指对 Microsoft .NET Framework 公共语言运行库（CLR）方法的引用，可以接受和返回用户提供的参数，它们在 .NET Framework 程序集中是作为类的公共静态方法实现的。本章主要介绍 Transact-SQL 存储过程。
- 扩展存储过程:使用其他的程序设计语言创建的扩展程序,可以将其看作动态链接库(DLL),其前缀为 xp_。

7.1.2　使用 CREATE PROCEDURE 语句创建存储过程

语法格式如下:
CREATE PROCEDURE 存储过程名
(输入参数 1 类型,
输入参数 2 类型,
⋮
输出参数 1 类型 output,
输出参数 2 类型 output,
⋮
)
[WITH <procedure_option> [,…n]
AS
{ [BEGIN] sql 语句 [END] }
其中:
<procedure_option> ::=
　　[ENCRYPTION]
　　[RECOMPILE]
参数说明:
- OUTPUT:指示参数是输出参数。此选项的值可以返回给调用 EXECUTE 的语句,用 OUTPUT 参数将值返回给过程的调用方。除非是 CLR 过程,否则 text、ntext 和 image 参数不能用作 OUTPUT 参数。
- ENCRYTPION:将存储过程加密。
- RECOMPILE:该过程将在运行时重新编译。

1. 创建简单存储过程

【例 7-1】　使用 CREATE PROCEDURE 语句创建存储过程"SEL_销售总金额",查询"销售明细"表中操作员代码为"01001"的商品销售总金额。
程序代码如下:
USE ProductsSALES
GO
CREATE PROCEDURE SEL_销售总金额
AS
SELECT SUM(数量 * 单价) AS 销售总金额

FROM 销售明细
WHERE 操作员代码 = '01001'

2. 使用带有参数的存储过程

【例 7 – 2】 创建存储过程"SEL_销售总金额_cs",查询"销售明细"表中任意一操作员的商品销售总金额。

程序代码如下:
```
USE ProductsSALES
GO
CREATE PROCEDURE SEL_销售总金额_cs
@ OpCode varchar(5)
AS
SELECT SUM(数量 * 单价) AS 销售总金额
FROM 销售明细
WHERE 操作员代码 = @ OpCode
```

3. 使用带有通配符参数的存储过程

【例 7 – 3】 创建存储过程"SEL_销售总金额_0100",查询"销售明细"表中操作员代码以"0100"开始的操作员商品销售总金额。

程序代码如下:
```
USE ProductsSALES
GO
CREATE PROCEDURE SEL_销售总金额_0100
@ OpCode varchar(5) = '0100%'
AS
SELECT SUM(数量 * 单价) AS 销售总金额
FROM 销售明细
WHERE 操作员代码 like @ OpCode
```

4. 使用输出参数

输出参数用于把返回值赋予变量并传给调用它的存储过程或应用程序。声明输出参数时需要在声明参数的后面加上 OUTPUT,以表明此参数为输出参数。

【例 7 – 4】 创建存储过程"Products_GetList",过程将返回某商品的销售数量。

程序代码如下:
```
USE ProductsSALES
GO
CREATE PROCEDURE Products_GetList
@ Pro_Code varchar(13),
```

@ Pro_nums SMALLINT OUTPUT
AS
SET @ Pro_nums =
(
SELECT SUM(*) FROM 销售明细
WHERE 条形码 = @ Pro_Code
)
PRINT @ pro_nums
GO
-- 执行存储过程,返回条形码为"6922365800092"的销售数量
DECLARE @ Pro_Code varchar(13) ,@ Pro_nums SMALLINT
SET @ Pro_Code = '6922365800092'
EXEC Products_GetList @ Pro_Code, @ Pro_nums
运行结果如图 7 -1 所示。

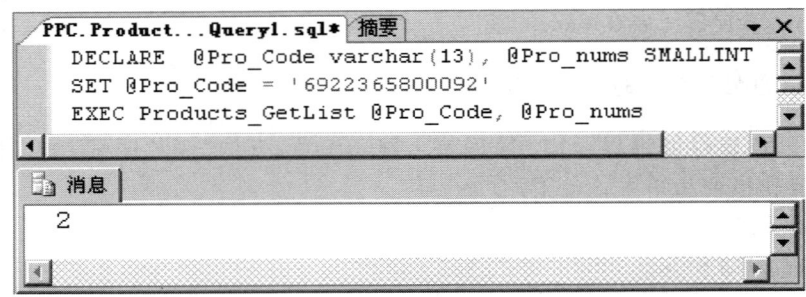

图 7 -1 执行带输出参数的存储过程

【说明】 在【例 7 -4】中,@ Pro_nums 为输出参数,@ Pro_Code 为输入参数。使用 EXECUTE 语句执行存储过程,详见 7.1.3 节。

【练一练】 创建存储过程"sel_Products_mx",要求根据条形码从"商品信息"表及"销售明细"表中查询商品名称、规格、销售数量及单价。

7.1.3 执行存储过程

存储过程创建完成后,可以使用 EXECUTE 语句来执行存储过程。
语法格式如下:
EXEC[UTE] 存储过程名[参数值,…]

【说明】 若 EXECUTE 语句是批的第一条语句时,可以省略 EXECUTE。

【例 7 -5】 执行【例 7 -1】所创的存储过程"SEL_销售总金额",结果如图 7 -2 所示。
程序代码如下:
USE ProductsSALES

7.1 存储过程   179

GO
EXECUTE SEL_销售总金额

图 7-2　执行存储过程"SEL_销售总金额"

【例 7-6】　使用 EXECUTE 语句传递参数,执行【例 7-2】创建的存储过程"SEL_销售总金额_cs",结果如图 7-3 所示。

程序代码如下:
USE ProductsSALES
GO
EXECUTE SEL_销售总金额_cs '01002'

图 7-3　执行存储过程"SEL_销售总金额_cs"

【练一练】　执行存储过程"sel_Products_mx",并观察结果。

7.1.4　使用 ALTER PROCEDURE 语句修改存储过程

语法格式如下:
ALTER PROCEDURE 存储过程名
(输入参数 1 类型,
　输入参数 2 类型,
　　⋮
　输出参数 1 类型 output,

输出参数 2 类型 output,
⋮
)
[WITH < procedure_option > [,…n]
AS
{ [BEGIN] statements [END] }
其中：
< procedure_option > ∷ =
　　[ENCRYPTION]
　　[RECOMPILE]
相关参数的含义参见 CREATE PROCEDURE 语句。

【例 7 – 7】 修改存储过程"Products_GetList"，使其返回某商品共销售多少笔。
程序代码如下：
USE ProductsSALES
GO
ALTER PROCEDURE Products_GetList
@ Pro_Code varchar(13),
@ Pro_nums SMALLINT OUTPUT
AS
SET @ Pro_nums =
(
SELECT COUNT(*) FROM 销售明细
WHERE 条形码 = @ Pro_Code
)
PRINT @ pro_nums
GO

【练一练】 修改存储过程"sel_Products_mx"，要求根据条形码从"商品信息"表及"销售明细"表中查询商品名称、规格及统计该商品的销售次数；执行所建立的存储过程，并观察结果。

7.1.5 删除存储过程

1. 通过"对象资源管理器"窗口删除存储过程

在"对象资源管理器"窗口中选中要删除的存储过程节点，右击，在打开的快捷菜单中选择"删除"命令，即可删除存储过程，如图 7 – 4 所示。

2. 使用 DROP PROCEDURE 语句删除存储过程

语法格式如下：

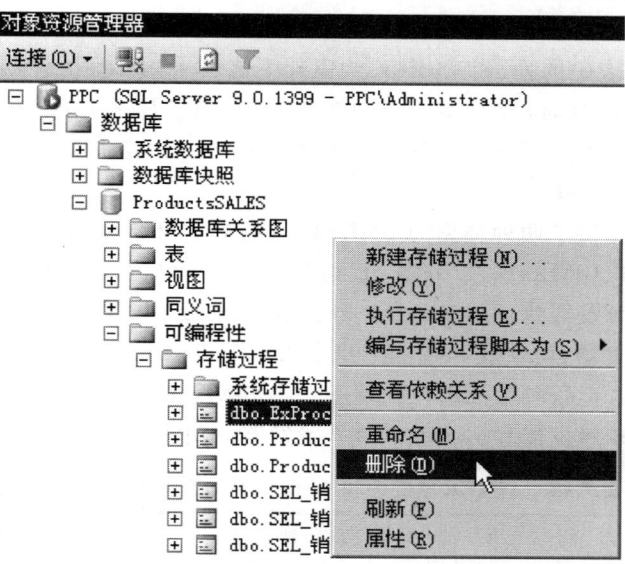

图7-4 在"对象资源管理器"窗口中删除存储过程

DROP { PROC | PROCEDURE } { 存储过程名 } [,…n]

【例7-8】 使用 Transact-SQL 语句删除"ProductsSALES"数据库中的存储过程"Products_GetList"。

程序代码如下：
USE ProductsSALES
GO
DROP PROCEDURE Products_GetList

7.2 触发器

触发器是一种特殊的存储过程,是 SQL Server 为保证数据完整性、确保系统正常工作而设置的一种高级技术。当触发器所保护的数据发生变化时,触发器就会自动运行,以保证数据的完整性与正确性。SQL Server 包括两大类触发器:DML 触发器和 DDL 触发器。

7.2.1 DML 触发器

DML 触发器是当数据库服务器中对表或视图发出 UPDATE、INSERT 或 DELETE 语句等数据操作语言(DML)事件时要执行的操作。这种触发器用于在数据被修改时强制执行业务规则,以及扩展 Microsoft SQL Server 2005 约束、默认值和规则的完整性检查逻辑。

DML 触发器有如下优点：
- 可通过数据库中的相关表实现级联更改。

- 能够强制比 CHECK 定义的约束更为复杂的约束。
- 能够引用其他表中的列,而 CHECK 约束却不能。
- 能够评估数据修改前与修改后的表状态,并根据其差异采取对策。
- 一个表中的多个同类 DML 触发器(INSERT、UPDATE 或 DELETE)允许采取多个不同的操作来响应同一个修改语句。

SQL Server 2005 提供了两种类型的 DML 触发器:AFTER 触发器和 INSTEAD OF 触发器。

在执行了 INSERT、UPDATE 或 DELETE 语句操作之后执行 AFTER 触发器。INSTEAD OF 触发器用于替代引起触发器执行的 Transact-SQL 语句,若要在处理条件约束之前触发程序时,应使用 INSTEAD OF 触发器,可在表和视图上指定 INSTEAD OF 触发器。每个表可以有多个不同名称的 AFTER 触发器,但每种触发事件只能有一个 INSTEAD OF 触发器。

表 7-1 对 AFTER 触发器和 INSTEAD OF 触发器的功能进行了比较。

表 7-1 AFTER 触发器和 INSTEAD OF 触发器的功能比较

触发器类型	AFTER 触发器	INSTEAD OF 触发器
适用范围	表	表及视图
每个表或视图所包含触发器的数量	每个触发操作包含多个触发器	每个触发操作包含一个触发器
级联引用	没有任何限制条件	不允许在作为级联引用完整性约束目标的表上使用 INSTEAD OF UPDATE 和 DELETE 触发器
执行	<ul><li>晚于约束处理</li><li>晚于声明性引用操作</li><li>晚于创建插入的和删除的表</li><li>晚于触发操作</li></ul>	<ul><li>早于约束处理</li><li>替代触发操作</li><li>晚于创建插入的和删除的表</li></ul>
执行顺序	能够指定第一个和最后一个执行	不适用
插入的和删除的表中的 varchar(max)、nvarchar(max) 和 varbinary(max) 列引用。	可以	可以
插入的和删除的表中的 text、ntext 和 image 列引用。	不可以	可以

触发器语句中使用了两种特殊的表:deleted 表和 inserted 表。SQL Server 自动创建和管理这些表。能够使用这两个临时的、驻留内存的表测试某些数据修改的效果及设置触发器操作的条件,但是不能直接对表中的数据进行修改。

deleted 表用来存储 DELETE 及 UPDATE 语句所影响的行的复本。在执行 DELETE 或 UPDATE 语句时,行记录从触发器表中删除,并传输到 deleted 表中,deleted 表和触发器表通常没有相同的行。inserted 表用来存储 INSERT 和 UPDATE 语句所影响的行记录的副本。在一个插入或更新事务处理中,新建行被同时添加到 inserted 表和触发器表中,inserted 表中的行是触发器表中新行的副本,对数据的更新操作类似于在删除记录之后执行记录的插入操作,首先旧行被复制至 deleted 表中,然后新行被复制至触发器表和 inserted 表中。

1. 使用 CREATE TRIGGER 语句创建 DML 触发器

语法格式如下:
CREATE TRIGGER 触发器名
ON 表名|视图名
[WITH ENCRYPTION]
{ FOR | AFTER | INSTEAD OF }
{ [DELETE] [,] [INSERT] [,] [UPDATE] }
AS { sql 语句 }
参数说明:

- WITH ENCRYPTION:表示对 CREATE TRIGGER 语句的文本进行加密。
- AFTER:指定 DML 触发器仅在触发 SQL 语句中指定的所有操作都已成功执行时才被激发。若仅指定 FOR 关键字,则 AFTER 为默认值。
- INSTEAD OF:指定 DML 触发器是"代替"SQL 语句执行的,所以其优先级高于触发语句的操作。
- {[DELETE] [,] [INSERT] [,] [UPDATE]}:指定在表或视图上执行哪些数据修改语句时将激活触发器的关键字。

【说明】 创建触发器时需指定:① 名称;② 在其上定义触发器的表;③ 触发器将何时被激发;④ 激发触发器的数据修改语句,有效选项为 INSERT、UPDATE 或 DELETE;⑤ 执行触发操作的编程语句。另外需注意 AFTER 触发器只能定义在表中,而 INSTEAD OF 触发器可以定义在表中也可定义在视图上。不能为 DDL 触发器指定 INSTEAD OF。

【例 7-9】 创建触发器"Trigger1",如果有人试图在"操作员表"中添加或更改数据,则该触发器向客户端显示一条消息。

程序代码如下:
USE ProductsSALES
GO
/* 如果触发器 Trigger1 存在,则删除 */
IF OBJECT_ID ('Trigger1', 'TR') IS NOT NULL
    DROP TRIGGER Trigger1
GO
-- 创建触发器 Trigger1
CREATE TRIGGER Trigger1
ON 操作员表
AFTER INSERT, UPDATE
AS RAISERROR ('数据已被修改', 16, 10)
GO

【练一练】 创建一个触发器 Trigger_lx1，在向"商品大类"表中插入记录时，自动显示表中的内容。

2. 使用 ALTER TRIGGER 语句修改 DML 触发器

语法格式如下：
ALTER TRIGGER 触发器名
ON 表名|视图名
[WITH ENCRYPTION]
{ FOR | AFTER | INSTEAD OF }
{ [INSERT] [,] [UPDATE] [,] [DELETE] }
AS { sql 语句 }

【说明】 ALTER TRIGGER 语句的有关参数说明同 CREATE TRIGGER 语句。

【例 7 – 10】 创建触发器"Trigger2"，当用户要在"商品大类"表中添加或更改数据时，该触发器把用户定义的消息输出到客户端。然后使用 ALTER TRIGGER 对该触发器进行修改，以便只将其应用于 UPDATE 活动。

程序代码如下：
USE ProductsSALES
GO
 -- 创建触发器"Trigger2"
CREATE TRIGGER Trigger2
ON 商品大类
AFTER INSERT，UPDATE
AS RAISERROR ('数据已被修改', 16, 10)
GO
 -- 开始修改触发器
ALTER TRIGGER Trigger2
ON 商品大类
AFTER UPDATE
AS RAISERROR ('数据已被修改', 16, 10)
GO

3. 使用 DROP TRIGGER 语句删除 DML 触发器

语法格式如下：
DROP TRIGGER 触发器名 [, …n]

【例 7 – 11】 删除触发器 Trigger2。
程序代码如下：
USE ProductsSALES
IF OBJECT_ID ('Trigger2', 'TR') IS NOT NULL

```
DROP TRIGGER Trigger2
GO
```

7.2.2 DDL 触发器

DDL 触发器同常规触发器一样,它将激发存储过程以响应事件。与 DML 触发器不同的是,DDL 触发器不会为响应针对表或视图的 UPDATE、INSERT 或 DELETE 语句而被激发,只是为响应以 CREATE、ALTER 和 DROP 开头的数据定义语言(DDL)语句而激发。DDL 触发器能够用于管理任务,例如审核和控制数据库操作。

只有在运行触发 DDL 触发器的 DDL 语句后,DDL 触发器才能被激发,DDL 触发器不能作为 INSTEAD OF 触发器使用。

1. 使用 CREATE TRIGGER 语句创建 DDL 触发器

语法格式如下:
```
CREATE TRIGGER 触发器名
ON { ALL SERVER | DATABASE }
[ WITH ENCRYPTION ]
{ FOR | AFTER } 激活 DDL 触发器的事件
AS { sql 语句 }
```
参数说明:
- ALL SERVER :表示将 DDL 触发器的作用域应用于当前服务器。若指定了该参数,则在当前服务器中的任何位置上出现 event_type 或 event_group,就能够激发该触发器。
- DATABASE :表示将 DDL 触发器的作用域应用于当前数据库。若指定了该参数,则只要当前数据库中出现 event_type 或 event_group,就能够激发该触发器。
- WITH ENCRYPTION:表示对 CREATE TRIGGER 语句的文本进行加密。

【例 7-12】 创建一个 DDL 触发器"TriggerDDL1",防止数据库中的任意一表被修改或删除。

程序代码如下:
```
USE ProductsSALES
GO
CREATE TRIGGER TriggerDDL1
ON DATABASE
FOR DROP_TABLE, ALTER_TABLE
AS
    PRINT '如果你要修改或删除表,请先禁用 TriggerDDL1 触发器!'
    ROLLBACK
```

2. 使用 ALTER TRIGGER 语句修改 DDL 触发器

语法格式如下:

```
ALTER TRIGGER 触发器名
ON { ALL SERVER | DATABASE }
[ WITH ENCRYPTION ]
{ FOR | AFTER } 激活DDL触发器的事件
AS { sql语句 }
```

【例7-13】 修改DDL触发器"TriggerDDL1",防止数据库中的任意一表被删除。

程序代码如下:

```
USE ProductsSALES
GO
ALTER TRIGGER TriggerDDL1
ON DATABASE
FOR DROP_TABLE
AS
    PRINT '如果你要删除表,请先禁用TriggerDDL1触发器!'
    ROLLBACK
```

3. 使用DROP TRIGGER语句删除DDL触发器

语法格式如下:

```
DROP TRIGGER 触发器名 [ ,…n ]
ON { DATABASE | ALL SERVER }
```

【例7-14】 删除触发器"TriggerDDL1"。

程序代码如下:

```
USE ProductsSALES
IF EXISTS ( SELECT * FROM sys.triggers
    WHERE parent_class = 0 AND name = 'TriggerDDL1' )
DROP TRIGGER TriggerDDL1
ON DATABASE
GO
```

7.2.3 查看触发器

1. 查看触发器基本信息

使用系统存储过程"sp_help"查看触发器的基本信息,包括触发器名称、所有者、类型及创建时间。

语法格式如下:

EXEC sp_help '触发器名'

【例7-15】 查询"ProductsSALES"数据库中触发器"Trigger2"的基本信息,如图7-5所示。

7.3 游　　标　　　　　187

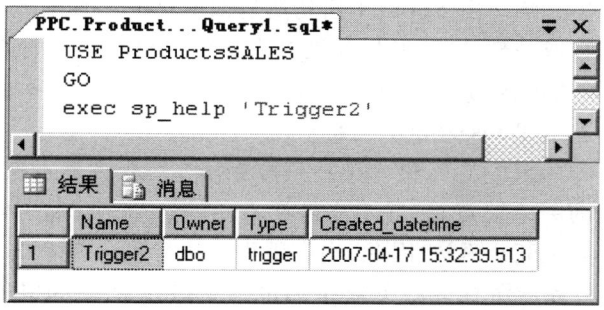

图 7-5　查看触发器"Trigger2"的基本信息

2. 查看触发器的定义

使用系统存储过程"sp_helptext"查看触发器的定义。
语法格式如下：
　　　EXEC sp_helptext '触发器名'
【例 7-16】　查看"ProductsSALES"数据库中触发器"Trigger2"的定义。
程序代码如下：
USE ProductsSALES
GO
EXEC sp_helptext Trigger2
运行结果如图 7-6 所示。

图 7-6　查看触发器"Trigger2"的定义

【练一练】　查看触发器"Trigger_lx1"基本信息及该触发器的定义。

7.3　游　　标

7.3.1　游标概述

SELECT 语句返回的结果包括所有满足其条件语句（WHERE 子句）中的行，关系数据库中的操作会对整个行集产生影响。由 SELECT 语句所返回的这一完整的行集称为结果集。应用程序通常需要每次处理一行或一部分行,游标就是提供这种机制的结果集扩展。

SQL Server 支持 3 种类型的游标:Transact-SQL 游标、API(应用程序编程接口)服务器游标及客户端游标。本章主要介绍 Transact-SQL 游标。

【说明】 由于 Transact-SQL 游标和 API 服务器游标都在服务器上实现,所以它们统称为服务器游标。服务器游标的一个缺点是:并不支持所有的 Transact-SQL 语句。服务器游标不支持生成多个结果集的 Transact-SQL 语句,因此,当应用程序执行包含多个 SELECT 语句的存储过程或批处理时,不能使用服务器游标。服务器游标也不支持包含 COMPUTE、COMPUTE BY、FOR BROWSE 或 INTO 关键字的 SQL 语句。

7.3.2 在存储过程或触发器中使用 Transact-SQL 游标

在存储过程或触发器中使用 Transact-SQL 游标的典型过程是:
① 声明与处理结果集相关的变量。
② 使用 DECLARE CURSOR 语句声明游标。
③ 将 Transact-SQL 游标与 SELECT 语句相关联。
④ 使用 OPEN 语句打开游标。
⑤ 使用 FETCH INTO 语句提取单个行数据,并将每列中的数据移至指定的变量中。
⑥ 使用 CLOSE 语句关闭游标。
⑦ 释放游标。

1. 声明变量

声明变量的方式与 5.2 节中的声明方式相同,此处不再重复。

2. 声明游标

语法格式如下:
DECLARE 游标名 CURSOR
　　[LOCAL | GLOBAL]
　　[FORWARD_ONLY | SCROLL]
　　[STATIC | KEYSET | DYNAMIC | FAST_FORWARD]
　　[READ_ONLY]
FOR select 语句
　　[FOR UPDATE [OF 列名 [,…n]]]
参数说明:
　　● LOCAL:指定对于在其中创建的批处理、存储过程或触发器来说,该游标的作用域是局部的。
　　● GLOBAL:指定该游标的作用域是全局的。
　　● SELECT 语句:用来定义游标所要处理的结果集。在 SELECT 语句内不允许使用关键字

COMPUTE、COMPUTE BY、FOR BROWSE 和 INTO。
- FORWARD_ONLY:指定游标只能从第一行滚动到最后一行。
- SCROLL:指定所有的提取选项(FIRST、LAST、PRIOR、NEXT、RELATIVE、ABSOLUTE)均可用。
- STATIC:静态游标类型。
- KEYSET:键集游标类型。
- DYNAMIC:动态游标类型。
- FAST_FORWARD:只进游标类型。
- READ_ONLY:设置游标为只读。
- UPDATE [OF 列名[,…n]]:定义游标中能够更新的列。若提供了"OF 列名[,…n]"就只允许修改列出的列,如果在 UPDATE 中未指定列的列表,除非指定了 READ_ONLY 并发选项,否则所有列均可更新。

【例 7-17】 声明变量及游标,游标的查询结果集为"销售明细"表及"商品信息"表中商品的条形码、商品名称、数量、单价。

程序代码如下:
```
USE ProductsSALES
GO
 -- 声明与结果集有关的变量
DECLARE @ txm varchar(13),
        @ spname varchar(50),
        @ sl real,
        @ price decimal(18,2)
 -- 声明游标
DECLARE Change_Product cursor for
SELECT a.条形码,b.商品名称,a.数量,a.单价
FROM 销售明细 a,商品信息 b
WHERE a.条形码 = b.条形码
```

3. 打开游标

游标创建后,需将其打开才能从中提取记录,使用 OPEN 语句打开游标。
语法格式如下:
OPEN 游标名

【例 7-18】 打开游标 Change_Product。
程序代码如下:
OPEN Change_Product

4. 从游标中提取数据

游标打开后,将从中提取记录并将其显示在屏幕上,FETCH 语句用于显示游标中的记录。

语法格式如下：
FETCH [[FIRST | LAST | PRIOR | NEXT
　　　| ABSOLUTE {n | @nvar}
　　　| RELATIVE {n | @nvar}
　　]
FROM 游标名
[INTO @变量名[,…n]]
参数说明：
- FIRST：返回游标中的第一行并将其作为当前行。
- LAST：返回游标中的最后一行并将其作为当前行。
- PRIOR：返回紧邻当前行前面的结果行，并且当前行递减为返回行。如果 FETCH PRIOR 语句为对游标的第一次提取操作，则没有行返回并且游标置于首行之前。
- NEXT：返回紧跟当前行之后的结果行，并且当前行递增为结果行。如果 FETCH NEXT 是对游标的首次提取操作，则返回结果集中的首行，NEXT 是默认的游标提取选项。
- ABSOLUTE {n | @nvar}：当 n 或 @nvar 为正数时，返回从游标头开始的第 n 行并将返回的行变成新的当前行。当 n 或 @nvar 为负数时，返回游标尾之前的第 n 行并将返回的行变成新的当前行。当 n 或 @nvar 为 0 时，则没有行返回。n 必须为整型常量且 @nvar 必须为 smallint、tinyint 或 int 类型。
- RELATIVE {n | @nvar}：当 n 或 @nvar 为正数时，返回当前行之后的第 n 行并将返回的行变成新的当前行。当 n 或 @nvar 为负数时，返回当前行之前的第 n 行并将返回的行变成新的当前行。当 n 或 @nvar 为 0 时，返回当前行。如果对游标的第一次提取操作时将 FETCH RELATIVE 的 n 或 @nvar 指定为负数或 0，则没有行返回。n 必须为整型常量且 @nvar 必须为 smallint、tinyint 或 int。
- INTO @变量名[,…n]：存入变量。允许将提取操作的列数据放到局部变量中。列表中的各个变量从左到右与游标结果集中的相应列相关联。各变量的数据类型必须与相应的结果列的数据类型匹配。变量的数目必须与游标选择列表中的列的数目一致。

【例 7-19】 从游标"Change_Product"中读取记录赋值给变量，循环输出每条记录。
程序代码如下：
-- 获得游标中的第一条记录
fetch next from Change_Product
into @txm,@spname,@sl,@price
-- 循环读取游标中的记录,若@@fetch_status=0,表示 fetch 命令成功执行
WHILE @@fetch_status=0
BEGIN
　　Print @txm+' '+@spname+' '+
　　　　convert(varchar,@sl)+' '+convert(varchar,@price)
-- 读取下一条游标记录
fetch next from Change_Product

into @txm,@spname,@sl,@price
END

5. 关闭游标

利用游标处理完数据后,应关闭游标,使用 CLOSE 语句关闭游标。
语法格式如下:
CLOSE 游标名

【例 7-20】 关闭游标"Change_Product"。
程序代码如下:
CLOSE Change_Product

6. 释放游标

关闭游标后并没有释放游标所用的系统资源,还应使用 DEALLOCATE 语句释放资源。
语法格式如下:
DEALLOCATE 游标名

【例 7-21】 释放游标 Change_Product。
程序代码如下:
DEALLOCATE Change_Product

【例 7-22】 声明一个名为"Products_cursor1"的游标,该游标从"商品信息"表中检索所有商品的条形码及商品名称的记录,分别提取出结果集中的第二行、第三行、第六行、第一行及最后一行的数据,结果如图 7-7 所示。
程序代码如下:
USE ProductsSALES
GO
DECLARE Products_cursor1 CURSOR
SCROLL
FOR
SELECT 条形码,商品名称 FROM 商品信息
GO
OPEN Products_cursor1
GO
FETCH ABSOLUTE 2 FROM Products_cursor1
FETCH NEXT FROM Products_cursor1
FETCH RELATIVE 3 FROM Products_cursor1
FETCH FIRST FROM Products_cursor1
FETCH LAST FROM Products_cursor1
CLOSE Products_cursor1
DEALLOCATE Products_cursor1

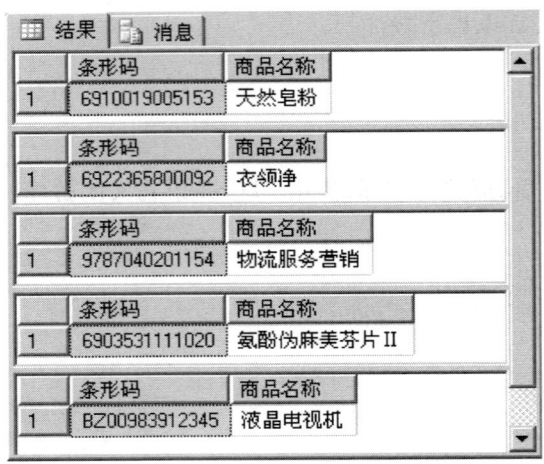

图 7-7 例 7-22 执行结果

【说明】 本例中使用绝对位置提取第二行,使用 NEXT 语句提取其后一行(即第三行),使用相对位置提取第六行(即相对于当前记录的第三行),使用 FIRST 语句提取第一行,使用 LAST 语句提取最后一行。

【例 7-23】 创建游标"Products_cursor2",提取"生产厂家"表中厂家编号为"101090001"的记录,并将"厂家名称"列的值改为"皓月集团",结果如图 7-8 所示。

程序代码如下:
USE ProductsSALES
GO
DECLARE Products_cursor2 CURSOR SCROLL
FOR
SELECT * FROM 生产厂家 WHERE 厂家编号 = '101090001'

图 7-8 利用游标修改表中的数据

```
FOR UPDATE
OPEN Products_cursor2
FETCH Products_cursor2
UPDATE 生产厂家 SET 厂家名称='皓月集团' WHERE CURRENT OF Products_cursor2
SELECT * FROM 生产厂家
CLOSE Products_cursor2
DEALLOCATE Products_cursor2
```

7.3.3 关于@@FETCH_STATUS

@@FETCH_STATUS 返回针对连接当前打开的任何游标发出的上一条游标 FETCH 语句的状态,具体返回值及描述如表 7-2 所示。

表 7-2 @@FETCH_STATUS 的返回值及描述

返回值	描 述
0	FETCH 命令成功执行
-1	FETCH 命令失败或此行不在结果集中
-2	所提取的数据不存在

【例 7-24】 创建游标"Products_cursor3",通过游标显示"生产厂家"表中的全部记录,结果如图 7-9 所示。

程序代码如下:

```
USE ProductsSALES
GO
DECLARE @厂家编号 varchar(10),@厂家名称 varchar(100),@show_factory varchar(200)
DECLARE Products_cursor3 CURSOR FOR
SELECT 厂家编号,厂家名称 FROM 生产厂家
OPEN Products_cursor3
fetch next from Products_cursor3 into @厂家编号,@厂家名称
WHILE @@FETCH_STATUS = 0
BEGIN
select @show_factory = @厂家编号 + ' ' + @厂家名称
print @show_factory
FETCH next from Products_cursor3 into @厂家编号,@厂家名称
end
CLOSE Products_cursor3
DEALLOCATE Products_cursor3
```

【说明】 本例是利用游标遍历显示整个结果集。定义变量和游标后,打开游标,先提取第

一条记录,通过判断@@FETCH_STATUS进行循环,利用变量打印输出结果,直到显示完结果集。

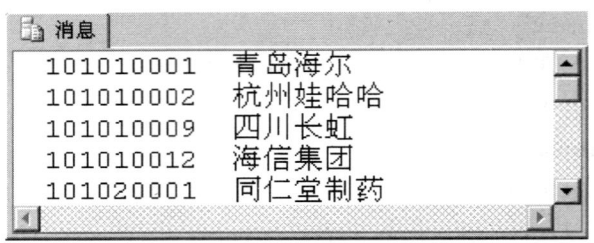

图7-9 利用游标遍历显示整个结果集

7.4 案例:存储过程、触发器及游标在学生成绩管理数据库中的应用

7.4.1 提出问题

① 创建存储过程"p_stu1",要求能够显示"学生基本信息"表中的数据。
② 创建触发器"t_stu1",若向"学生基本信息"表中输入新数据后,即显示"祝贺你!向学生基本信息表输入信息成功完成!"。
③ 查看触发器"t_stu1"的定义。
④ 使用游标显示"系部"表的整个结果集。

7.4.2 分析问题

① 创建存储过程可以使用CREATE PROCEDURE语句。
② 创建触发器可以使用CREATE TRIGGER语句。
③ 使用系统存储过程"sp_helptext"查看触发器的定义。
④ 利用游标遍历显示整个结果集。

7.4.3 解决问题

1. 7.4.1节中问题1的解决方案

CREATE PROCEDURE p_stu1
AS
SELECT * FROM 学生基本信息

2. 7.4.1 节中问题 2 的解决方案

CREATE TRIGGER t_stu1
ON 学生基本信息
AFTER INSERT
AS
PRINT '祝贺你！向学生基本信息表输入信息成功完成！'

3. 7.4.1 节中问题 3 的解决方案

sp_helptext t_stu1

4. 7.4.1 节中问题 4 的解决方案

USE 学生成绩
GO
DECLARE @系部编码 varchar(3), @系部名称 varchar(50), @show_part varchar(100)
DECLARE cur_stu1 CURSOR FOR
SELECT * FROM 系部
OPEN cur_stu1
fetch next from cur_stu1 into @系部编码, @系部名称
WHILE @@FETCH_STATUS = 0
BEGIN
select @show_part = @系部编码 + ' ' + @系部名称
print @show_part
FETCH next from cur_stu1 into @系部编码, @系部名称
end
CLOSE cur_stu1
DEALLOCATE cur_stu1

本 章 小 结

- 存储过程是一组为了完成特定功能的 Transact-SQL 语句的集合,经编译后存储在数据库服务器中,可以接受参数并返回状态值和参数值。
- 存储过程可以分为系统存储过程、用户定义存储过程和扩展存储过程等。
- 使用 CREATE PROCEDURE 语句来创建存储过程、使用 ALTER PROCEDURE 语句来修改存储过程、使用 DROP PROCEDURE 语句删除存储过程。
- 存储过程创建完成后,可以使用 EXECUTE 语句来执行存储过程。
- 可以通过"对象资源管理器"窗口创建、修改及删除存储过程。
- 触发器是一种特殊的存储过程,它在执行语言事件时自动生效。SQL Server 包括两大类触发器:DML 触发器和 DDL 触发器。

- DML 触发器是当数据库服务器中对表或视图发出 UPDATE、INSERT 或 DELETE 语句等数据操作语言（DML）事件时要执行的操作。
- DDL 触发器是为响应以 CREATE、ALTER 和 DROP 开头的 DDL（数据定义语言）语句而激发。
- 使用 CREATE TRIGGER 语句创建触发器、使用 ALTER TRIGGER 语句修改触发器、使用 DROP TRIGGER 语句删除触发器。
- 使用系统存储过程 sp_help 查看触发器的基本信息，包括触发器名称、所有者、类型及创建时间。
- 使用系统存储过程 sp_helptext 查看触发器的定义。
- SQL Server 支持 3 种类型的游标：Transact-SQL 游标、应用程序编程接口（API）服务器游标和客户端游标。

思考与练习

1. 以下创建存储过程的语句是（　　）。

   A. CREATE TRIGGER

   B. CREATE PROCEDURE

   C. CREATE VIEW

   D. CREATE TABLE

2. 下列选项中可用于检索游标中的记录的是（　　）。

   A. DEALLOCATE

   B. DROP

   C. FETCH

   D. CREATE

   E. OPEN

3. 下列 Transact-SQL 语句中能够声明游标的是（　　）。

   A. OPEN

   B. CLOSE

   C. FORWARD_ONLY

   D. DECLARE

4. 以下语句中能够创建触发器的语句是（　　）。

   A. CREATE VIEW

   B. CREATE PROCEDURE

   C. CREATE TRIGGER

   D. CREATE TABLE

5. （　　）触发器是为响应以 CREATE、ALTER 和 DROP 开头的数据定义语言语句而激发。

   A. DDL

   B. DML

   C. AFTER

   D. INSTEAD OF

6. 触发语句中使用的特殊的表为（　　）。

   A. deleted 表和 inserted 表

   B. update 表和 inserted 表

C. select 表和 deleted 表

D. 以上都是

7. 简述在存储过程或触发器中使用 Transact-SQL 游标的典型过程。

8. SQL Server 支持哪几种类型的游标？

实训 存储过程、触发器及游标在学生成绩管理系统中的应用

【目标】

1. 掌握存储过程和触发器的创建、修改及删除。
2. 掌握存储过程、触发器及游标在学生成绩管理系统中的应用。
3. 学会使用触发器来维护学生成绩管理系统的数据完整性。

【预估时间】

90 分钟。

【步骤】

1. 存储过程在学生成绩管理系统中的应用

① 创建存储过程"p_stu2"，要求能够根据学生学号显示学生的基本信息。

② 创建存储过程"p_stu3"，要求能够根据学生学号显示学生的姓名及各科成绩（说明：学生成绩与学生姓名分属于两个不同的表）。

③ 创建带输入参数的存储过程"p_stu5"，要求能够通过参数传递的方式向"系部"表中添加新的记录。

④ 创建带输入参数的存储过程"p_stu6"，要求能够通过学号修改"学生基本信息"表中的学生姓名。

⑤ 删除存储过程"p_stu1"。

2. 触发器在学生成绩管理系统中的应用

① 创建触发器"t_stu2"，若"学生基本信息"表中学号被修改时，"学生成绩"表中对应的数据也相应发生变化。

② 创建触发器"t_stu3"，若更改"成绩"表中的数据，即显示"已对成绩表中的内容修改完毕！"。

③ 创建触发器"t_stu4"，若删除"课程"表中的行数据，将同时删除"成绩"表中该课程的全部数据。

④ 创建触发器"t_stu5"，若删除"学生基本信息"表中的学生数据，则删除"成绩"表中相应的记录。

3. 游标在学生成绩管理系统中的应用

使用游标显示"成绩"表内课程编码（kcno）为"0001"的结果集。

第8章

事 务 处 理

知识目标

掌握显式事务、自动提交事务及隐式事务的应用。

技能目标

能够应用不同类型的事务保证数据的一致性。

内容框架

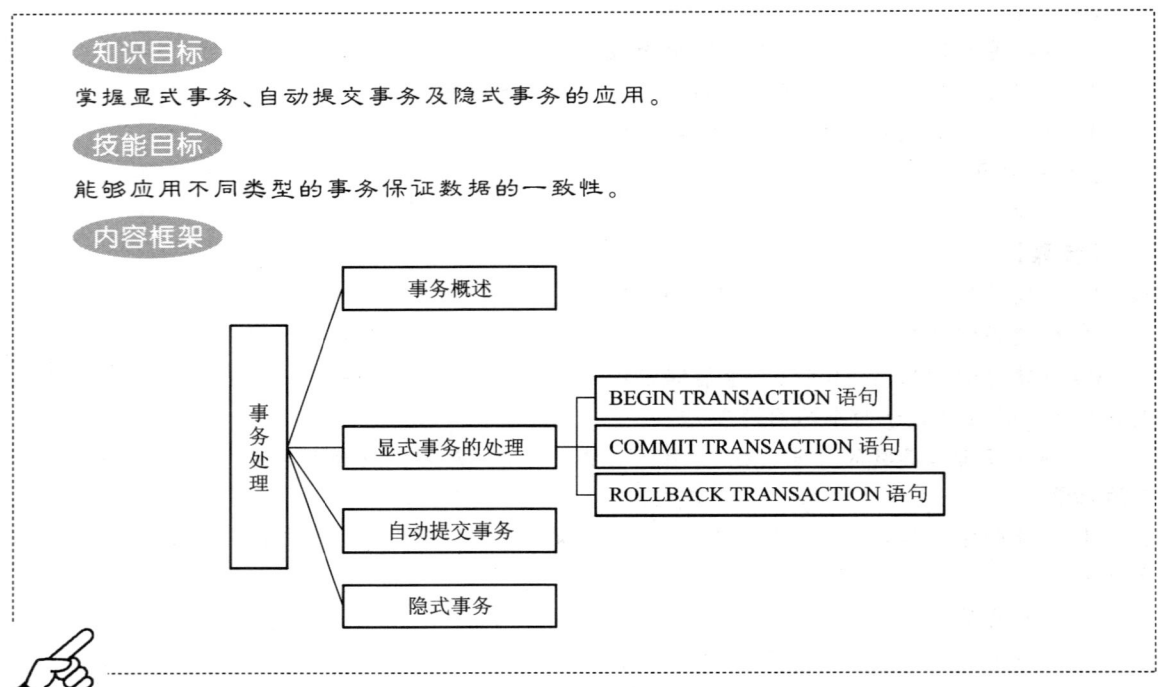

8.1 事务概述

事务是单个的工作单元。如果某一事务成功,则在该事务中进行的所有数据修改均会提交,成为数据库中的永久组成部分。如果遇到错误,则必须取消或回滚,所有的数据修改全部清除。例如,修改"商品信息"表中的条形码后,应该立即修改"销售明细"表中对应商品的条形码,这两个操作要么全都做,要么都不做。如果修改"商品信息"表中的条形码成功完成,而对"销售明细"表中条形码的修改出现了错误,则对"商品信息"表中条形码的修改也应被撤销,否则会造成无法提取商品名称的情况。

事务有4个特性(ACID),即原子性(A)、一致性(C)、隔离性(I)和持久性(D)。

- 原子性:事务必须是原子工作单元,对于其数据修改,要么全都执行,要么全都不执行。
- 一致性:事务在完成时,必须使所有的数据都保持一致状态。在相关数据库中,所有规则都必须应用于事务的修改,以保持所有数据的完整性。事务结束时,所有的内部数据结构都必须是正确的。
- 隔离性:由并发事务所做的修改必须与任何其他并发事务所做的修改隔离。事务识别数据时数据所处的状态,要么是第一个并发事务修改它之前的状态,要么是第二个事务修改它之后的状态,而不能查看中间状态的数据。
- 持久性:事务完成后对系统的影响是永久性的。

SQL Server 以下列事务模式运行。

- 自动提交事务:每条单独的语句都是一个事务。
- 显式事务:每个事务均以 BEGIN TRANSACTION 语句显式开始,以 COMMIT 或 ROLLBACK 语句显式结束。
- 隐式事务:在前一个事务完成时新事务隐式启动,但每个事务仍以 COMMIT 或 ROLLBACK 语句显式完成。
- 批处理级事务:只能应用于多个活动结果集(MARS),在 MARS 会话中启动的 Transact-SQL 显式或隐式事务变为批处理级事务。当批处理完成时没有提交或回滚的批处理级事务自动由 SQL Server 回滚。

8.2 显式事务的处理

显式事务是指能够显式地在其中定义事务的开始和结束的事务。Transact-SQL 脚本使用 BEGIN TRANSACTION、COMMIT TRANSACTION、COMMIT WORK、ROLLBACK TRANSACTION 或 ROLLBACK WORK Transact-SQL 语句定义显式事务。

8.2.1 BEGIN TRANSACTION 语句

该语句标记一个显式本地事务的起始点。

语法格式如下：

BEGIN ｛ TRAN ｜ TRANSACTION ｝ 事务名
　　　［ WITH MARK ［ '描述' ］ ］

参数说明：
- 事务名：命名时应遵循标识符规则，但是不允许标识符多于 32 个字符。
- WITH MARK ［'描述'］：指定在日志中标记事务。

若使用了 WITH MARK，则一定要指定事务名，WITH MARK 允许将事务日志还原到命名标记。

【例 8-1】 设置事务"First_T1"的起始点。

程序代码如下：

BEGIN TRANSACTION First_T1

8.2.2 COMMIT TRANSACTION 语句

COMMIT TRANSACTION 标志一个成功的隐式事务或显式事务的完成。

语法格式如下：

COMMIT ｛ TRAN ｜ TRANSACTION ｝ 事务名

【例 8-2】 标记显式事务"First_T1"被成功执行。

程序代码如下：

COMMIT TRANSACTION First_T1

8.2.3 ROLLBACK TRANSACTION 语句

ROLLBACK TRANSACTION 将显式事务或隐式事务回滚到事务的起点或事务内的某个保存点。

语法格式如下：

ROLLBACK ｛ TRAN ｜ TRANSACTION ｝ 事务名

【例 8-3】 回滚事务"First_T1"。

程序代码如下：

ROLLBACK TRANSACTION First_T1

【例 8-4】 对条形码为"6903531111020"的商品零售价降价 10%，若其价格低于 15 元，则事务回滚并输出"价格低于 15 元，不进行更新！"的信息。

程序代码如下：

BEGIN TRANSACTION

```
UPDATE 商品信息
set 零售价 = 零售价 * 0.9
WHERE 条形码 = '6903531111020'
IF( select 零售价 from 商品信息 where 条形码 = '6903531111020' ) < 15
BEGIN
    ROLLBACK TRANSACTION
    PRINT '价格低于 15 元,不进行更新!'
END
ELSE
BEGIN
    COMMIT TRANSACTION
    PRINT '价格修改完毕!'
END
```

8.3 自动提交事务

自动提交模式是 SQL Server 的默认事务管理模式。每个 Transact-SQL 语句完成时都被提交或回滚。若一个语句被成功执行,则提交该语句;若遇到错误,则回滚该语句。只要自动提交模式没有被显式或隐式事务替代,SQL Server 连接就以该默认模式进行操作。自动提交模式也是 ADO、OLE DB、ODBC 和 DB – Library 的默认模式。

SQL Server 连接在 BEGIN TRANSACTION 语句启动显式事务或隐式事务模式设置为打开之前,将以自动提交模式进行操作。当提交或回滚显式事务或者关闭隐式事务模式时,SQL Server 将返回到自动提交模式。

【例 8 – 5】 自动提交事务实例:创建一个表,并向表中插入 3 条记录,并检验记录是否被插入。

程序代码如下:
```
USE ProductsSALES
GO
CREATE TABLE 自动提交事务练习1(列 a INT PRIMARY KEY, 列 b CHAR(5))
GO
INSERT INTO 自动提交事务练习1 VALUES (1,'aaaaa')
INSERT INTO 自动提交事务练习1 VALUES (2,'bbbbb')
INSERT INTO 自动提交事务练习1 VALSYE (3,'ccccc') /* VALSYE 符号错误 */
GO
SELECT * FROM 自动提交事务练习1 /* 不能返回任何结果 */
GO
```

【说明】 由于编译错误,第 3 个批处理中的任意 INSERT 语句都没有执行(实际是前两个

INSERT 语句没有执行便进行了回滚)。

8.4 隐式事务

隐式事务表示在当前事务提交或回滚后,SQL Server 自动开始的事务。隐式事务无需使用 BEGIN TRANSACTION 语句标志事务的开始,只需结束或回滚事务。在回滚后,SQL Server 又自动开始一个新的事物。

启动隐式事务模式:SET IMPLICIT_TRANSACTIONS ON

关闭隐式事务模式:SET IMPLICIT_TRANSACTIONS OFF

结束或回滚事务:COMMIT TRANSACTION、COMMIT WORK、ROLLBACK TRANSACTION 或 ROLLBACK WORK

【例 8-6】 隐式事务的应用。

① 启动 SQL Server Management Studio 并打开一个"新建查询"窗口。

② 设置连接为隐式事务模式。

程序代码如下:

```
SET IMPLICIT_TRANSACTIONS ON
GO
```

③ 检验事务是否已经启动。

程序代码如下:

```
CREATE TABLE Table1    -- 创建一个表
    (C1 int PRIMARY KEY)
```

④ 使用@@TRANCOUNT 测试一个事务是否已经打开。

程序代码如下:

```
SELECT @@TRANCOUNT AS [Transaction Count]
```

⑤ 结果为"1",表示当前连接已经打开了一个事务;若结果为"0",表示当前没有事务;若结果大于"1",表示有嵌套事务。

⑥ 向表中插入一条记录后再次检查@@TRANCOUNT。

程序代码如下:

```
INSERT INTO Table1 VALUES(10)
GO
SELECT @@TRANCOUNT AS [Transaction Count]
```

@@TRANCOUNT 的值仍为"1"。因为已经打开了一个事务,所以 SQL Server 没有开始一个新的事务。

⑦ 回滚该事务并再次检查@@TRANCOUNT。可以看出,执行完 ROLLBACK TRANSACTION 语句后,@@TRANCOUNT 的值转变为"0"。

程序代码如下:

```
ROLLBACK TRANSACTION
```

GO
SELECT @@TRANCOUNT AS [Transaction Count]
⑧ 查询表"Table1"中的数据。
SELECT * FROM Table1
/*
因为表已经不存在,所以将得到一个错误信息。这个隐式事务起始于 CREATE TABLE 语句,并且 ROLLBACK TRAN 语句取消了第一个语句后所做的所有工作
*/
⑨ 关闭隐式事务。
程序代码如下:
SET IMPLICIT_TRANSACTIONS OFF

【注意】 使用隐式事务时不能忘记提交或回滚事务。由于没有显式的 BEGIN TRANSACTION 语句,这些步骤很容易被遗忘,并导致事务长期运行,在连接关闭时产生不必要的回滚,以及与其他连接之间产生的阻塞问题。

8.5 案例:事务在学生成绩管理数据库中的应用

8.5.1 提出问题

修改"学生基本信息"表中的某个学号后,是否应修改"成绩"表中该同学相应的学号?

8.5.2 分析问题

1. 在学生成绩管理系统中,为了保证数据的完整性和一致性,若某位同学的学号发生改变,不仅"学生基本信息"表中的信息需要修改,"成绩"表中的学号也需要进行修改。
2. 需要创建事务来保证数据的一致性。
3. 使用 BEGIN TRANSACTION 语句标记一个显式本地事务的起始点。
4. 使用 COMMIT TRANSACTION 语句标记一个成功的隐式事务或显式事务的完成。

8.5.3 解决问题

USE 学生成绩
GO
BEGIN TRANSACTION
    UPDATE 学生基本信息 SET 学号='S200501001' WHERE 学号='200501001'
    UPDATE 成绩 SET 学号='S200501001' WHERE 学号='200501001'

COMMIT TRANSACTION

本章小结

- 事务是单个的工作单元。如果某一事务成功,则在该事务中进行的所有数据修改均会提交,成为数据库中的永久组成部分。如果遇到错误,则必须取消或回滚,所有的数据修改全部清除。
- 事务有4个特性(ACID),即原子性(A)、一致性(C)、隔离性(I)和持久性(D)。
- 显式事务是指能够显式地在其中定义事务的开始和结束的事务。Transact-SQL 脚本使用 BEGIN TRANSACTION、COMMIT TRANSACTION、COMMIT WORK、ROLLBACK TRANSACTION 或 ROLLBACK WORK Transact-SQL 语句定义显式事务。
- 自动提交模式是 SQL Server 的默认事务管理模式。每个 Transact-SQL 语句完成时,都被提交或回滚。
- 隐式事务表示在当前事务提交或回滚后,SQL Server 自动开始的事务。隐式事务无须描述事务的开始,只需提交或回滚每个事务。

思考与练习

1. (　　)是 SQL Server 中的执行单元,它可以是一条 SQL 语句、一组 SQL 语句或整个程序。这些操作要么都做、要么都不做,是一个不可分割的工作单位。

A. 事务

B. 更新

C. 插入

D. 以上都不是

2. 下列选项中用于清除自最近的事务语句以来所有的修改的是(　　)。

A. COMMIT TRANSACTION

B. ROLLBACK TRANSACTION

C. BEGIN TRANSACTION

D. SAVE TRANSACTION

3. 下列语句中用于定义事务的起始点的是(　　)。

A. COMMIT TRANSACTION

B. ROLLBACK TRANSACTION

C. BEGIN TRANSACTION

D. SAVE TRANSACTION

4. 下列语句中能够提交一个事务的是(　　)。

A. COMMIT TRANSACTION

B. ROLLBACK TRANSACTION

C. BEGIN TRANSACTION

D. SAVE TRANSACTION

5. 下列语句中能够回滚事务的是(　　)。

A. COMMIT TRANSACTION

B. ROLLBACK TRANSACTION

C. BEGIN TRANSACTION

D. SAVE TRANSACTION

实训　学生成绩管理系统数据库中事务的应用

【目标】

1．掌握 SQL Server 事务的基本操作。

2．掌握学生成绩管理系统数据库中事务的应用。

【预估时间】

40 分钟。

【步骤】

1．定义一个事务，提交该事务后，将考试课程为"英语"且成绩小于 90 分的学生成绩增加 5%。

2．定义一个事务，当一个学号为"200601001"的学生退学后，如果"学生基本信息"表中相关数据被删除后，"成绩"表中的相应数据也要被删除。

第9章

SQL Server 2005 的安全管理

知识目标
- 掌握登录名的创建与管理。
- 掌握角色和用户的创建与管理。
- 了解数据控制语言对数据库权限的控制。

技能目标

能够设置登录名、角色和用户。

内容框架

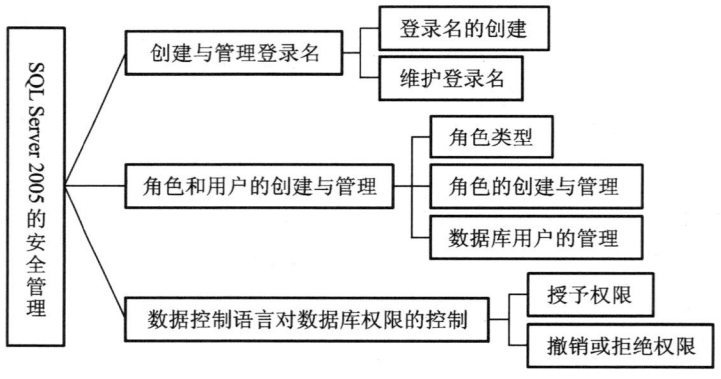

9.1 创建与管理登录名

账户要使用系统必须登录,SQL Server 在整个服务器范围管理登录。登录名存储在"master"数据库的"syslogins"系统表中。

9.1.1 登录名的创建

1. 在可视化环境中创建登录名

(1) 新建登录名

启动 SQL Server Management Studio,在"对象资源管理器"窗口中展开实例节点"安全性"在"登录名"处右击,在弹出的快捷菜单中选择"新建登录名"命令,如图 9 – 1 所示。

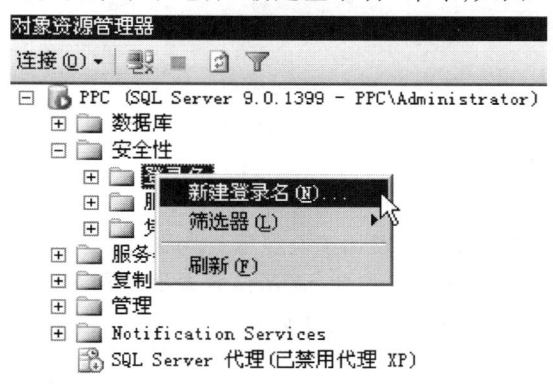

图 9 – 1 新建登录名

(2) 设置选项

在"登录名 – 新建"对话框中的"选项页"列表框中有 5 个选项:常规、服务器角色、用户映射、安全对象及状态,如图 9 – 2 所示。

1)"常规"选项页

- 登录名:输入或选择 SQL Server 登录名。
- Windows 身份验证:选择该单选按钮,对该登录账户使用 Windows 身份验证。
- SQL Server 身份验证:选择该单选按钮,对登录账户使用 SQL Server 身份验证。

➢强制实施密码策略:选中该复选框,对登录账户强制实施密码策略,是 SQL Server 身份验证的默认设置。

➢强制密码过期:选中该复选框,对登录账户强制实施密码过期策略,选择"强制实施密码策略"后方能启用此项。

➢用户在下次登录时必须更改密码:选中该复选框,首次使用新登录名时,SQL Server 将提示

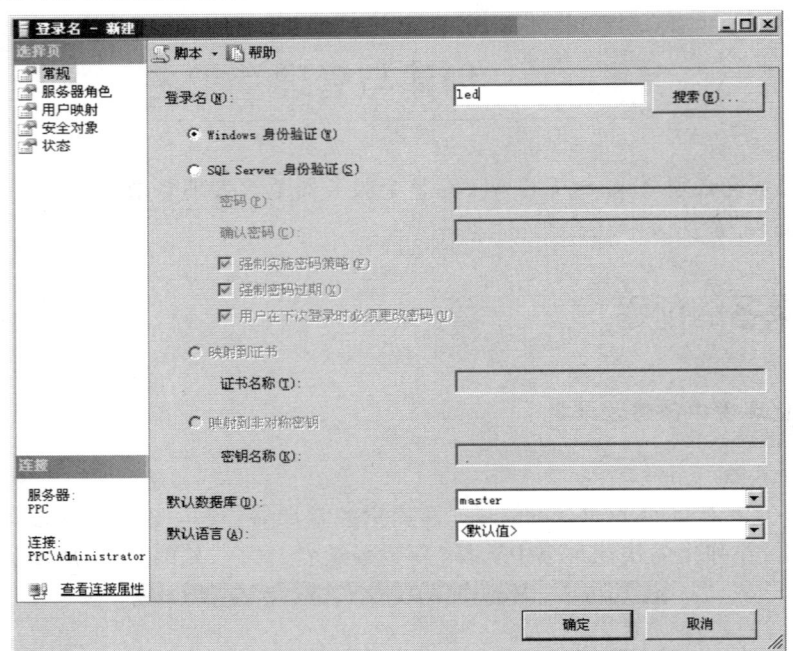

图 9-2　新建登录名

用户输入新密码。
- 映射到证书：选择该单选按钮，表示该登录账户与某个证书相关联。
- 映射到非对称密钥：选择该单选按钮，表示该登录账户与某个非对称密钥相关联。
- 默认数据库：为该登录账户选择默认的数据库。
- 默认语言：为该登录账户选择默认的语言。

2)"服务器角色"选项页

选择"服务器角色"选项，可向用户授予服务器范围内的安全特性，如图 9-3 所示。
- bulkadmin：该成员能够运行 BULK INSERT 语句。
- dbcreator：该成员能够创建、更改、删除和还原任何数据库。
- diskadmin：该成员能够管理磁盘文件。
- processadmin：该成员能够终止在数据库引擎实例中运行的进程。
- securityadmin：该成员能管理登录名及其属性。
- serveradmin：该成员能够更改服务器范围的配置选项和关闭服务器。
- setupadmin：该成员能够添加和删除链接服务器，并执行某些系统存储过程。
- sysadmin：该成员能够在数据库引擎中执行任何活动。默认情况下，本地管理员组的所有成员都是 sysadmin 固定服务器角色的成员。

3)"用户映射"选项页

选择"用户映射"选项，如图 9-4 所示。
- 映射到此登录名的用户：在该列表框中，选择此登录名可以访问的数据库。选择某个数据库时，在"数据库角色成员身份：<数据库名>"列表框中将显示其有效的数据库角色。

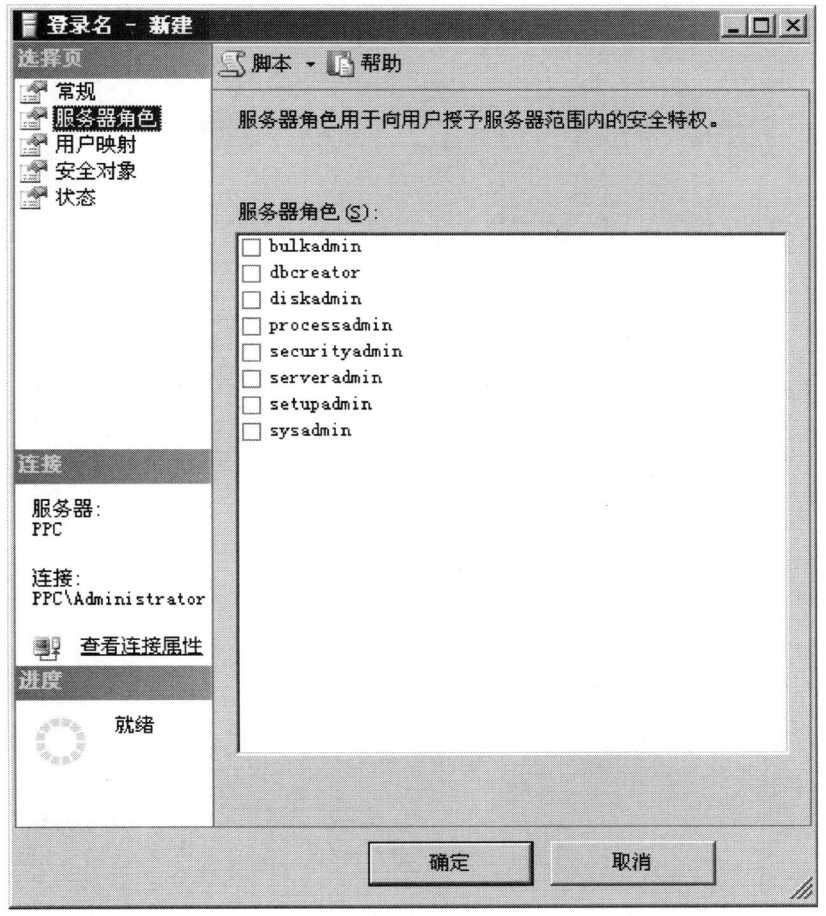

图 9-3 "服务器角色"选项

- 映射:允许登录名访问列出的数据库。
- 数据库:列出服务器上可用的数据库。
- 用户:指定要映射到登录名的数据库用户,默认情况下,数据库用户名与登录名相同。
- 默认架构:指定用户的默认架构,初次创建用户时,其默认架构是 dbo。
- 已启用 Guest 账户:<数据库名>:这是一个只读属性,指示当前数据库是否已启用 Guest 账户。
- 数据库角色成员身份:<数据库名>:选择用户在当前数据库中的角色。在每个数据库中,所有用户都是 public 角色的成员,并且不能被删除。

4)"安全对象"选项页

使用"安全对象"选项能够查看或设置数据库安全对象的权限。单击"添加"按钮能够将选项添加到上部的"安全对象"列表框内,然后在"显式权限"列表框中为其设置适当的权限,如图 9-5 所示。

- "安全对象"列表框:此列表框中能够添加、删除要设置权限的对象或主体。

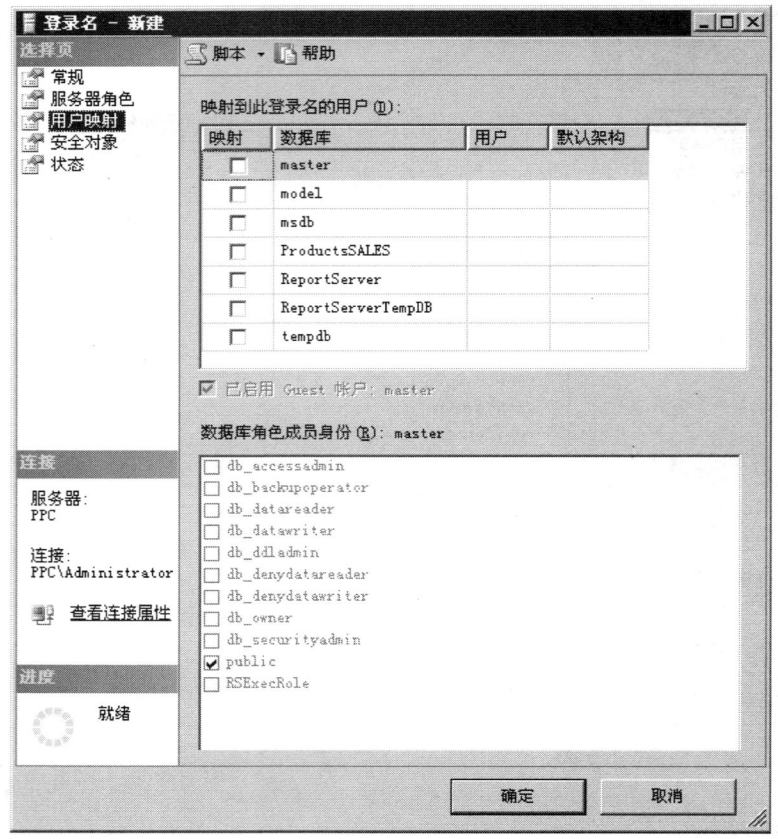

图 9-4 选择"用户映射"选项

- "显式权限"列表框:列出了"安全对象"列表框中所选安全对象的可能权限。选中或清除"授予"、"具有授予权限"和"拒绝"复选框对这些权限进行配置。

5)"状态"选项页

选择"状态"选项,能够配置所选 SQL Server 登录名的一些身份验证和授权选项,如图 9-6 所示。

- 是否允许连接到数据库引擎:选择"授予"单选按钮,将允许此登录连接到 SQL Server 数据库引擎实例;选择"拒绝"单选按钮,将阻止此登录的连接。
- 登录:在该选项组能够启用或禁用此登录名。

2. 使用系统存储过程"sp_addlogin"创建登录名

系统存储过程"sp_addlogin"能够创建新的 SQL Server 登录,该登录允许用户使用 SQL Server 身份验证连接到 SQL Server 实例。

语法格式如下:

sp_addlogin '登录名','密码','默认数据库'[,'默认语言']

【例 9-1】 使用存储过程"sp_addlogin"创建登录账户"user01",密码为"001",默认数据库

9.1 创建与管理登录名

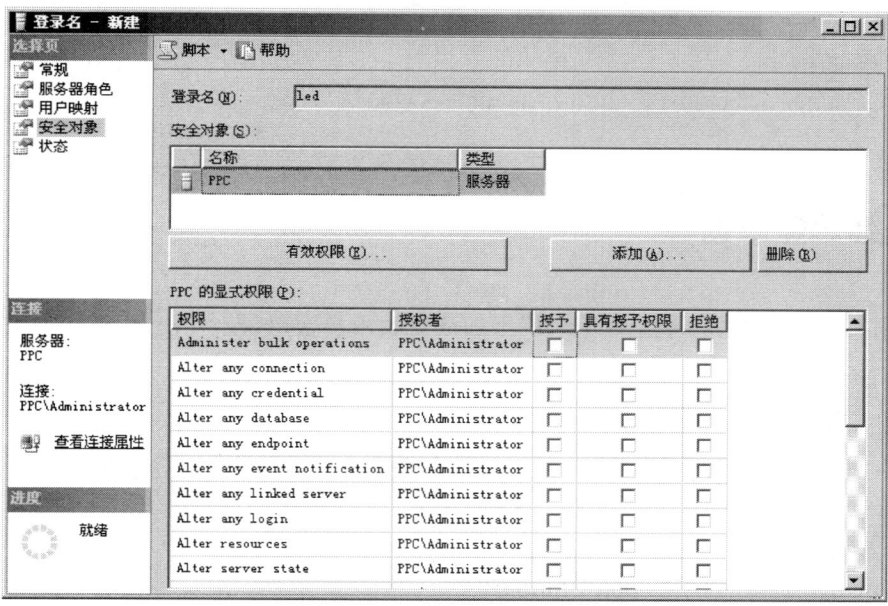

图 9-5 选择"安全对象"选项

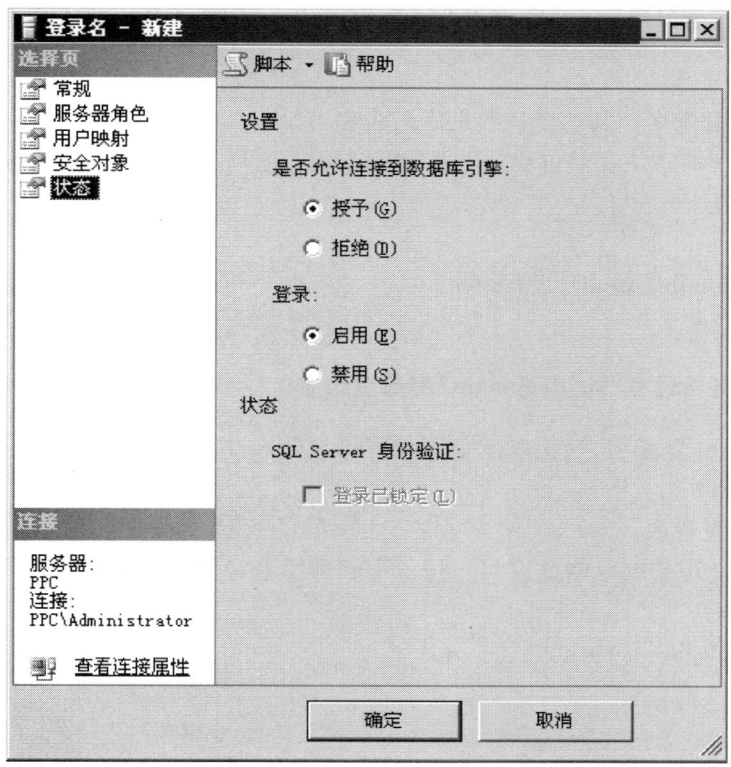

图 9-6 选择"状态"选项

为"PruductsSALES"。

程序代码如下:
```
EXEC sp_addlogin 'user01','001','ProductsSALES'
GO
```

9.1.2 维护登录名

1. 使用系统存储过程"sp_password"添加或更改用户密码

语法格式如下:
```
sp_password '原密码','新密码','登录名'
```

【例9-2】 使用系统存储过程"sp_password"将[例9-1]中创建登录名为"user01"的密码修改为"000"。

程序代码如下:
```
EXEC sp_password '001','000','user01'
GO
```

2. 使用系统存储过程"sp_defaultdb"修改 SQL Server 登录名的默认数据库

语法格式如下:
```
sp_defaultdb '登录名','新的默认数据库的名称'
```

【例9-3】 使用系统存储过程"sp_defaultdb"将[例9-1]中登录名为"user01"的默认数据库修改为"master"。

程序代码如下:
```
EXEC sp_defaultdb 'user01','master'
GO
```

3. 使用系统存储过程"sp_droplogin"删除登录名

删除 SQL Server 登录名,禁止以该登录名访问 SQL Server 实例。
语法格式如下:
```
sp_droplogin '登录名'
```
【例9-4】 使用系统存储过程"sp_droplogin"删除登录名"user01"。
程序代码如下:
```
EXEC sp_droplogin 'user01'
GO
```

9.2 角色和用户的创建与管理

9.2.1 角色类型

SQL Server 2005 中有两种角色:服务器角色和数据库角色。

1. 服务器角色

服务器角色在其作用域内属于服务器范围,服务器角色的每个成员都可以向其所属角色添加登录名。SQL Server 2005 提供了如表 9-1 所示服务器角色。

表 9-1 服务器角色

服务器角色	描述
sysadmin	能够在 SQL Server 中执行任何活动
serveradmin	能够设置服务器范围的配置选项,关闭服务器
securityadmin	安全管理员,可以管理登录服务器权限
setupadmin	能够添加和删除链接服务器,并且也可以执行某些系统存储过程
processadmin	管理在 SQL Server 中运行的进程
dbcreator	能够创建、更改、删除和还原任何数据库
diskadmin	能够管理磁盘文件
bulkadmin	能够执行 BULK INSERT 语句

2. 数据库角色

数据库角色是在数据库级别定义的,并且存在于每个数据库中。数据库角色包括 db_owner、db_accessadmin、db_securityadmin、db_ddladmin、db_backupoperator、db_datareader、db_datawriter、db_denydatareader 和 db_denydatawriter 等,如表 9-2 所示。

表 9-2 数据库角色

数据库角色	描述
db_owner	数据库的所有者,能够执行数据库的所有管理操作
db_accessadmin	能够添加或删除用户 ID
db_securityadmin	执行语句及对象权限管理
db_ddladmin	能够增加、修改或删除数据库中的对象
db_backupoperator	能够执行数据库备份和恢复
db_datareader	能够读取用户表中的所有数据
db_datawriter	能够更改用户表中的所有数据
db_denydatareader	禁止用户查看用户表中的数据
db_denydatawriter	禁止修改任意用户表中的数据

9.2.2 角色的创建与管理

1. 在可视化环境中创建角色

数据库角色是针对某一具体的数据库而言的,其作用域为该数据库范围。

【例 9-5】 在可视化环境中向 ProductsSALES 数据库中添加数据库角色 myled。

操作步骤如下:

① 启动 SQL Server Management Studio,在"对象资源管理器"窗口中展开实例节点"安全性"→"角色",右击"数据库角色"在弹出的快捷菜单中选择"新建数据库角色"命令,如图 9-7 所示。

图 9-7 新建数据库角色

② 在"新建数据库角色"对话框中需要设置如图 9-8 所示各项。
- 角色名称:输入角色名称。
- 所有者:显示角色的所有者。
- 此角色拥有的架构:选择或查看此角色拥有的架构。
- 此角色的成员:从所有可用数据库用户的列表中选择角色的成员身份。

设置完以上选项后,根据需要再设置"安全对象"及"扩展属性"项中的相关选项。

③ 单击"确定"按钮,完成新角色的创建。

2. 使用 Transact-SQL 语句创建与管理角色

(1) 添加角色

使用系统存储过程"sp_addrole"能够为当前数据库创建一个新的角色。

语法格式如下:

9.2 角色和用户的创建与管理　　215

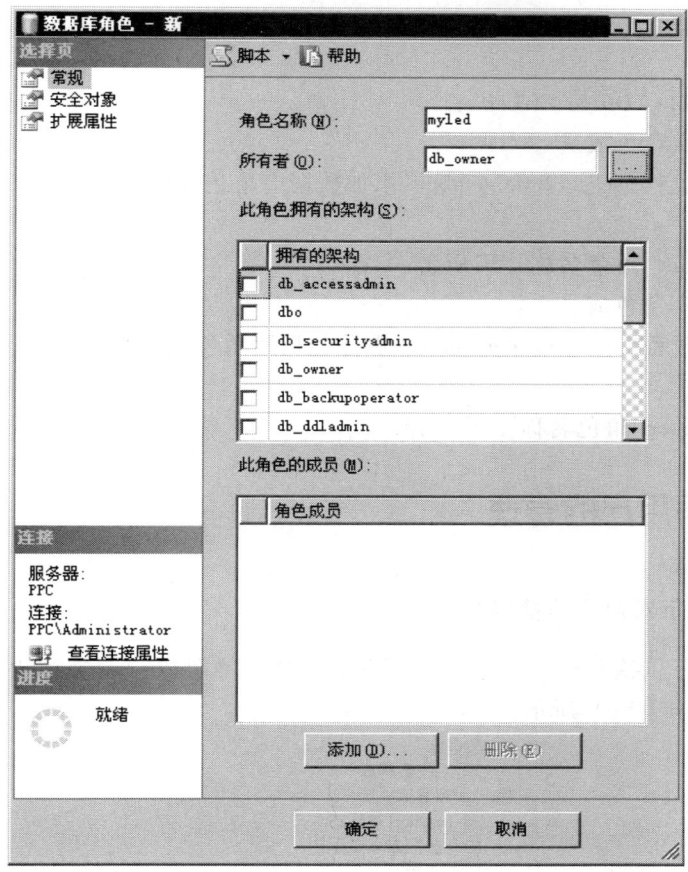

图 9-8　数据库角色"常规"项

sp_addrole '角色名称','角色的所有者'

【例 9-6】　向"ProductsSALES"数据库中添加名为"OfficeWorker"的新角色。

程序代码如下：

USE ProductsSALES

GO

EXEC sp_addrole ' OfficeWorker '

（2）删除角色

使用系统存储过程"sp_droprole"删除当前数据库中的角色。

语法格式如下：

sp_droprole '角色名称'

【注意】　首先应删除数据库角色的所有成员，然后才能删除该数据库角色。不能在用户定义的事务内执行 sp_droprole。

【例 9-7】　将"ProductsSALES"数据库名为"OfficeWorker"的角色删除。

程序代码如下：

USE ProductsSALES
GO
EXEC sp_droprole ' OfficeWorker '

（3）添加数据库角色成员

使用系统存储过程"sp_addrolemember"添加数据库角色成员。

语法格式如下：

sp_addrolemember '角色名称','用户名'

（4）删除数据库角色成员

使用系统存储过程"sp_droprolemember"删除数据库角色成员。

语法格式如下：

sp_droprolemember '角色名称','用户名'

9.2.3 数据库用户的管理

1. 可视化环境下对用户的管理

在某个数据库下依次展开"安全性"→"用户"项，右"用户"项，在弹出的快捷菜单中选择"新建用户"命令，如图 9 - 9 所示。

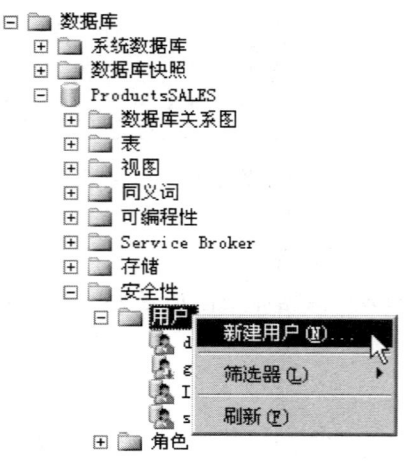

图 9 - 9 新建用户

在打开的对话框内进行如下各项的设置，如图 9 - 10 所示。

- 用户名：为所选登录名输入用户名。
- 登录名：创建新用户时，从列表中选择一个登录名。如果对现有用户进行编辑，则不能更改此选项。
- 证书名称：若创建新用户时使用了证书，将显示证书名称。
- 密钥名称：若创建新用户时使用了非对称密钥，将显示密钥名称。

9.2 角色和用户的创建与管理

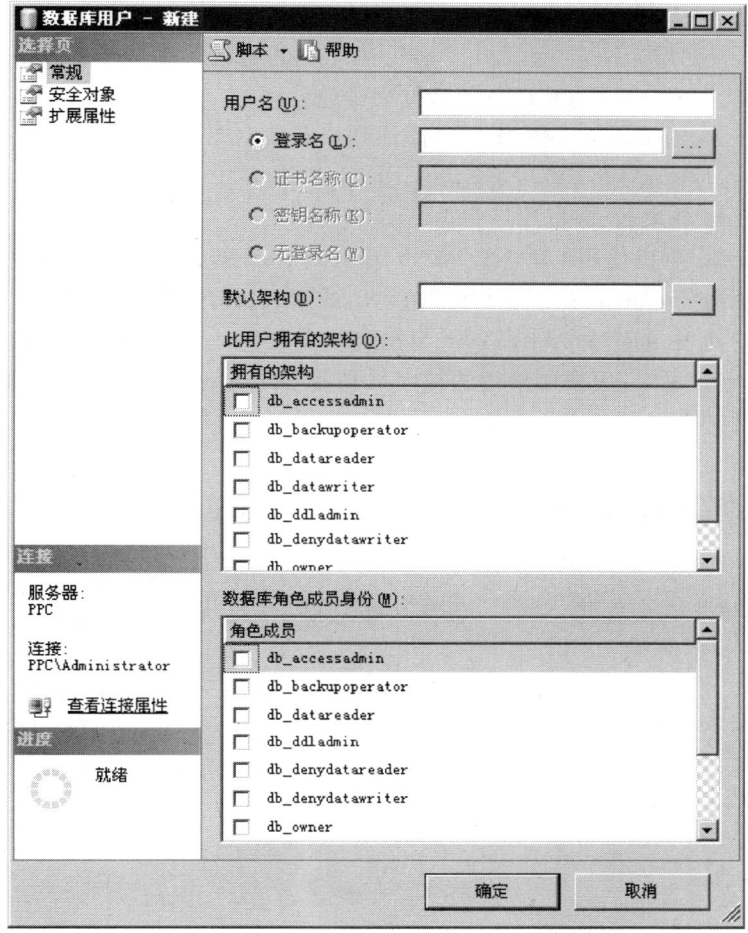

图 9-10 新建数据库用户

- 无登录名:指示登录名是使用 WITHOUT LOGIN 子句创建的。
- 默认架构:除非另行指定,否则指定该用户所创建对象所属的架构。
- 此用户拥有的架构:在此选择或查看该用户拥有的架构。
- 数据库角色成员身份:从所有可用的数据库角色列表中为用户选择数据库角色成员身份。

2. 使用 Transact-SQL 语句对用户管理

(1) 添加用户

① 使用系统存储过程"sp_adduser"可以为当前数据库创建一个新的用户。

语法格式如下:

sp_adduser '登录名'[,'新的用户名'] [,'数据库角色']

参数说明:

- 登录名:SQL Server 登录或 Windows 登录的名称。必须是现有的 SQL Server 登录名或

Windows 登录名。
- 新的用户名：如果未指定"新的用户名"，则用户的名称默认为登录名。
- 数据库角色：新用户成为其成员的数据库角色。

② 使用 sp_grantdbaccess 将数据库用户添加到当前数据库。

语法格式如下：

sp_grantdbaccess 登录名,数据库用户名

用户添加完成后，可以使用 GRANT、DENY 和 REVOKE 等语句来定义控制用户所执行的活动的权限。可以使用"sp_helprole"显示有效角色名的列表，使用系统视图"sys.server_principals"显示有效登录名的列表，如图 9-11 所示。当指定一个角色时，用户能够自动地获得为该角色所定义的权限，未指定角色时，用户所获得的权限将是授予默认 public 角色的权限。如果把用户添加到角色，必须提供"新的用户名"的值。

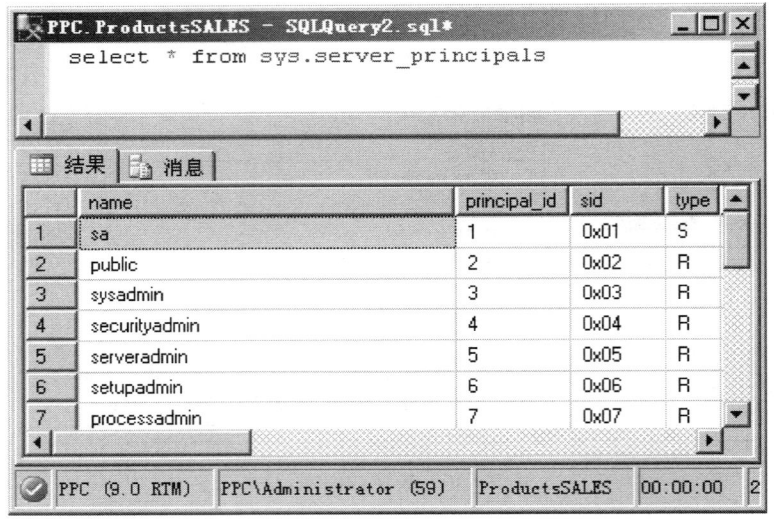

图 9-11　显示有效登录名的列表

【说明】　"用户名"与"登录名"可以相同

【例 9-8】　用现有的登录名"user01"，将数据库用户"myled1"添加到"ProductsSALES"数据库中的"db_datareader"角色。

程序代码如下：

USE ProductsSALES
GO
EXEC sp_adduser 'user01','myled1','db_datareader'

（2）删除用户

① 使用系统存储过程 sp_dropuser 能够删除当前数据库中的用户。

语法格式如下：

sp_dropuser '用户名'

② 使用系统存储过程"sp_revokedbaccess"从当前数据库中删除数据库用户。
语法格式如下：
sp_revokedbaccess '用户名'
使用系统存储过程"sp_helpuser"能够显示一个可从当前数据库中删除的用户名的列表，如图 9 – 12 所示。

【例 9 – 9】 将"ProductsSALES"数据库中的用户"myled1"删除。
程序代码如下：
USE ProductsSALES
GO
EXEC sp_dropuser ' myled1 '

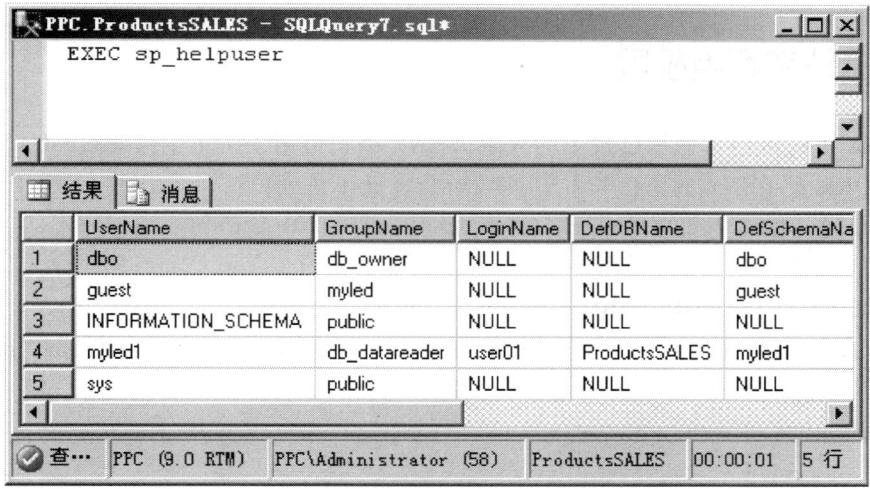

图 9 – 12 显示一个可从当前数据库中删除的用户名的列表

9.3 数据控制语言对数据库权限的控制

9.3.1 授予权限

GRANT 用于授予权限。
语法格式如下：
GRANT { ALL [PRIVILEGES] }
　　| 权限的名称 [(列名称 [,…n])] [,…n]
　　[ON [类 ::] 安全对象] TO 主体名称 [,…n]
　　[WITH GRANT OPTION] [AS 主体]
参数说明：

- 安全对象为数据库时,"ALL"表示 BACKUP DATABASE、BACKUP LOG、CREATE DATABASE、CREATE DEFAULT、CREATE FUNCTION、CREATE PROCEDURE、CREATE RULE、CREATE TABLE 和 CREATE VIEW。
- 安全对象为标量函数时,"ALL"表示 EXECUTE 和 REFERENCES。
- 安全对象为表、表值函数或视图时,"ALL"表示 DELETE、INSERT、REFERENCES、SELECT 和 UPDATE。
- 安全对象为存储过程时,"ALL"表示 DELETE、EXECUTE、INSERT、SELECT 和 UPDATE。

【例 9-10】 为用户"myled1"授予 CREATE TABLE 语句权限。

程序代码如下:

```
GRANT CREATE TABLE TO myled1
```

9.3.2 撤销或拒绝权限

REVOKE 语句可用于撤销已授予的权限,DENY 语句可用于防止主体通过 GRANT 获得特定权限。REVOKE 及 DENY 的语法与 GRANT 相似,在此不再列出。

【例 9-11】 撤销为用户"myled1"授予的 CREATE TABLE 语句权限。

程序代码如下:

```
REVOKE CREATE TABLE FROM myled1
```

【例 9-12】 为角色"myled"授予 SELECT 商品信息的权限。然后,拒绝用户"myled1"的特定权限。

程序代码如下:

```
USE ProductsSALES
GO
GRANT SELECT ON 商品信息 TO myled
GO
DENY SELECT,INSERT,UPDATE,DELETE ON 商品信息 TO myled1
```

9.4 案例:学生成绩管理系统数据库的权限与角色管理

9.4.1 提出问题

对于学生成绩管理系统数据库使用者而言,应根据用户的权限不同,来决定用户是否可以登录到 SQL Server 数据库以及对数据库对象实施哪些操作。

① 创建两个登录账号。
② 创建两个数据库用户。
③ 创建角色。

④ 为角色及用户授予权限。
⑤ 撤销或删除权限。
⑥ 添加数据库角色成员。
⑦ 删除数据库角色成员。

9.4.2 分析问题

① 使用系统存储过程"sp_addlogin"创建登录账户。
② 使用系统存储过程"sp_grantdbaccess"创建数据库用户。
③ 使用系统存储过程"sp_addrole"创建角色。
④ 使用系统存储过程"grant"为角色及用户赋予权限。
⑤ 使用系统存储过程"deny"拒绝权限、使用 revoke 删除权限。
⑥ 使用系统存储过程"sp_addrolemember"添加数据库角色成员。
⑦ 使用系统存储过程"sp_droprolemember"删除数据库角色成员。

9.4.3 解决问题

1. 9.4.1 节中问题 1 的解决方案

-- 创建两个登录账户
EXECUTE sp_addlogin 'StuUser1','111','学生成绩'
EXECUTE sp_addlogin 'StuUser2','222','学生成绩'

2. 9.4.1 节中问题 2 的解决方案

-- 创建两个数据库用户
EXECUTE sp_grantdbaccess 'StuUser1','DBStuUser1'
EXECUTE sp_grantdbaccess 'StuUser2','DBStuUser2'

3. 9.4.1 节中问题 3 的解决方案

-- 创建角色
EXECUTE sp_addrole 'StuRole1'

4. 9.4.1 节中问题 4 的解决方案

-- 为角色授予权限
GRANT SELECT,INSERT ON 成绩 TO StuRole1
-- 为用户授予权限
GRANT SELECT,UPDATE,DELETE ON 学生基本信息 TO DBStuUser1

5. 9.4.1 节中问题 5 的解决方案

-- 撤销、删除权限
DENY UPDATE ON 学生基本信息 TO DBStuUser1,StuRole1
REVOKE SELECT ON 成绩 TO StuRole1

6. 9.4.1 节中问题 6 的解决方案

-- 添加数据库角色成员
EXECUTE sp_addrolemember StuRole1,DBStuUser1
EXECUTE sp_addrolemember StuRole1,DBStuUser2

7. 9.4.1 节中问题 7 的解决方案

-- 删除数据库角色成员
EXECUTE sp_droprolemember StuRole1,DBStuUser1

本 章 小 结

- 使用系统存储过程 sp_addlogin 创建登录名。
- 使用系统存储过程 sp_password 修改用户密码,使用 sp_defaultdb 修改用户的默认数据库,使用 sp_droplogin 删除登录名。
- SQL Server 2005 中有两种角色:服务器级别角色和固定数据库角色。
- 使用系统存储过程 sp_addrole 能够为当前数据库创建一个新的角色。
- 使用系统存储过程 sp_droprole 删除当前数据库中的角色。
- 使用系统存储过程 sp_adduser 或 sp_grantdbaccess 能够为当前数据库创建一个新的用户。
- 使用系统存储过程 sp_dropuser 或 sp_revokedbaccess 能够删除当前数据库中的用户。
- 数据控制语言包括:GRANT、REVOKE 和 DENY。GRANT 用于授予权限,REVOKE 语句可用于撤销已授予的权限,DENY 语句可用于防止主体通过 GRANT 获得特定权限。

思考与练习

1. SQL Server 2005 中的角色包括(   )。
 A. 服务器级别角色
 B. 固定数据库角色
 C. 用户
 D. 程序员
2. SQL Server 用来管理权限的命令是(   )。
 A. GRANT、DENY、REVOKE
 B. DELETE、DENY、REVOKE
 C. SELECT、DROP、INSERT
 D. CREATE、ALTER、DROP

3. 可以使用系统存储过程（　　）创建新的 SQL Server 登录。

A. sp_addlogin

B. sp_addrolemember

C. sp_addserverolemember

D. sp_addrule

4. 以下服务器角色成员中能够创建、更改、删除和还原任何数据库的是（　　）。

A. bulkadmin

B. diskadmin

C. securityadmin

D. dbcreator

5. 可以使用（　　）为 SQL Server 登录名添加或更改密码。

A. sp_addlogin

B. sp_addrolemember

C. sp_addserverolemember

D. sp_password

6. 可以使用（　　）更改 SQL Server 登录名的默认数据库。

A. sp_addlogin

B. sp_defaultdb

C. sp_addserverolemember

D. sp_password

7. 可以使用（　　）删除 SQL Server 登录，禁止以该登录名访问 SQL Server 实例。

A. sp_addlogin

B. sp_defaultdb

C. sp_droplogin

D. sp_password

实训　学生成绩管理系统数据库的安全管理

【目标】

1. 了解 SQL Server 的安全性机制。
2. 掌握 SQL Server 2005 中有关登录账户、用户角色和权限的管理。

【预估时间】

40 分钟

【步骤】

1. 设置 SQL Server 2005 数据库服务器使用 SQL Server 和 Windows 混合认证模式。
2. 创建登录账户，账户名要求为＜学号＞，自行设置密码。
3. 创建登录账户＜学号＞在"学生成绩"数据库中对应的用户＜学号＞。
4. 授予用户＜学号＞对"学生基本信息"表执行 SELECT 语句的许可。

第10章

数据库的备份与还原及数据的导入与导出

知识目标
- 掌握数据库的备份与还原的方法。
- 掌握数据的导入与导出。

技能目标
- 能够使用 SQL Server Management Studio 可视化操作及 Transact-SQL 语句进行数据库的备份及还原。

内容框架

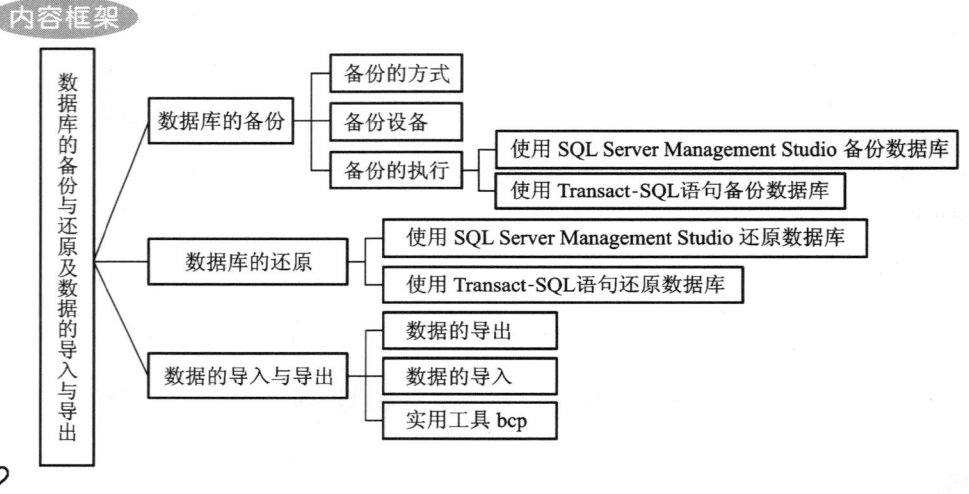

10.1 数据库的备份

数据是存放在计算机上的，但即便是最可靠的软件及硬件，也可能会出现故障。因此，应该在发生故障前做好充分的准备，以便在发生意外后能够快速恢复数据库，使丢失的数据量减小到最少。

10.1.1 备份的方式

SQL Server 2005 提供了以下几种数据库备份方式。

1. 完整备份

完整备份是指备份整个数据库，包括事务日志部分。通过包括在完整备份中的事务日志，可以使用备份恢复到备份完成时的数据库。完整备份使用的存储空间比差异备份使用的存储空间大，由于完成完整备份需要更多的时间，因此创建完整备份的频率常常低于创建差异备份的频率。

2. 差异备份

差异备份是指备份自上一次完整备份之后数据库中发生变化的部分。差异备份能够加快备份操作速度，缩短备份时间。

3. 事务日志备份

在完整恢复模式和大容量日志恢复模式下，执行常规事务日志备份对于恢复数据非常重要。使用事务日志备份，能够将数据库恢复到特定的时间点或故障点。

通常，事务日志备份比完整备份使用的资源少。因此，为了减少数据丢失的风险，可以比完整备份更频繁地创建事务日志备份。

4. 数据库文件和文件组备份

使用文件备份可以仅还原已损坏的文件，而不必还原数据库的其他部分，从而提高恢复速度。通常，在备份和还原操作过程中指定文件组相当于列出文件组中包含的每个文件。但是，如果文件组中的任一文件离线，则整个文件组是离线的。

10.1.2 备份设备

备份设备是指备份或还原时使用的磁带机或磁盘驱动器。在创建备份时，必须选择要将数据写入的备份设备。

1. 使用 SQL Server Management Studio 创建磁盘备份设备

【例 10-1】 使用 SQL Server Management Studio 创建磁盘备份设备"MyDevice1"。

操作步骤如下：

① 连接到相应的 Microsoft SQL Server Database Engine 实例之后，在"对象资源管理器"窗口中，单击服务器名称以展开服务器树。

② 展开"服务器对象"，然后右单击"备份设备"，选择"新建备份设备"命令，如图 10-1 所示。

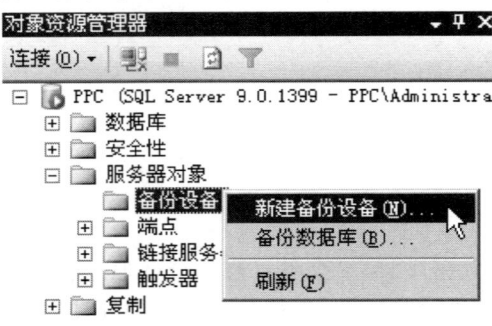

图 10-1 新建备份设备

③ 打开"备份设备"对话框后，在"设备名称"文本框中输入"MyDevice1"，如图 10-2 所示。

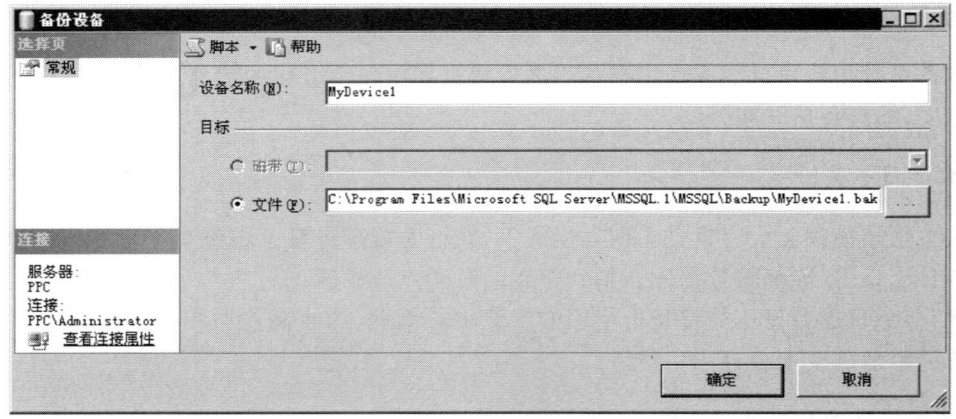

图 10-2 输入设备名称

④ 若要确定目标位置，选择"文件"单选按钮并指定该文件的完整路径。

2. 使用 SQL Server Management Studio 创建磁带备份设备

操作步骤如下：

① 连接到相应的 Microsoft SQL Server Database Engine 实例之后，在"对象资源管理器"窗口中，单击服务器名称以展开服务器树。

② 展开"服务器对象"，然后右击"备份设备"，选择"新建备份设备"命令。

③ 打开"备份设备"对话框后，输入设备名称。

④ 为了确定要使用的备份设备,选择"磁带"单选按钮,然后选择一个未与其他备份设备相关联的磁带设备,如果没有磁带机,则"磁带"单选按钮处于非活动状态。

3. 使用系统存储过程 sp_addumpdevice 创建备份设备

语法格式如下:
sp_addumpdevice '备份设备类型','备份设备名称','文件路径及名称'
参数说明:
- 备份设备类型:值为 disk 或 tape,其中 disk 表示硬盘文件作为备份设备,tape 表示磁带设备。

【例 10-2】 添加一个名为 Myfirst_Bak 的磁盘备份设备,其物理名称为 D:\SQLBackUp\MyBak1.bak。

程序代码如下:
```
USE MASTER
GO
EXEC sp_addumpdevice 'disk','Myfirst_Bak','D:\SQLBackUp\MyBak1.bak'
```

4. 使用系统存储过程"sp_dropdevice"删除备份设备

语法格式如下:
sp_dropdevice '备份设备名称'[,'delfile']
参数说明:
- 'delfile':指定是否同时删除文件。如果指定为 delfile,则删除备份文件。

【例 10-3】 删除名为 Myfirst_Bak 的磁盘备份设备,并同时删除备份文件。
程序代码如下:
```
USE MASTER
GO
EXEC sp_dropdevice 'Myfirst_Bak','delfile'
```

10.1.3 备份的执行

1. 使用 SQL Server Management Studio 备份数据库

【例 10-4】 使用 SQL Server Management Studio 备份 ProductsSALES 数据库。
操作步骤如下:

① 启动 SQL Server Management Studio,在"对象资源管理器"窗口中展开实例节点"数据库",在要备份的 ProductsSALES 数据库上右击,选择"任务"→"备份"命令,如图 10-3 所示。
② 在"备份数据库"对话框中的"常规"选项页中需要设置如下项目,如图 10-4 所示。
- 数据库:在"数据库"列表框中选择"ProductsSALES"选项。
- 备份类型:默认为"完整",还可以选择"差异"或"事务日志"选项。

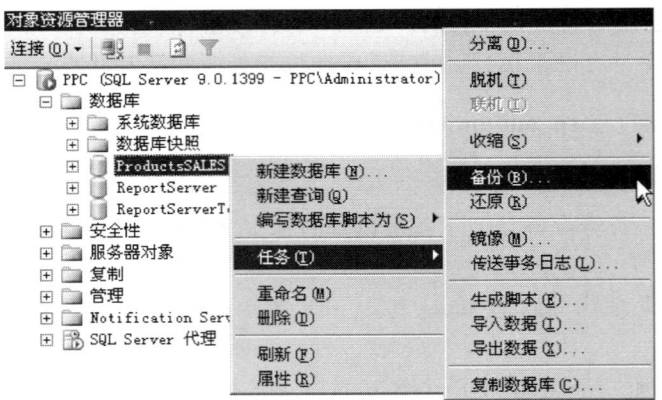

图 10 - 3 备份数据库

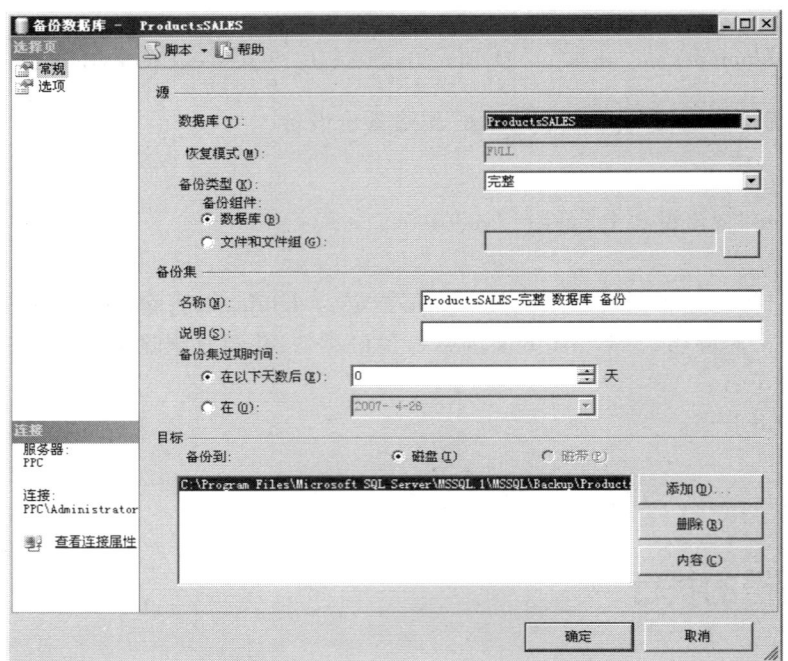

图 10 - 4 备份数据库"常规"页

● 备份组件:默认为"数据库"。

● 备份到:通过选择"磁盘"或"磁带"单选按钮,选择备份目标的类型。在没有磁带机的情况下,自动选择为"磁盘"。

③ 在"选择页"列表框选择"选项"选项,在"覆盖媒体"选项组中选择"覆盖所有现有备份集"单选按钮,如图 10 - 5 所示。

④ 备份选项设置完成后,单击"确定"按钮,执行备份操作,成功后显示备份成功的信息。

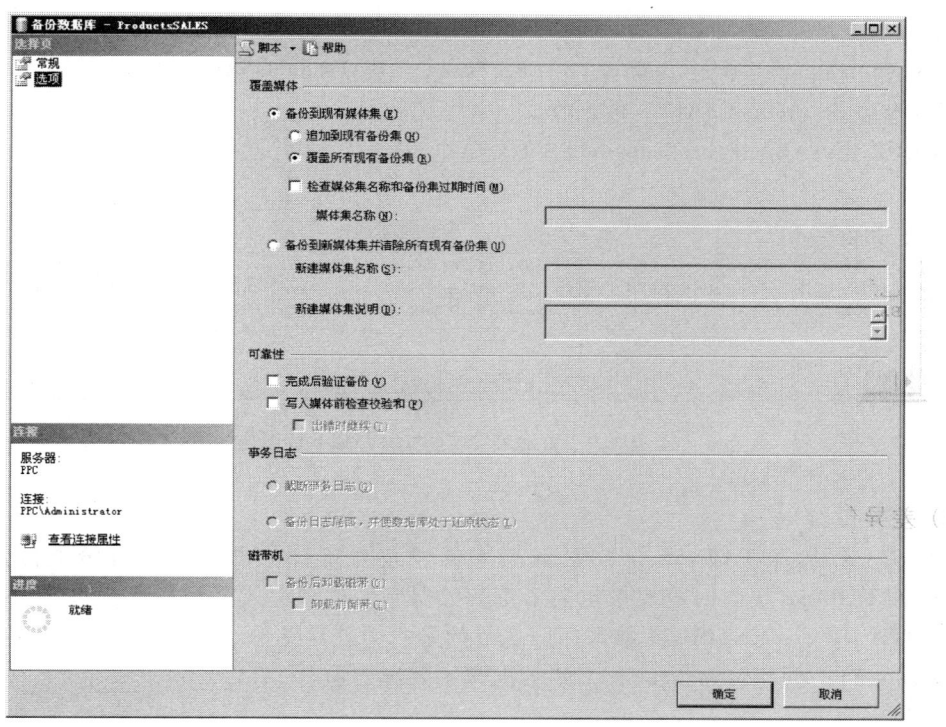

图 10-5　备份数据库"选项"选项页

2. 使用 Transact-SQL 语句备份数据库

除了使用企业管理器外,还可以使用 Transact-SQL 语句对数据库进行备份。SQL Server 针对不同的备份操作提供了不同的语句,下面简单介绍这些语句的应用。

（1）完整备份

使用 BACKUP DATABASE 语句实现完整备份。

语法格式如下：

BACKUP DATABASE 数据库名

TO ＜ 备份设备 ＞［ ,…n ］

［WITH ｛INIT 或 NOINIT｝］

参数说明：

- INIT 或 NOINIT：INIT 表示新备份的数据覆盖当前备份设备上的每一项内容；NOINIT 表示新备份的数据添加到备份设备上已有内容的后面。

【例 10-5】　完整备份"ProductsSALES"数据库,创建用于存放"ProductsSALES"数据库完整备份的逻辑备份设备"SALESData",结果如图 10-6 所示。

程序代码如下：

-- 建立一个备份设备

```
USE master
GO
EXEC sp_addumpdevice 'disk','SALESData','D:\ProductsSALES.bak'
-- 完整备份 ProductsSALES 数据库
BACKUP DATABASE ProductsSALES TO SALESData
```

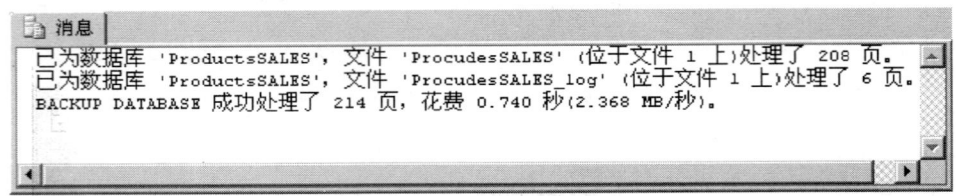

图 10-6　备份整个 ProductsSALES 数据库

（2）差异备份

使用 BACKUP DATABASE 语句对数据库创建差异备份与创建完整备份类似，除了执行 BACKUP DATABASE 语句时需要指定要备份的数据库名称和写入完整备份的备份设备以外，还需使用 WITH DIFFERENTIAL 参数来标明执行的是一个差异备份。

【例 10-6】　创建"ProductsSALES"数据库的差异备份。

程序代码如下：

`BACKUP DATABASE ProductsSALES TO SALESData WITH DIFFERENTIAL`

（3）备份事务日志

可以使用 BACKUP LOG 语句实现事务日志备份。

语法格式如下：

```
BACKUP LOG 数据库名
        TO < 备份设备 > [ ,…n ]
```

【例 10-7】　将"ProductsSALES"数据库的事务日志备份到 D:\Products_log_backup 中。

程序代码如下：

`BACKUP LOG ProductsSALES TO DISK = 'D:\Products_log_backup'`

（4）文件和文件组备份

在 BACKUP DATABASE 语句中使用"FILE = 逻辑文件名"或"FILEGROUP = 逻辑文件组名"执行一个文件和文件组备份。

【例 10-8】　将"ProductsSALES"数据库中"PRIMARY"文件组备份到 D:\Products_FileGroup_backup 中。

程序代码如下：

`BACKUP DATABASE ProductsSALES FILEGROUP = 'PRIMARY' TO DISK = 'D:\Products_FileGroup_backup'`

10.2 数据库的还原

10.2.1 使用 SQL Server Management Studio 还原数据库

【例 10-9】 使用 SQL Server Management Studio 还原 ProductsSALES 数据库。

操作步骤如下：

① 启动 SQL Server Management Studio，在"对象资源管理器"窗口中展开实例节点"数据库"，选择用户数据库"ProductsSALES"。

② 右击"ProductsSALES"数据库，选择"任务"→"还原"→"数据库"命令，如图 10-7 所示。

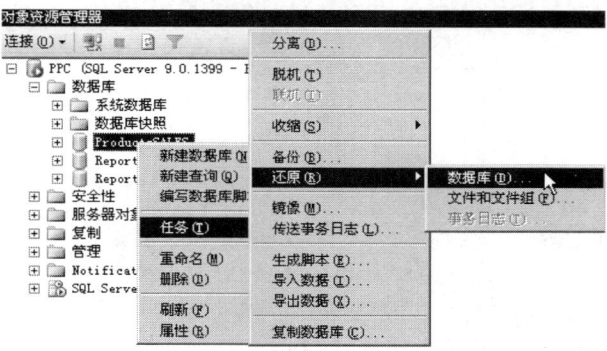

图 10-7 还原数据库

③ 打开"还原数据库"对话框，如图 10-8 所示。

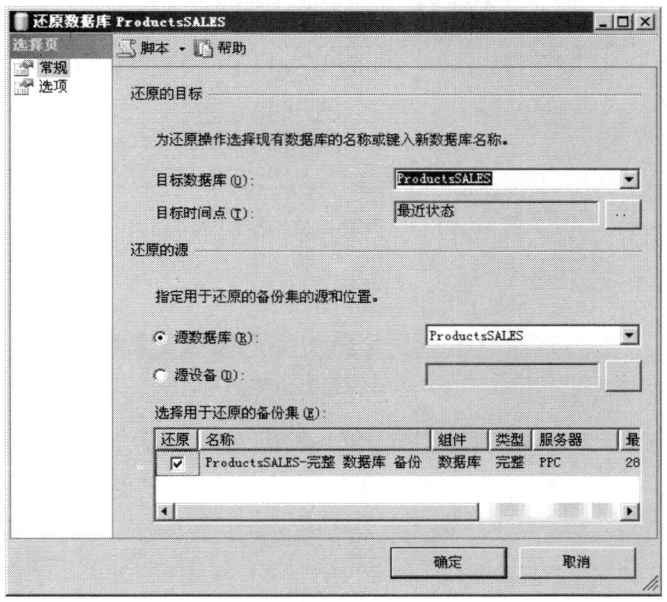

图 10-8 还原数据库"常规"页

- 还原的目标:为还原操作选择现有数据库的名称或输入新数据库名称。
- 还原的源:指定用于还原的备份集的源和位置。

④ 在"选择页"列表框中选择"选项"选项,在"还原选项"选项组中选中"覆盖现有数据库"复选框,在"恢复状态"选项组使用默认设置,如图 10-9 所示。

⑤ 单击"确定"按钮,执行还原操作,成功后显示还原成功的信息,如图 10-10 所示。

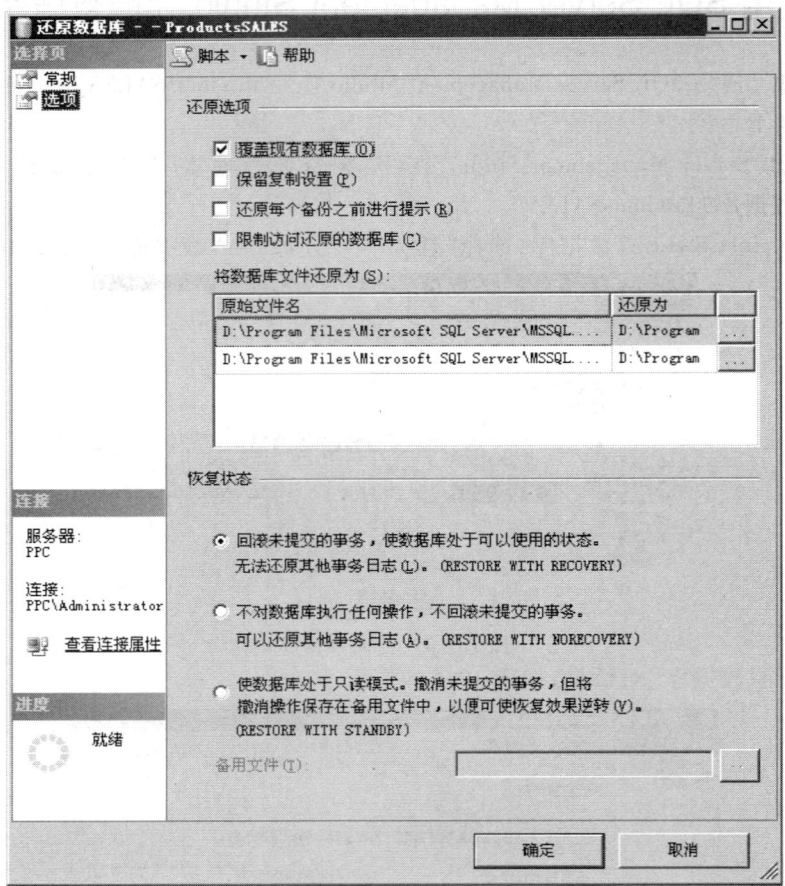

图 10-9 还原数据库"选项"选项页

图 10-10 还原成功

10.2.2 使用 Transact-SQL 语句还原数据库

1. 完整还原

使用 RESTORE DATABASE 完整还原数据库。

语法格式如下:

RESTORE DATABASE 数据库名
[FROM <备份设备> [,…n]]
[WITH
[FILE = file_number]
[[,] { RECOVERY | NORECOVERY | STANDBY =
    {standby_file_name | @ standby_file_name_var }
}]
[[,] REPLACE]
]

参数说明:

- RECOVERY:指示还原操作回滚任何未提交的事务。在恢复进程后即可随时使用数据库。如果既没有指定 NORECOVERY 和 RECOVERY,也没有指定 STANDBY,则默认为 RECOVERY。
- NORECOVERY:指示还原操作不回滚任何未提交的事务。如果稍后必须应用另一个事务日志,则应指定 NORECOVERY 或 STANDBY 选项。如果既没有指定 NORECOVERY 和 RECOVERY,也没有指定 STANDBY,则默认为 RECOVERY。使用 NORECOVERY 选项执行脱机还原操作时,数据库将无法使用。
- STANDBY = standby_file_name:指定一个允许撤销恢复效果的备用文件。STANDBY 选项可以用于脱机还原(包括部分还原),但不能用于联机还原。
- REPLACE:如果存在另一个具有相同名称的数据库,SQL Server 将删除现有的数据库。

【注意】 若省略了 FROM 子句,则必须在 WITH 子句中指定 NORECOVERY、RECOVERY 或 STANDBY。

【例 10-10】 将[例 10-5]完整备份的 ProductsSALES 数据库完整还原。

程序代码如下:

RESTORE DATABASE ProductsSALES FROM SALESData WITH REPLACE

2. 部分还原

使用 RESTORE DATABASE 部分还原数据库。

语法格式如下:

RESTORE DATABASE 数据库名
    <文件或文件组>
[FROM <备份设备> [,…n]]

[WITH
[FILE = file_number]
  [[,] { RECOVERY | NORECOVERY }]
    [[,] REPLACE]
]

其中：
＜文件或文件组＞∷ =
{
    FILE = '文件名'
    或
    FILEGROUP = '文件组名'
}
[,…n]

【例 10 – 11】 对[例 10 – 8]所备份的数据还原。

程序代码如下：
RESTORE DATABASE ProductsSALES FILEGROUP = ' PRIMARY '
FROM DISK = ' D：\Products_ FileGroup_backup ' WITH REPLACE

3. 事务日志还原

RESTORE LOG 数据库名
    [FROM ＜备份设备＞ [,…]]
[WITH
    [FILE = file_number]
    [[,] { RECOVERY | NORECOVERY }]
]

【例 10 – 12】 将 ProductsSALES 数据库在本地磁盘设备上进行备份,包括一次完整备份、一次差异备份和一次日志备份。当发生故障时从备份中恢复。

程序代码如下：
USE master
GO
 -- 完整备份 ProductsSALES 数据库
BACKUP DATABASE ProductsSALES TO SALESData WITH INIT
 -- 对数据库做差异备份
BACKUP DATABASE ProductsSALES TO SALESData WITH DIFFERENTIAL
 -- 事务日志备份
BACKUP LOG ProductsSALES TO SALESData
/ * 恢复完整备份 * /
RESTORE DATABASE ProductsSALES

```
FROM SALESData
WITH FILE = 1, NORECOVERY
/*恢复差异备份*/
RESTORE DATABASE ProductsSALES
FROM SALESData
WITH FILE = 2, NORECOVERY
/*恢复日志备份*/
RESTORE LOG ProductsSALES
FROM SALESData
WITH FILE = 3
```

10.3 数据的导入与导出

SQL Server 允许用户在 SQL Server 和异类数据源之间大容量地导入及导出数据,"大容量导出"表示将数据从 SQL Server 表复制到数据文件,"大容量导入"表示将数据从数据文件加载到 SQL Server 表。

10.3.1 数据的导出

本节介绍由 SQL Server 导出数据到 Excel 文件的操作步骤。

【例 10 - 13】 使用 SQL Server Management Studio 将"ProductsSALES"数据库中"商品信息"表及"销售明细"表的数据导出到 D 盘根目录下的"商品信息及销售明细.xls"文件中。

操作步骤如下:

① 启动 SQL Server Management Studio,在"对象资源管理器"窗口中展开实例节点"数据库",右击"ProductsSALES"数据库,选择"任务"→"导出数据"命令,如图 10 - 11 所示。

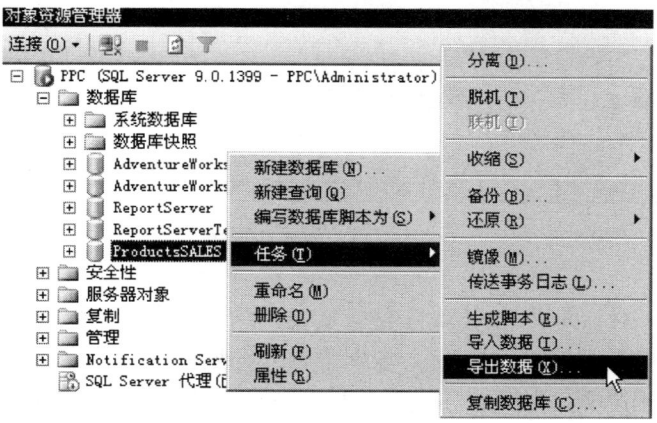

图 10 - 11 导出数据

② 打开"SQL Server 导入和导出向导"对话框,单击"下一步"按钮,如图 10 - 12 所示。

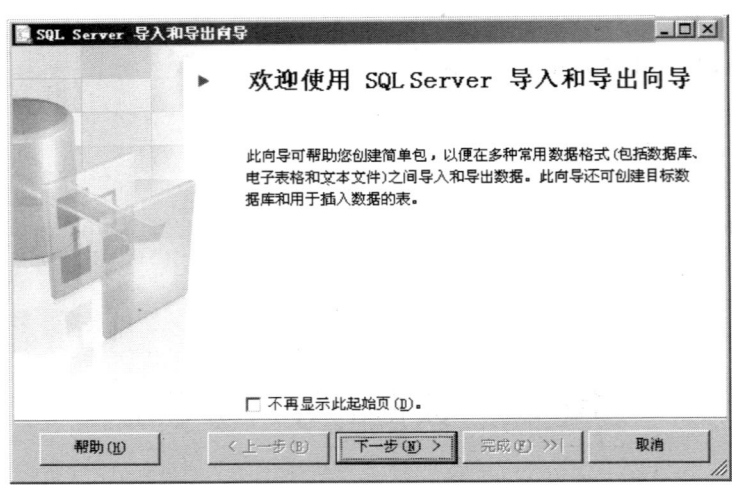

图 10 - 12 SQL Srver 导入和导出向导

③ 在"选择数据源"对话框中,在"身份验证"选项组选择"使用 Windows 身份验证"单选按钮,在"数据库"下拉列表选择"ProductsSALES"选项,单击"下一步"按钮,如图 10 - 13 所示。

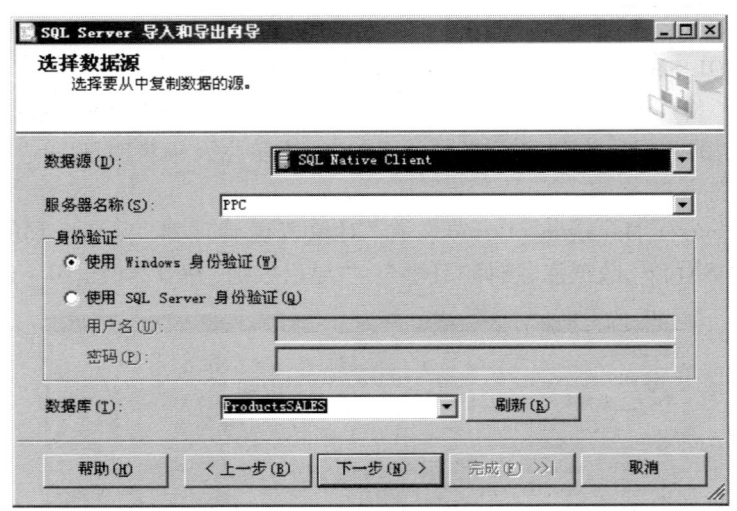

图 10 - 13 选择数据源

④ 在"选择目标"对话框中指定要将数据复制到何处。在"目标"下拉列表框中选择"Microsoft Excel"选项,在"Excel 文件路径"文本框中输入(或浏览)文件路径及文件名"D:\商品信息及销售明细.xls",选择 Excel 版本,单击"下一步"按钮,如图 10 - 14 所示。

10.3 数据的导入与导出　　237

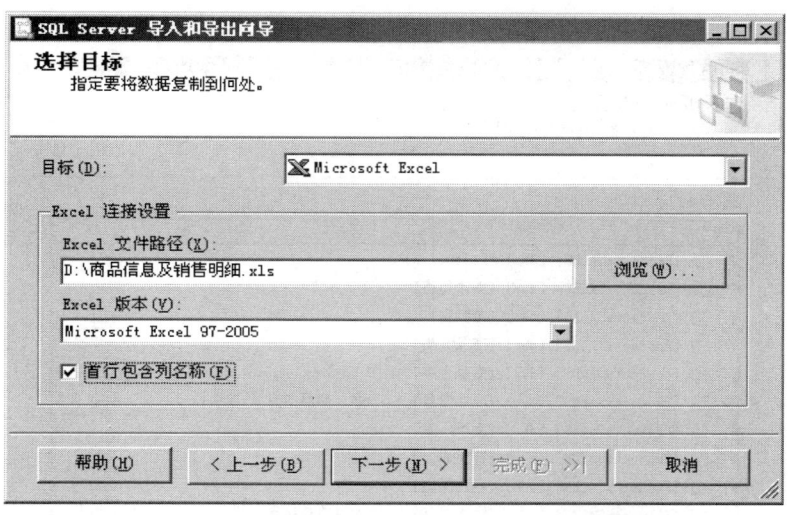

图 10 – 14　选择目标

⑤ 在"指定表复制或查询"对话框中,选择"复制一个或多个表和视图的数据"单选按钮,单击"下一步"按钮,如图 10 – 15 所示。

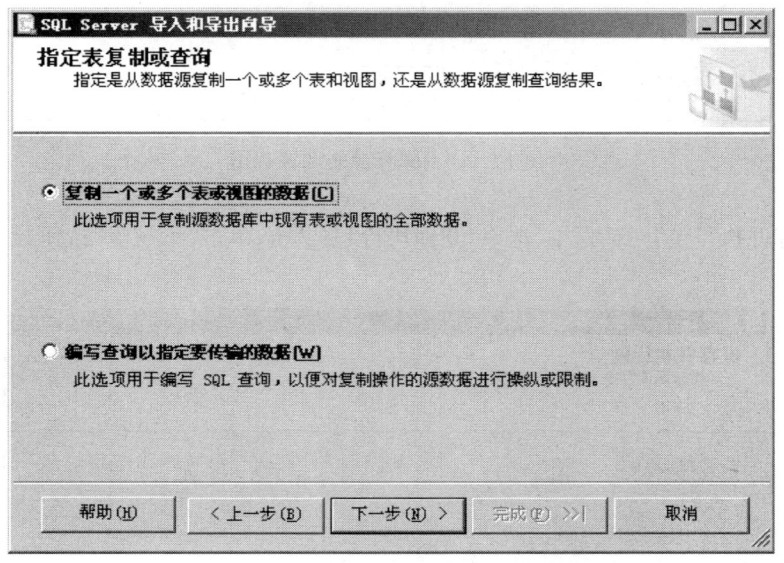

图 10 – 15　指定表复制或查询

⑥ 在"选择源表和源视图"对话框中的"表和视图"列表框中选中"商品信息"及"销售明细",单击"下一步"按钮,如图 10 – 16 所示。

图 10 – 16　选择源表和源视图

⑦ 在"保存并执行包"对话框中,选中"立即执行"复选框,单击"下一步"按钮,如图 10 – 17 所示。

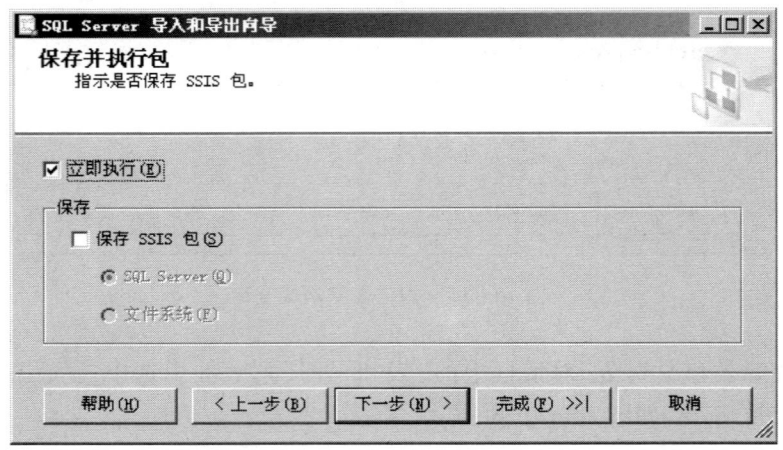

图 10 – 17　保存并执行包

⑧ 在"完成该向导"对话框中,单击"完成"按钮,如图 10 – 18 所示。

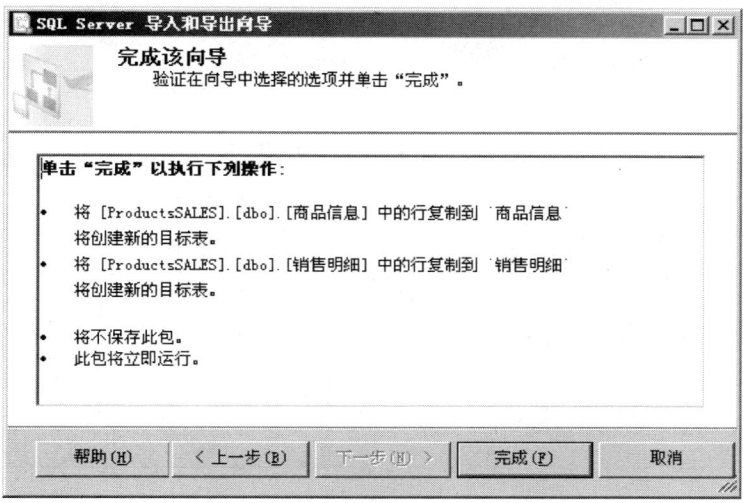

图 10 – 18　完成导入和导出向导

⑨ 在"执行成功"对话框中,单击"关闭"按钮,完成数据的导出,如图 10 – 19 所示。

图 10 – 19　执行成功

⑩ 导出数据完成后,打开导出的文件"D:\商品信息及销售明细.xls",检查是否导出成功,如图 10-20 所示。

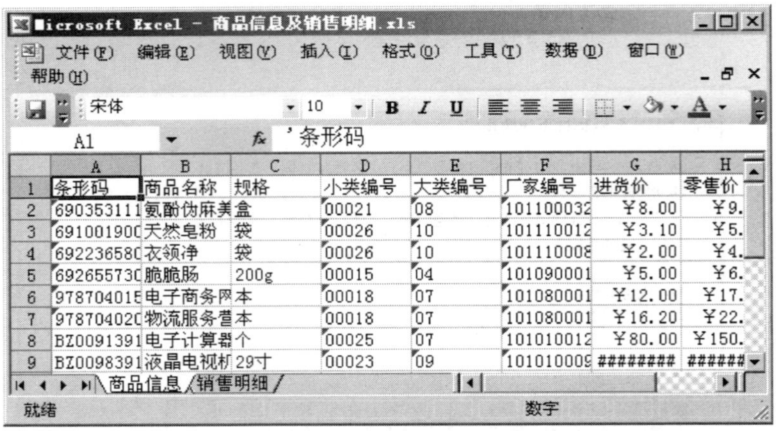

图 10-20 商品信息及销售明细.xls 文件内容

10.3.2 数据的导入

本节介绍由 Excel 文件导入数据到 SQL Server 中的操作步骤。

【例 10-14】 使用 SQL Server Management Studio 将 D 盘根目录下的"商品信息及销售明细.xls"文件中的数据导入到"ProductsSALES"数据库中。

操作步骤如下:

① 启动 SQL Server Management Studio,在"对象资源管理器"窗口中展开实例节点"数据库",右击该数据库,选择"任务"→"导入数据"命令,如图 10-21 所示。

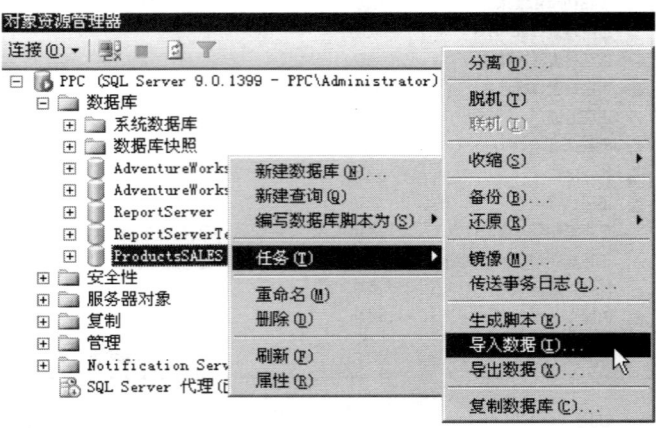

图 10-21 导入数据

② 启动导入导出向导后，在"欢迎使用向导"对话框中，单击"下一步"按钮后，出现"选择数据源"对话框，在该对话框内，可以选择数据源类型、文件名等。设置好后，单击"下一步"按钮，如图 10-22 所示。

图 10-22 选择数据源

③ 此时弹出"选择目标"对话框，在"目标"下拉列表框选择"SQL Native Client"，在"服务器名称"下拉列表框中输入目标数据库所在的服务器名称，选择身份验证及目标数据库后，单击"下一步"按钮，如图 10-23 所示。

图 10-23 选择导入目标

④ 在"指定表复制或查询"对话框中选择"复制一个或多个表或视图的数据"单选按钮，单击"下一步"按钮，如图 10-24 所示。

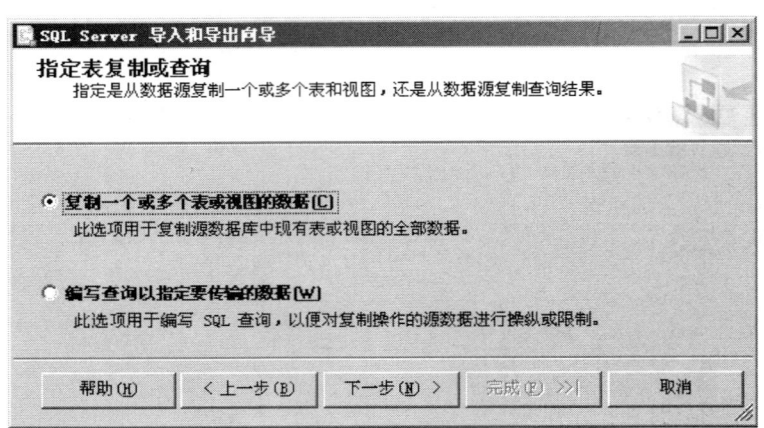

图 10-24 指定表复制或查询

⑤ 在"选择源表和源视图"对话框中选择表和视图后,单击"下一步"按钮,如图 10-25 所示。

图 10-25 选择源表和源视图

⑥ 在"保存并执行包"对话框中可以指定是否希望保存 SSIS(SQL Server 集成服务)包,也可以立即执行导入数据操作,单击"下一步"按钮,如图 10-26 所示。

⑦ 在"完成该向导"对话框中,显示了在该向导内所作的设置,若确认前面的操作正确,单击"完成"按钮后执行数据导入操作,如图 10-27 所示。

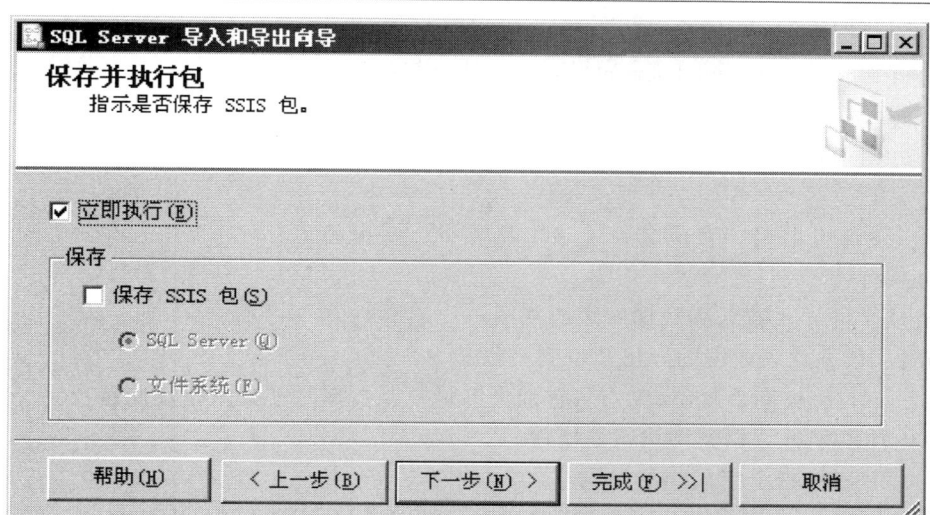

图 10-26 保存并执行包

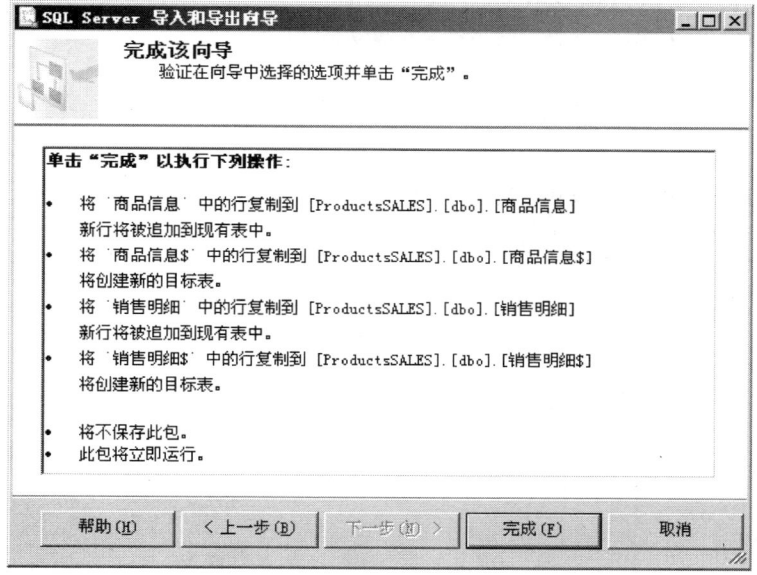

图 10-27 完成导入导出向导

10.3.3 实用工具 bcp

实用工具 bcp 能够将大容量数据从 SQL Server 表导出到数据文件中,从查询导出大容量数据,将大容量数据从数据文件导入到 SQL Server 表中,生成格式化文件。bcp 实用工具可以通过 bcp 命令访问。

语法格式如下:

```
bcp {[[数据库名.][拥有者].]{表名或视图名} | "query"}
    {in | out | queryout | format} 数据文件及其完整路径
    [-c]
    [-t 间隔符]
    [-T]
    [-S 服务器名[\实例名]] [-U 登录 id] [-P 密码]
```

参数说明：

- in：从文件导入数据到数据库表或视图。
- out：从数据库表或视图导出数据到文件。
- queryout：从查询中复制，仅当从查询大容量复制数据时才必须指定此选项。
- -c：使用字符数据类型执行该操作。
- -t 间隔符：指定字段间的间隔符。
- -T：指定 bcp 实用工具通过使用集成安全性的受信任连接到 SQL Server。不需要网络用户的安全凭据、登录 id 和密码。若未指定 -T，则需要指定 -U 和 -P 才能成功登录。
- -S 服务器名[\实例名]：指定要连接的 SQL Server 的实例。
- -U 登录 id：指定用于连接 SQL Server 的登录 id。
- -P 密码：指定登录 id 的密码。

1. 导出数据

【例 10-15】 将数据库"ProductsSALES"中"商品信息"表中的数据导出至文本文件"d:\spxx.txt"中，各列间的分隔符为"|"，如图 10-28 所示。

程序代码如下：

bcp ProductsSALES.dbo.商品信息 out d:\spxx.txt -t"|" -T -c

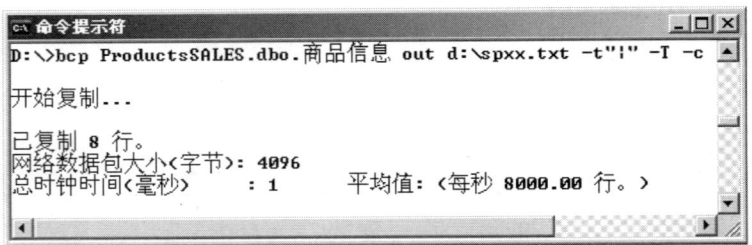

图 10-28 将表中的数据导出

【例 10-16】 将数据库"ProductsSALES"中"商品信息"表中大类编号为"07"的记录导出至文本文件 d:\spxx_07.txt 中，各列间的分隔符为"|"，如图 10-29 所示。

程序代码如下：

bcp "select * from ProductsSALES.dbo.商品信息 where 大类编号 = "07"" queryout d:\spxx_07.txt -t"|" -T -c

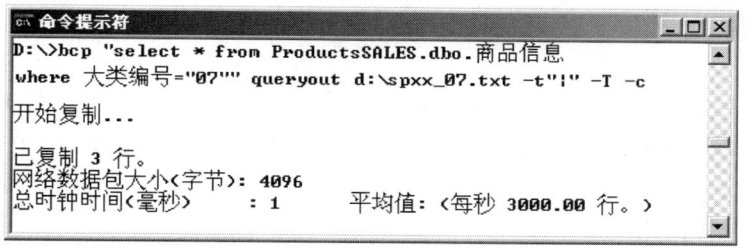

图 10 – 29 导出符合要求的数据

2. 导入数据

【例 10 – 17】 将文本文件"d:\spxx_07.txt"中的记录批量导入到"ProductsSALES"数据库的"商品信息"表中,如图 10 – 30 所示。

程序代码如下:

bcp ProductsSALES.dbo.商品信息 in d:\spxx_07.txt -t"|" -T -c

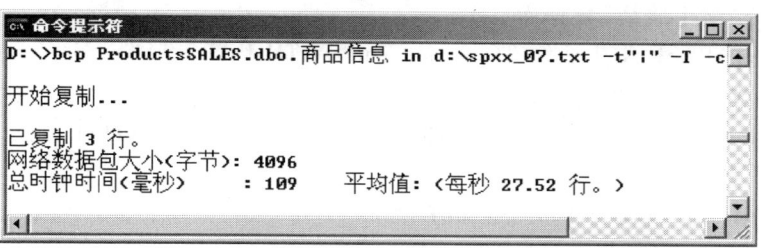

图 10 – 30 导入文本文件中的数据

10.4 案例:学生成绩管理系统数据库的备份与还原

10.4.1 提出问题

为了确保"学生成绩管理系统"数据库的完整及安全,需要对"学生成绩"数据库进行备份,需要时可将该备份还原。

① 将"学生成绩"数据库在本地磁盘设备上作一次完整备份、一次差异备份和一次日志备份。

② 如何从备份中恢复数据。

10.4.2 分析问题

可以使用 SQL Server Management Studio 进行备份与还原,也可以使用 Transact-SQL 中的 BACKUP DATABASE 语句备份数据库、使用 RESTORE DATABASE 语句还原数据库。

10.4.3 解决问题

1. 10.4.1 节中问题 1 的解决方案

```
USE master
GO
 -- 创建备份设备
EXEC sp_addumpdevice 'disk','device_stu1','d:\学生成绩.bak'
GO
 -- 完整备份"学生成绩"数据库
BACKUP DATABASE 学生成绩 TO device_stu1 WITH INIT
 -- 对"学生成绩"数据库进行差异备份
BACKUP DATABASE 学生成绩 TO device_stu1 WITH DIFFERENTIAL
 -- 事务日志备份
BACKUP LOG 学生成绩 TO device_stu1
```

2. 10.4.1 节中问题 2 的解决方案

```
/*恢复完整备份*/
RESTORE DATABASE 学生成绩
FROM device_stu1
WITH FILE = 1,NORECOVERY
/*恢复差异备份*/
RESTORE DATABASE 学生成绩
FROM device_stu1
WITH FILE = 2,NORECOVERY
/*恢复日志备份*/
RESTORE LOG 学生成绩
FROM device_stu1
WITH FILE = 3
```

本 章 小 结

- SQL Server 2005 提供了以下几种数据库备份方式：完整备份、差异备份、事务日志备份及数据库文件和文件组备份。
- 备份设备是指备份或还原时使用的磁带机或磁盘驱动器。在创建备份时，必须选择要将数据写入的备份设备。SQL Server 可以将数据库、事务日志和文件备份到磁盘或磁带设备上。
- 可以使用系统存储过程 sp_addumpdevice 创建备份设备。
- 可以使用系统存储过程 sp_dropdevice 删除备份设备。
- 使用 BACKUP DATABASE 语句实现数据库的备份。
- 使用 RESTORE DATABASE 实现数据库的还原。
- "大容量导出"表示将数据从 SQL Server 表复制到数据文件；"大容量导入"表示将数据从数据文件加载到 SQL Server 表。
- bcp 实用工具能够将大容量数据从 SQL Server 表导出到数据文件中，从查询导出大容量数据，将大容量数据从数据文件导入到 SQL Server 表中，生成格式化文件。

思考与练习

1. 以下选项中能够实现数据库的备份的语句是（　　）。
   A. RESTORE DATABASE
   B. BACKUP DATABASE
   C. BACKUP LOG
   D. 以上都不是
2. 以下选项中，能够实现数据库的还原的语句是（　　）。
   A. RESTORE DATABASE
   B. BACKUP DATABASE
   C. BACKUP LOG
   D. 以上都不是
3. 写出利用实用工具 bcp 将 XYZ 数据库内 ABC 表中的数据导出至文本文件 d:\dcabc1.txt 中的语句。提示：各列间的分隔符使用"|"。
4. 写出利用实用工具 bcp 将 XYZ 数据库内 ABC 表中性别为"男"的记录导出至文本文件 d:\dcabc2.txt 中的语句。提示：各列间的分隔符使用"|"。
5. 写出利用实用工具 bcp 将文本文件 d:\dcabc1.txt 中的记录批量导入到 XYZ 数据库内的 ABC 表中的语句。

实训　学生成绩管理系统数据库的备份恢复与导入导出

【目标】
掌握 SQL Server 2005 中数据库的备份、恢复及导入导出数据。
【预估时间】
40 分钟。

【步骤】

1. 使用 Transact-SQL 语句创建 disk 类型的备份设备,备份设备名为"<学号>_bak"形式,物理文件为 D:\SQL Server 成绩管理文件夹中的"<学号>_成绩_bak.bak"。

2. 使用 Transact-SQL 语句将"学生成绩管理"数据库完整备份至备份设备"<学号>_bak"上。

3. 删除"学生成绩管理"数据库中的任意一表。

4. 使用 Transact-SQL 语句从备份设备"<学号>_bak"上恢复数据库。

5. 将"学生成绩管理"数据库中的数据导入 Excel 文件中。

6. 利用 bcp 实用工具,将"学生成绩管理"数据库中"学生基本信息"表导出至文本文件"d:\SQL Server 成绩管理\学生基本信息.txt"中,各列间的分隔符为"|"。

第 II 章

商务智能开发工具

知识目标

- 了解 SQL Server Business Intelligence Development Studio 的基本功能。
- 掌握使用 SQL Server Reporting Services 设计报表项目的步骤。
- 掌握使用 SQL Server Integration Services 设计数据集成服务的基本步骤。

技能目标

- 能够利用 SQL Server Reporting Services 熟练设计报表项目。
- 能够设计 Integration Services 项目。

内容框架

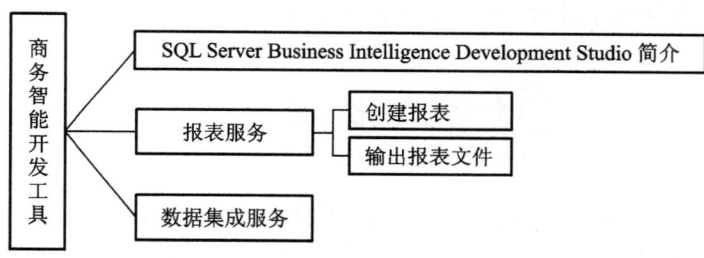

11.1 SQL Server Business Intelligence Development Studio 简介

Business Intelligence Development Studio（SQL Server 商务智能开发平台）是 SQL Server 2005 提供的一个集成化的商务智能开发平台，主要包括：
- SQL Server Analysis Services（SQL Server 数据分析服务，SSAS）。
- SQL Server Reporting Services（SQL Server 报表服务，SSRS）。
- SQL Server Integration Services（SQL Server 数据集成服务，SSIS）。

各个项目类型都提供了用于创建商务智能解决方案所需对象的模板，并提供了用于处理这些对象的各种设计器、工具及向导。

SSAS 为商务智能应用程序提供联机分析处理（OLAP）和数据挖掘功能。SSRS 提供支持 Web 的企业级报告功能，以便创建可以从多种数据源获取内容的报表，以多种格式发布报表并集中管理安全性和订阅。SSIS 可以从各种异构数据源中整合 Business Intelligence 需要的业务数据，同时实现与商务流程的统一，该项功能在 SQL Server 旧版本中是通过数据转换服务（DTS）来实现的。由于 SSAS 比较复杂，而且必须首先具备数据仓库和联机分析的基础知识，有兴趣的读者可参考相关书籍，本章只介绍 SSRS 和 SSIS 的基本使用方法。

11.2 报表服务

SQL Server Reporting Services（报表服务）是一种基于服务器的解决方案，用于创建和管理包含关系数据源和多维数据源中的数据的表格、矩阵、图形和自由格式的报表。创建的报表可以通过基于 Web 的链接或作为 Microsoft Windows 应用程序的一部分进行查看。Reporting Services 包括下列核心组件：
- 用于创建和发布报表及报表模型的图形工具和向导。
- 用于管理 Reporting Services 的报表服务器管理工具，输出格式包括 HTML、PDF、TIFF、Excel、CSV 等。
- 用于对 Reporting Services 对象模型进行编程和扩展的应用程序编程接口（API）。

Reporting Services 是基于服务器的，通过它能够集中存储和管理报表，安全地访问报表和文件夹，控制报表的处理和分发方式，并使报表在企业内的使用方式标准化。

创建报表的步骤如下：

① 连接到数据源并检索数据。可以通过连接字符串和查询或通过创建用于指定要使用的数据的报表模型，来完成该操作。

② 创建报表布局。报表生成器提供了执行此步骤的模板。报表设计器提供工具箱和设计界面，使用户可以将表、矩阵、图表、图形元素和其他任何所需项组合起来。

③ 预览报表并将报表发布到报表服务器。

11.2.1 创建报表

1. 创建矩阵式报表

【**例 11-1**】 创建"商品销售情况"矩阵式报表,报表名为"商品销售情况.rdl",保存在"D:\ProductsSALES\报表项目"文件夹下。

操作步骤如下:

① 启动 SQL Server Business Intelligence Development Studio,选择"文件"→"新建"→"项目"命令,打开"新建项目"对话框。在"模板"列表框中选择"报表服务器项目向导",在"名称"文本框内输入"商品销售情况",在"位置"下拉列表框中输入"D:\ProductsSALES\报表项目",单击"确定"按钮,如图 11-1 所示。

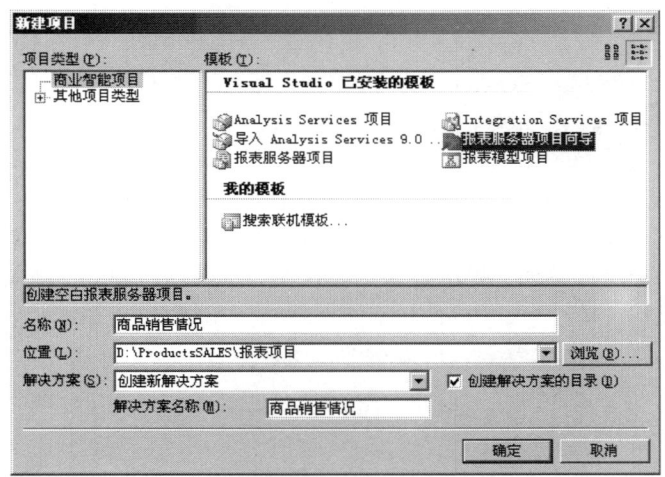

图 11-1 新建报表服务器项目

② 在"报表向导"对话框中,单击"下一步"按钮,如图 11-2 所示。

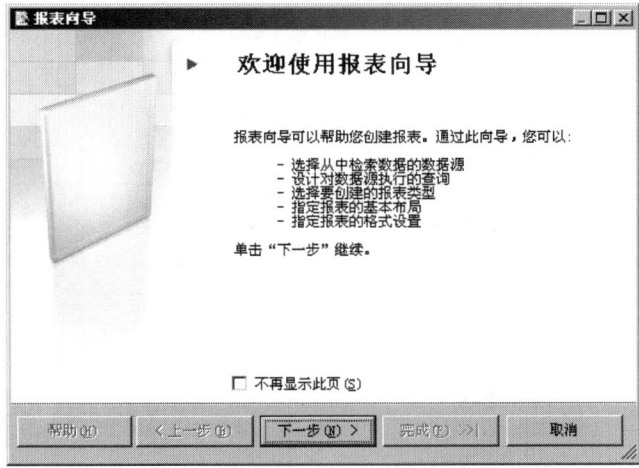

图 11-2 欢迎使用报表向导

③ 在"选择数据源"对话框中,单击"编辑"按钮,如图 11-3 所示。

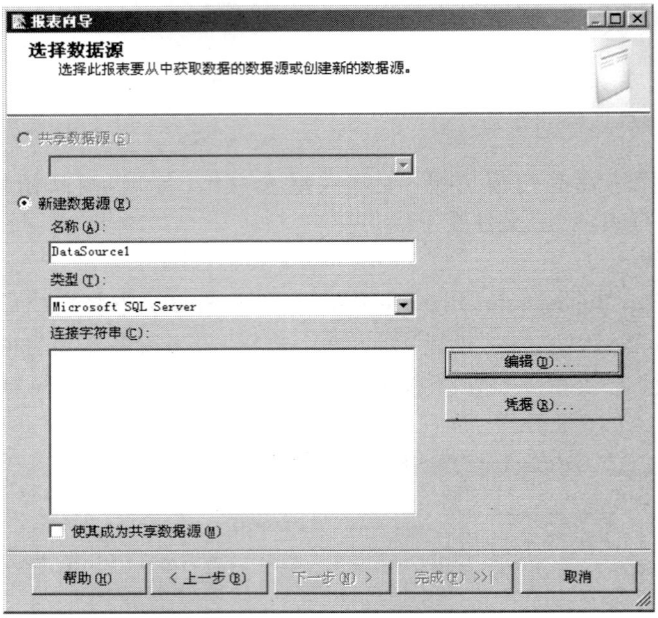

图 11-3 选择数据源

④ 在"连接属性"对话框中的"服务器名"下拉列表中选择服务器,设置"登录到服务器"及"连接到一个数据库"选项,单击"测试连接"按钮测试成功后,单击"确定"按钮,如图 11-4 所示。

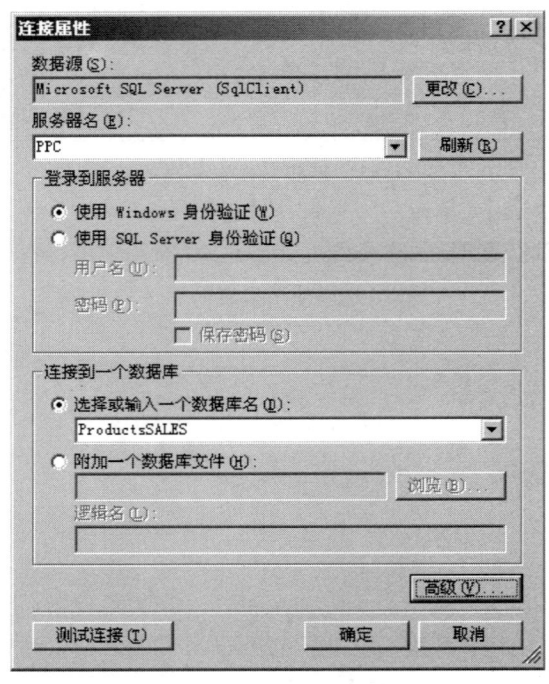

图 11-4 "连接属性"对话框

11.2 报表服务

⑤ 在"选择数据源"对话框中,单击"下一步"按钮,如图 11-5 所示。

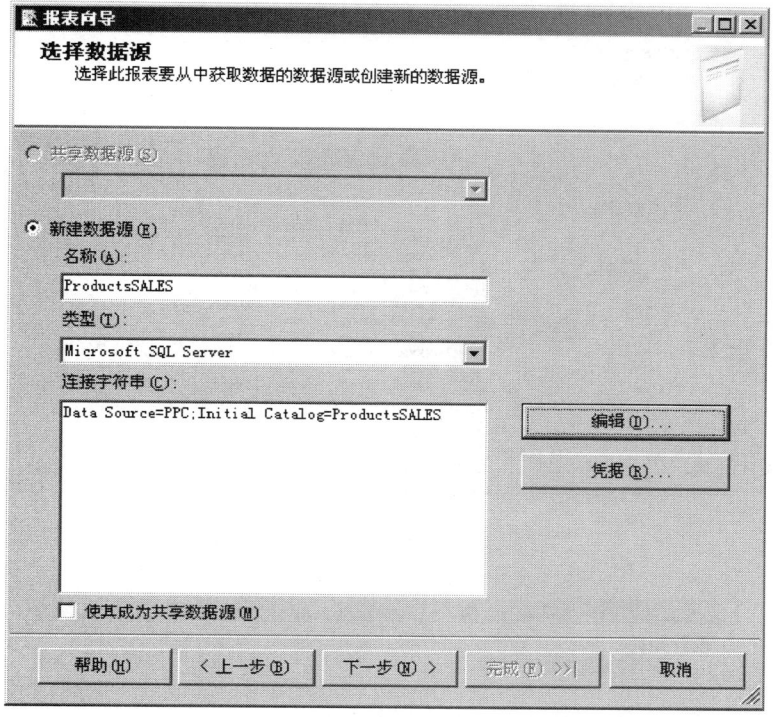

图 11-5 选择数据源

⑥ 在"设计查询"对话框中,单击"查询生成器"按钮或在"查询字符串"文本框中输入要执行的查询语句,单击"下一步"按钮,如图 11-6 所示。

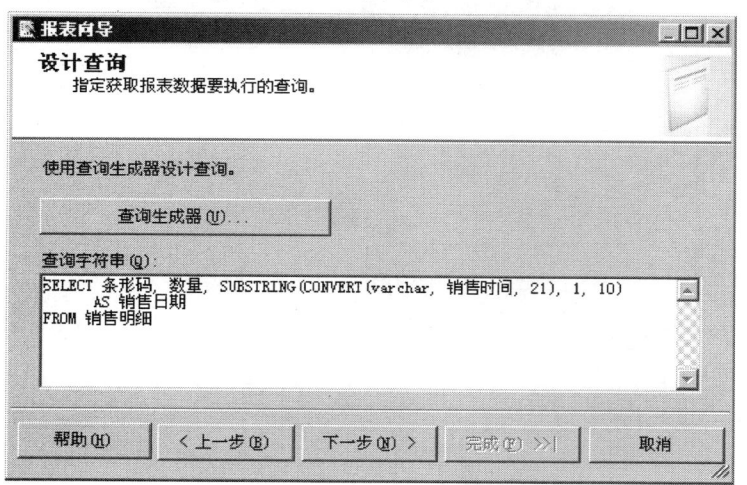

图 11-6 设计查询

⑦ 在"选择报表类型"对话框中,选择要创建的报表类型(本例选择"矩阵")后,单击"下一步"按钮,如图 11-7 所示。

⑧ 在"设计矩阵"对话框中,分别将可用字段放至"列"、"行"及"详细信息"文本框中,单击

"下一步"按钮,如图 11-8 所示。

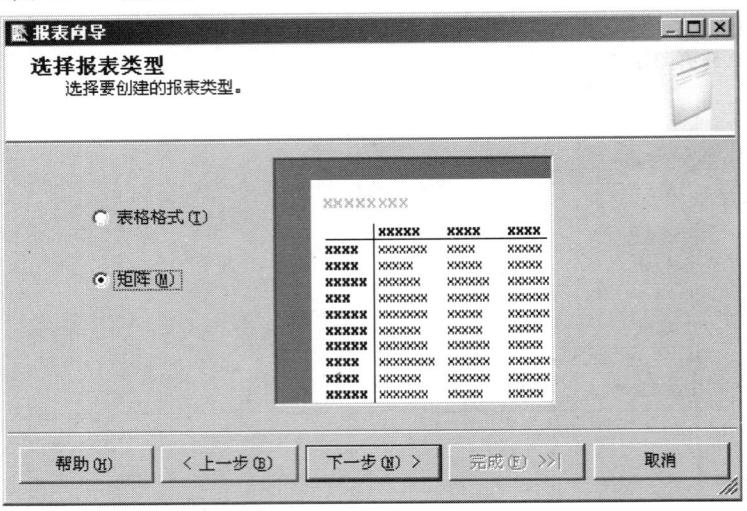

图 11-7 选择报表类型

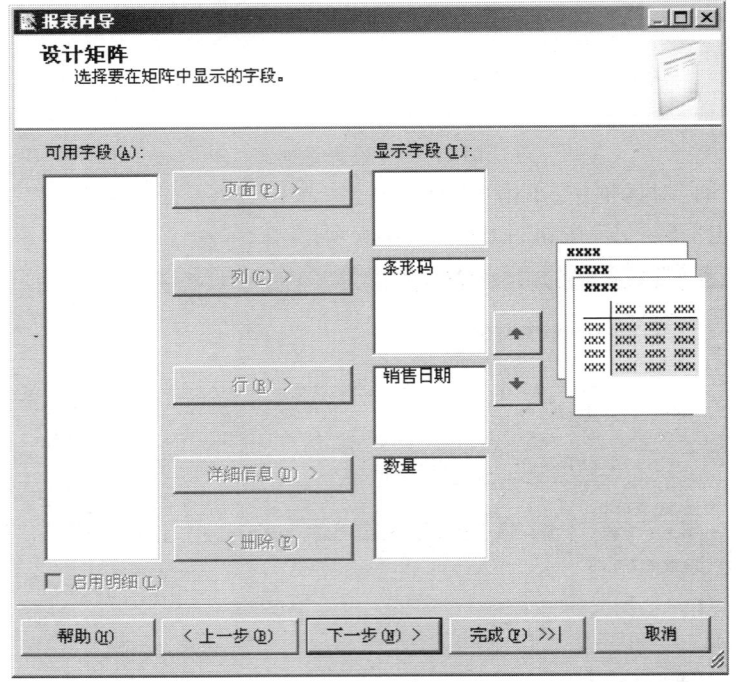

图 11-8 设计矩阵

⑨ 在"选择矩阵样式"对话框中,选择需要的矩阵样式,单击"下一步"按钮,如图 11-9 所示。

11.2 报表服务

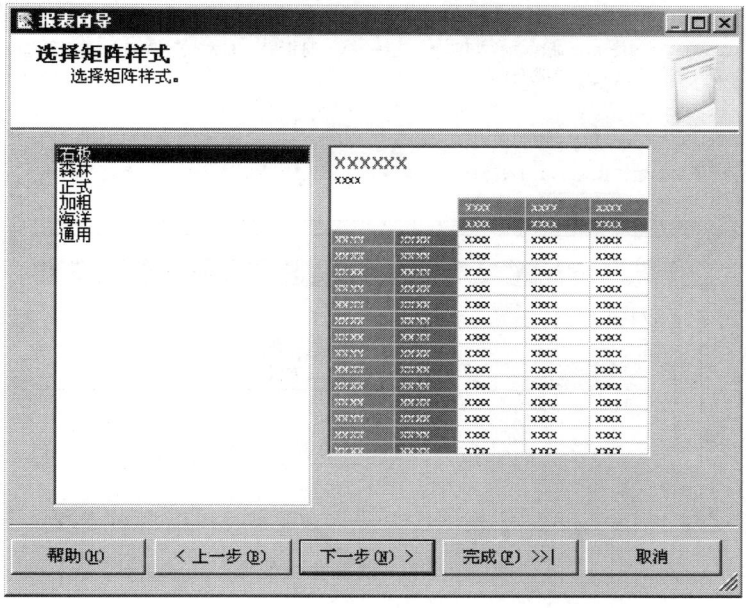

图 11-9 选择矩阵样式

⑩ 在"选择部署位置"对话框中,输入报表服务器及所部署的文件夹,单击"下一步"按钮,如图 11-10 所示。

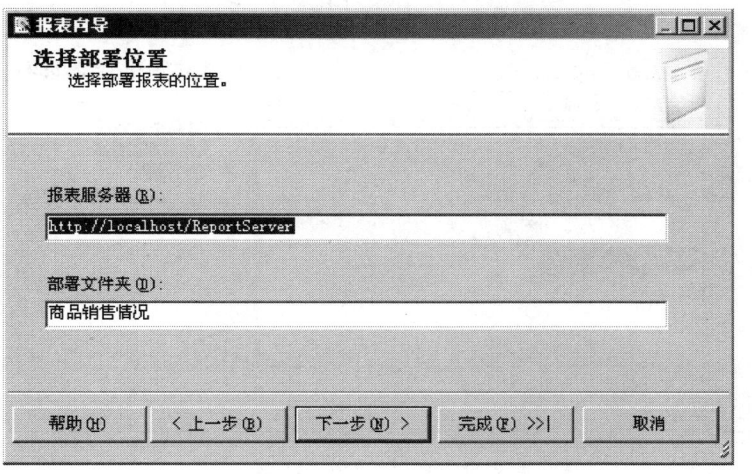

图 11-10 选择部署位置

⑪ 在"完成向导"对话框中,输入报表名称后,单击"完成"按钮后,关闭"报表向导"对话框,返回"Microsoft Visual Studio"设计窗口,在"商品销售情况.rdl"标签页的"布局"标签页中显示报表设计结果,如图 11-11 所示。

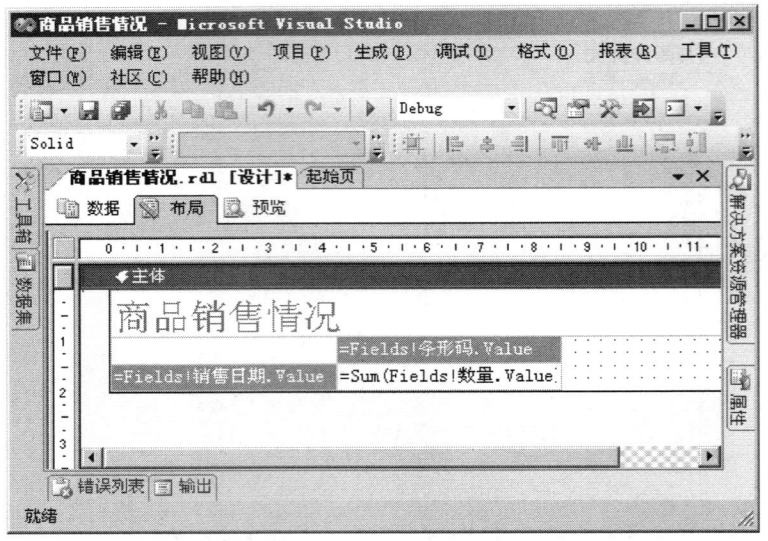

图 11-11 报表设计布局

⑫ 单击 ■ 按钮保存报表项目,在"预览"标签页中预览报表显示的结果,如图 11-12 所示。

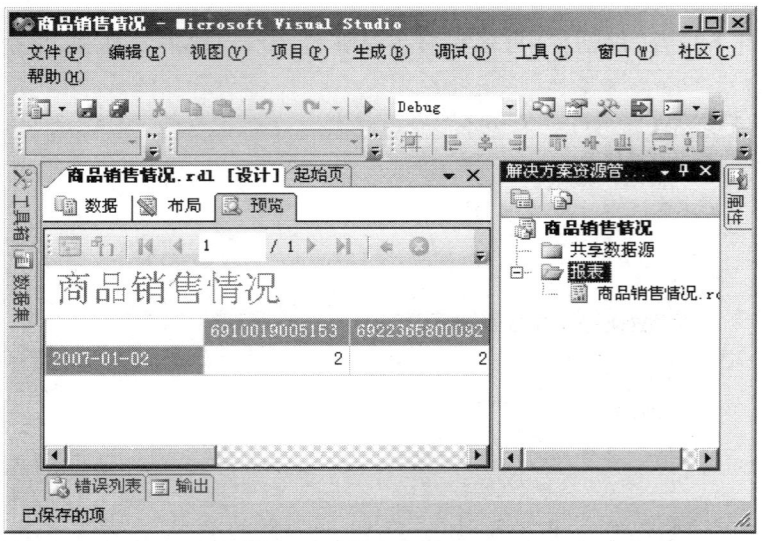

图 11-12 预览结果

2. 创建表格式报表

【例 11-2】 创建"销售情况"表格式报表,要求在报表中显示每种商品销售数量小计及全部商品销售总计,报表名为"销售情况报表.rdl",保存在"D:\ProductsSALES\报表项目"文件夹下。

操作步骤如下:

① 在图 11-12 的"解决方案资源管理器"的"报表"结点处右击,选择"添加"→"新建项"命

令,如图 11-13 所示。

图 11-13 新建项

② 在"模板"列表框中选择"报表"选项,并在"名称"文本框中输入报表的名称"销售情况报表.rdl",单击"添加"按钮,如图 11-14 所示。

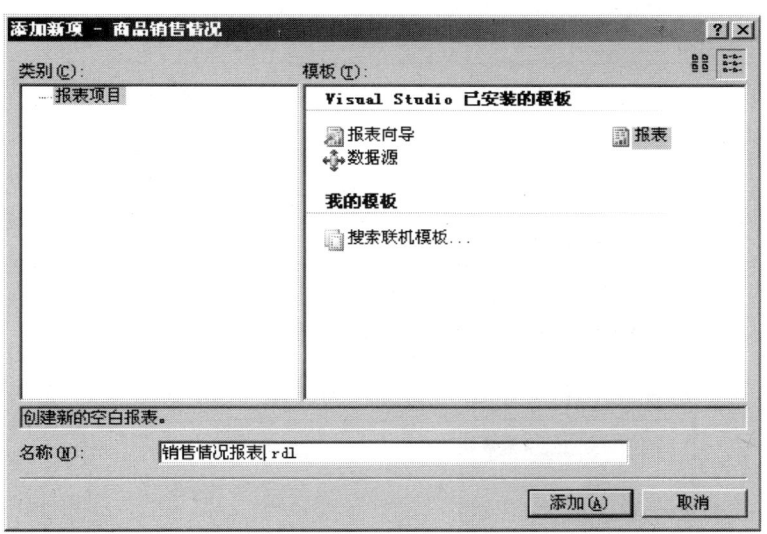

图 11-14 添加报表

③ 在设计页面的"数据"标签页中,单击"新建数据集",如图 11-15 所示。
④ 建立数据源,设计的步骤与[例 11-1]中的步骤③~步骤⑤相同。
⑤ 单击"通用查询设计器"按钮 ,如图 11-16 所示。
⑥ 添加表并设计 SQL 语句,如图 11-17 所示。

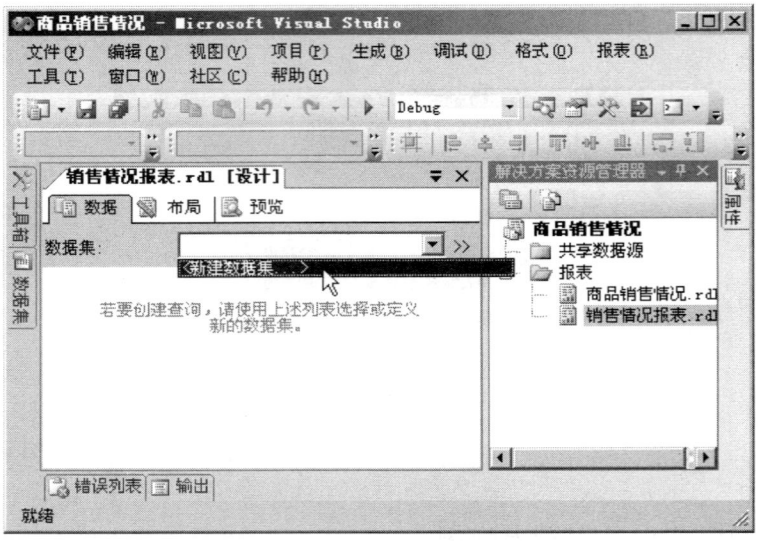

图 11-15　新建数据集

图 11-16　单击"通用查询设计器"按钮

图 11-17　设计 SQL 语句

⑦ 在"工具箱"的报表项中选择" 表",并将其拖放至"布局"标签页的"主体"内,如图 11-18 所示。

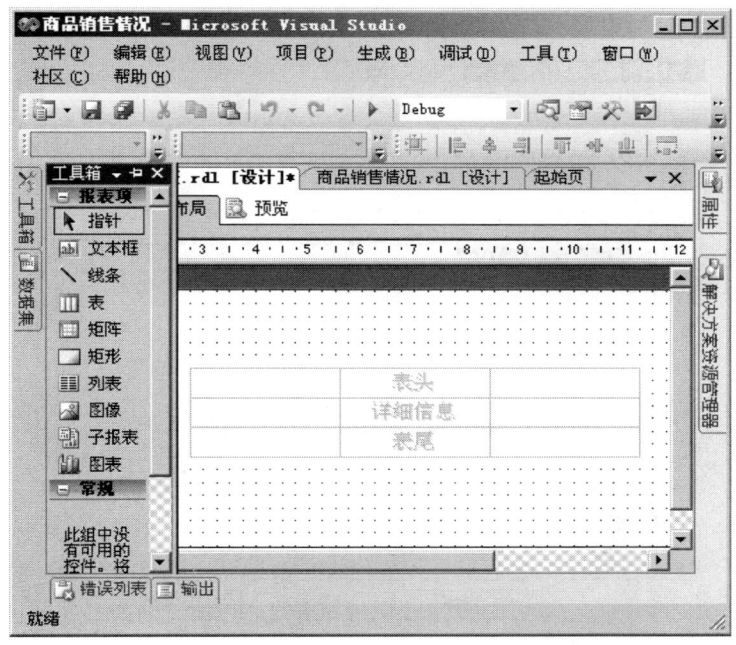

图 11-18　设计表格式报表布局

⑧ 在"数据集"标签页中分别选择"条形码"、"数量"、"销售日期"放入"布局"标签页的"详细信息"单元格内,在"表尾"单元格内输入"总计:"及计算公式,如图 11-19 所示。

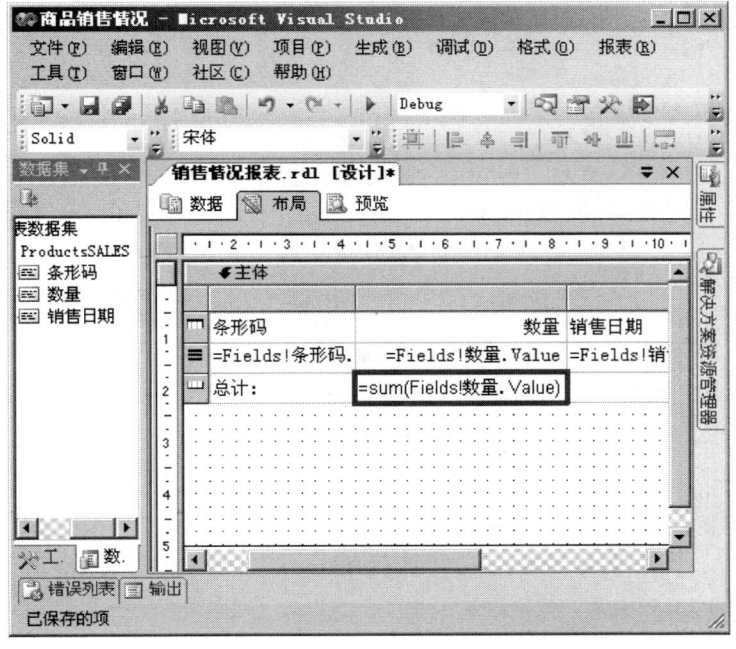

图 11-19　设计布局

⑨ 在"布局"标签页内"详细信息"行首前的 ≡ 处右击,在弹出的快捷菜单中选择"插入组"命令,打开"分组和排序属性"对话框,在"分组方式"列表框中,选择"表达式"为"= Fields!条形码.Value",并选中"包括组尾"复选框,单击"确定"按钮,如图 11-20 所示。

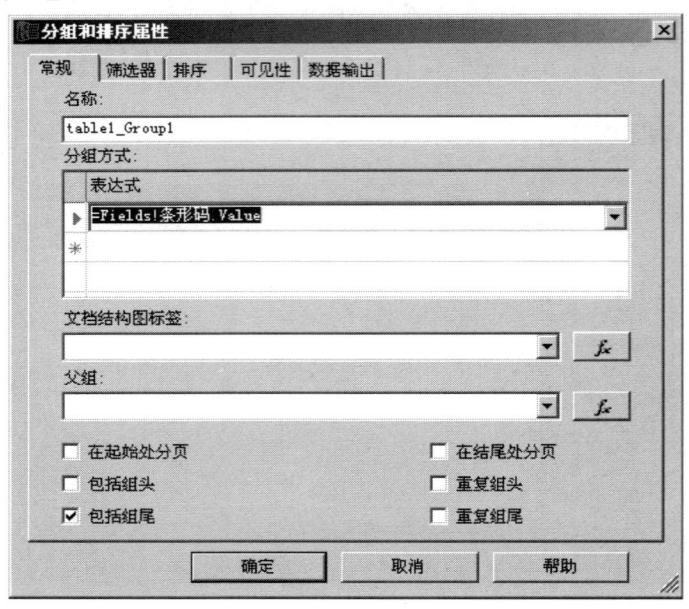

图 11-20 分组和排序属性

⑩ 在"布局"标签页中的表设计器的"分组"中输入"小计"及分组计算公式"= sum(Fields!数量.Value)",如图 11-21 所示。

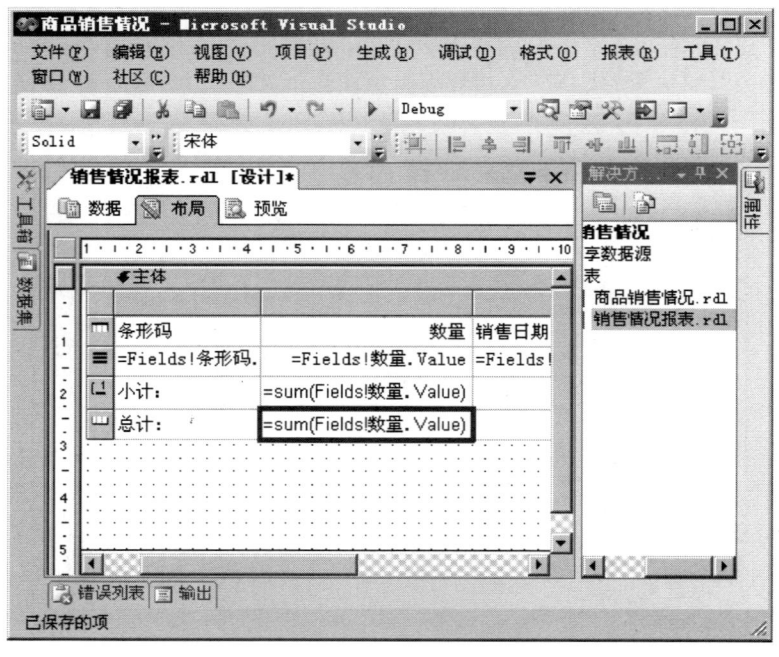

图 11-21 设计小计

⑪ 单击"保存选定项"按钮保存报表项目,在"预览"标签页中预览显示的结果,如图 11-22所示。

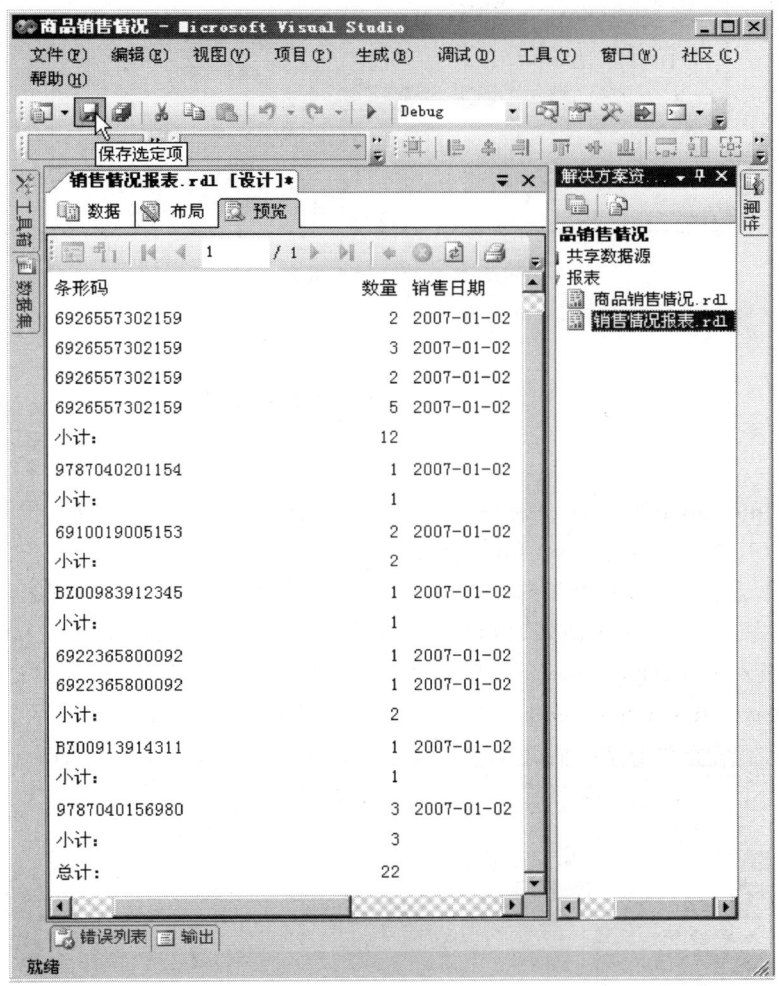

图 11-22 预览报表

11.2.2 输出报表文件

在实际应用中,需要将报表保存为一定格式的报表文件,并将其发布出去。Reporting Services 允许将报表的预览结果保存为具有报表数据的 XML 文件、CSV、TIFF、Acrobat(PDF)、Web 存档和 Excel 等多种格式的报表文件。

在"预览"标签页的工具条中,单击"导出"按钮,弹出快捷菜单,选择导出文件类型(如选择"Excel",则导出为 Microsoft Excel 格式的文件),如图 11-23 所示。

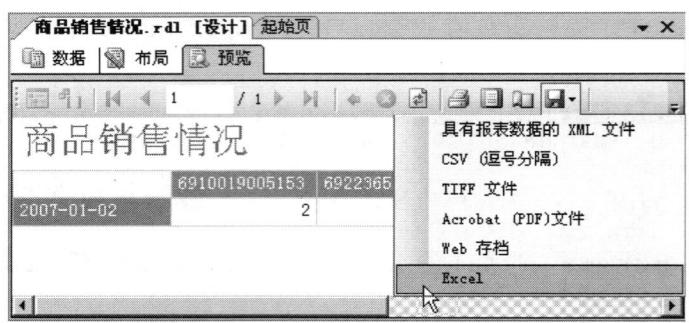

图 11-23　导出报表

11.3　数据集成服务

　　SQL Server Integration Services（SSIS）是生成高性能数据集成解决方案（包括数据仓库的提取、转换和加载（ETL）包）的平台。Integration Services 包含用于生成和调试包的图形工具和向导；用于执行工作流功能（如 FTP 操作、SQL 语句执行和电子邮件消息处理）的任务；用于提取和加载数据的数据源和目标；用于清理、聚合、合并和复制数据的转换；用于管理 Integration Services 的管理服务；以及对 Integration Services 对象模型进行编程的应用程序编程接口（API）。

　　创建 SQL Server Integration Services 解决方案项目的界面如图 11-24 所示。

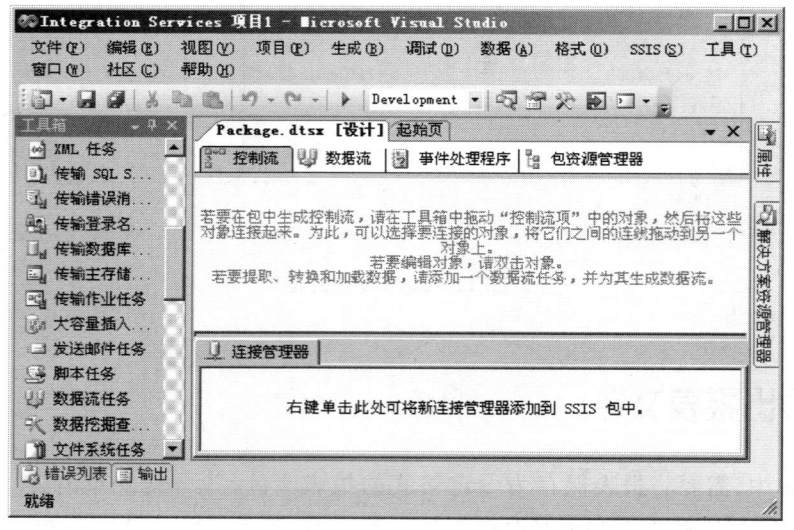

图 11-24　Intergration Services 项目

- 控制流：能够在 SSIS 包中生成及修改控制流。通过将代表 SSIS 任务及容器的图形对象由"工具箱"拖至"控制流"标签页，然后将一个对象的连接器拖至另一个对象来连接这些对象，即可创建控制流，每条连线均代表一个指定任务和容器的运行顺序的优先约束。
- 数据流：为所选数据流任务生成和修改数据流。从"工具箱"将表示源、转换和目标的图形对象拖至"数据流"标签页,再连接这些对象以创建确定转换运行顺序的路径即可创建数据流。
- 事件处理程序:可以生成和修改所选事件处理程序的控制流。
- 包资源管理器:以树视图的形式显示包的内容。

设计 Integration Services 项目的主要任务就是定义控制流、数据流及事件处理程序。

【例 11-3】 设计一个 Integration Services 项目,将 Access 数据库导入 SQL Server 2005 中。
操作步骤如下:

① 启动 SQL Server Business Intelligence Development Studio,选择"文件"→"新建"→"项目"命令,打开"新建项目"对话框,在"模板"列表框中选择"Integration Services 项目",在"名称"文本框内输入"导入数据",在"位置"文本框中选择"D:\ProductsSALES\数据集成",单击"确定"按钮,如图 11-25 所示。

图 11-25 新建"Integration Services 项目"

② 在"解决方案资源管理器"项下的"SSIS 包"处右击,选择"SSIS 导入和导出向导"命令,如图 11-26 所示。

③ 在"选择数据源"对话框中,选择"Microsoft Access"数据源,单击"浏览"按钮,选择"D:\ProductsSALES\ProductsYG.mdb"文件,单击"下一步"按钮,如图 11-27 所示。

④ 在"选择目标"对话框中,选择目标、服务器名称和身份验证的方式及数据库,单击"下一步"按钮,如图 11-28 所示。

⑤ 在"指定表复制或查询"对话框中,选择"复制一个或多个表或视图的数据"单选按钮,单击"下一步"按钮,如图 11-29 所示。

⑥ 在"选择源表和源视图"对话框中,选择需要复制的表和视图,单击"下一步"按钮,如图 11-30 所示。

⑦ 在"完成该向导"对话框中,验证在向导中选择的选项后单击"完成"按钮,如图 11-31 所示。

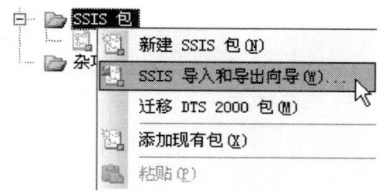

图 11-26 选择"SSIS 导入和导出向导"

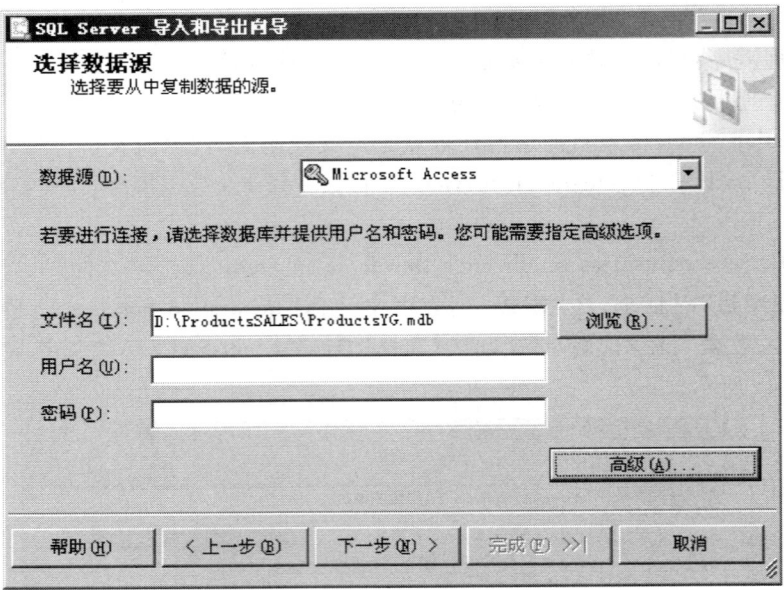

图 11－27　选择数据源

图 11－28　选择目标

11.3 数据集成服务

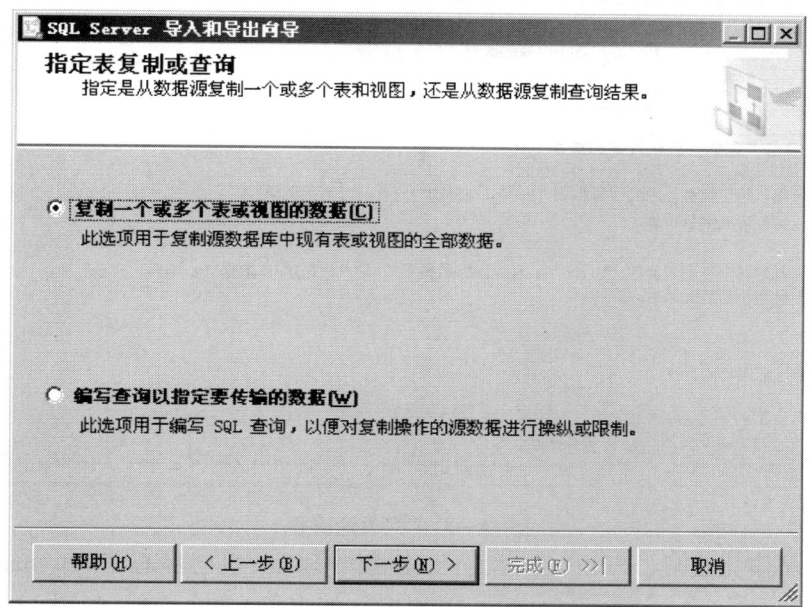

图 11-29 指定表复制或查询

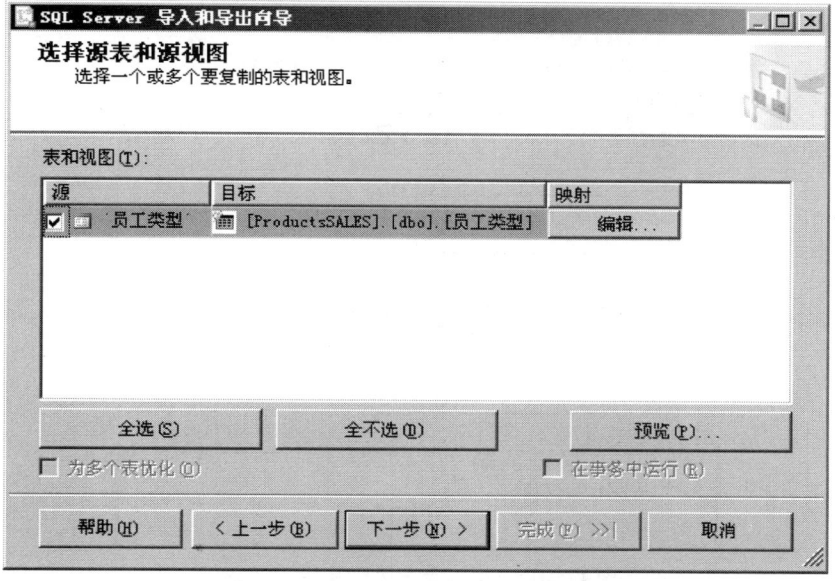

图 11-30 选择源表和源视图

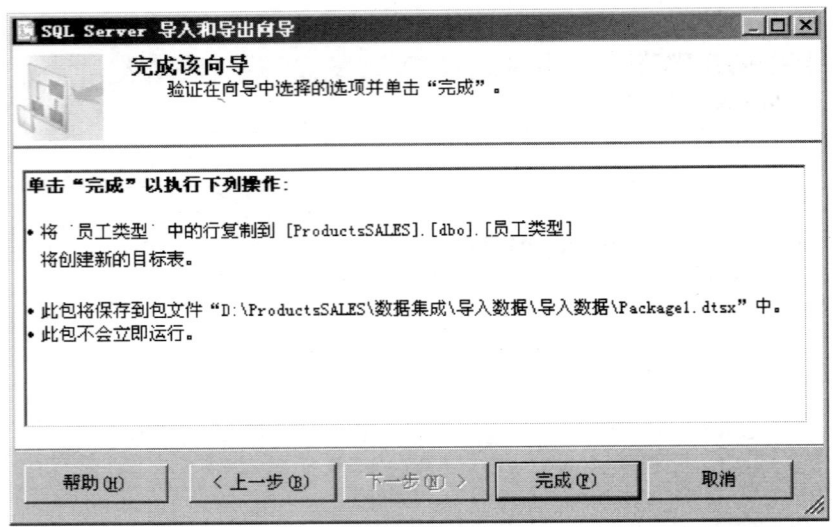

图 11-31 完成该向导

⑧ 导入的操作完成后，SSIS 工作界面的"连接管理器"中已经有了"DestinationConnection OLEDB"（导出的目标）及"SourceConnectionOLEDB"（数据源）两个连接，如图 11-32 所示。在"控制流"、"数据流"及"包资源管理器"标签页中有了相应的对象，这些对象可以被增删和修改，在默认生成的包的基础上可以进行扩充。

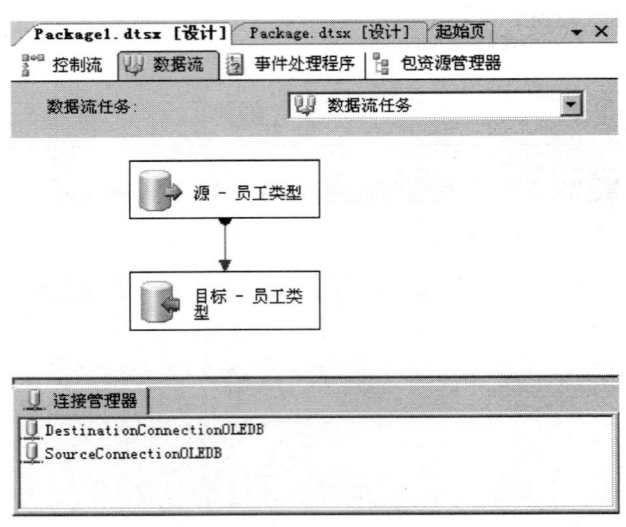

图 11-32 包生成完毕后 SSIS 的界面

⑨ 在"解决方案资源管理器"窗口下的"SSIS 包"项下的"Package1.dtsx"文件上右击，选择快捷菜单中的"执行包"命令，如图 11-33 所示。

⑩ 执行完毕后，查看 SQL Server Management Studio 中"对象资源管理器"项下的"ProductsSALES"数据库内的"表"中增加了"员工类型"表，如图 11-34 所示。

思考与练习

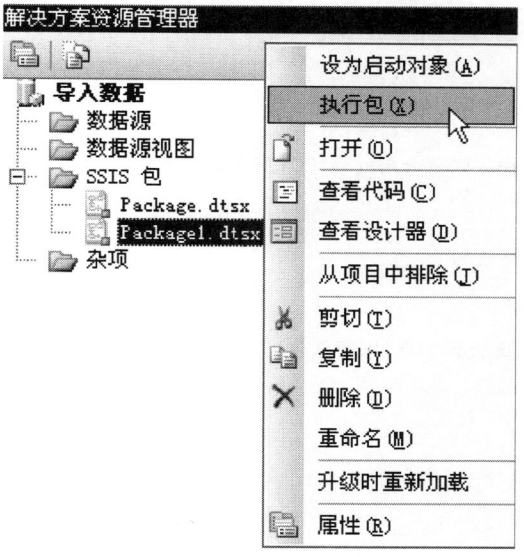

图 11-33　执行包

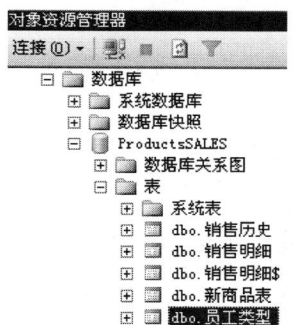

11-34　对象资源管理器

本章小结

- Business Intelligence Development Studio 包括以下 3 个商务智能开发环境：
  - SQL Server Integration Services(SQL Server 数据集成服务,SSIS)。
  - SQL Server Analysis Services(SQL Server 数据分析服务,SSAS)。
  - SQL Server Reporting Services(SQL Server 报表服务,SSRS)。
- Reporting Services 允许将报表的预览结果保存为具有报表数据的 XML 文件、CSV、TIFF、Acrobat(PDF)、Web 存档、Excel 等多种格式的报表文件。

思考与练习

1."可以从各种异构数据源中整合 Business Intelligence 需要的业务数据,同时实现与商务流程的统一,该项功能在 SQL Server 2005 以前版本是通过数据转换服务(DTS)来实现的"指的是(　　　)。

A. SSIS

B. SSAS

C. SSRS

D. 以上都是

2．"为商务智能应用程序提供联机分析处理（OLAP）和数据挖掘功能"指的是(　　)。

A. SSIS

B. SSAS

C. SSRS

D. 以上都是

3．"提供支持Web的企业级报告功能，以便创建可以从多种数据源获取内容的报表，以多种格式发布报表，并集中管理安全性和订阅"指的是(　　)。

A. SSIS

B. SSAS

C. SSRS

D. 以上都是

4．(　　)是一种基于服务器的解决方案，用于创建和管理包含关系数据源和多维数据源中的数据的表格、矩阵、图形和自由格式的报表。

A. SSIS

B. SSAS

C. SSRS

D. 以上都是

5．Business Intelligence Development Studio包括哪几个商务智能开发环境？

实训　SQL Server报表服务在学生成绩管理数据库中的应用

【目标】

掌握SQL Server 2005报表服务的应用。

【预估时间】

40分钟。

【步骤】

1．创建矩阵式报表显示"学生基本信息"表中的学生基本信息。

2．创建表格式报表显示"学生成绩"表中学生各门课程的成绩。

3．将报表的预览结果保存为PDF、Web存档、Excel等多种格式的报表文件。

郑 重 声 明

高等教育出版社依法对本书享有专有出版权。任何未经许可的复制、销售行为均违反《中华人民共和国著作权法》,其行为人将承担相应的民事责任和行政责任,构成犯罪的,将被依法追究刑事责任。为了维护市场秩序,保护读者的合法权益,避免读者误用盗版书造成不良后果,我社将配合行政执法部门和司法机关对违法犯罪的单位和个人给予严厉打击。社会各界人士如发现上述侵权行为,希望及时举报,本社将奖励举报有功人员。

反盗版举报电话:(010)58581897/58581896/58581879
传　　真:(010)82086060
E – mail:dd@hep.com.cn
通信地址:北京市西城区德外大街4号
　　　　　高等教育出版社打击盗版办公室
邮　　编:100120

购书请拨打电话:(010)58581118